教育部高职高专规划教材

电 气 工 程 制 图

钱可强　王槐德　韩满林　主编

化学工业出版社

教材出版中心

·北京·

本书是教育部高职高专电子信息、计算机类专业规划教材。全书共 10 章，内容包括：制图基本知识与技能、正投影作图基础、轴测图、组合体的绘制与识读、机械图样的基本表示法、机械图样中的特殊表示法、零件图、装配图、电气工程图的绘制与识读、计算机绘图简介。

　　教材力求符合高等职业教育特点，贯彻"实用为主、必须和够用为度"的教学原则，满足电子信息类专业识读和绘制机械图样、电气工程图样的基本要求。

　　与本教材配套的《电气工程制图习题集》同时出版发行。

　　本教材可作为高职高专院校，计算机及电子信息类专业少学时的制图教学。也可用于其他非机类专业少学时的制图教学。

图书在版编目（CIP）数据

电气工程制图/钱可强，王槐德，韩满林主编. —北京：化学工业出版社，2004.6（2025.8重印）
教育部高职高专规划教材
ISBN 978-7-5025-5796-6

Ⅰ. 电…　Ⅱ.①钱…②王…③韩…　Ⅲ. 电气工程-工程制图-高等学校：技术学院-教材　Ⅳ. TM02

中国版本图书馆 CIP 数据核字（2004）第 057946 号

责任编辑：张建茹

责任校对：李　林　　　　　　　　　　　装帧设计：潘　峰

出版发行：化学工业出版社（北京市东城区青年湖南街 13 号　邮政编码 100011）
印　　装：涿州市般润文化传播有限公司
787mm×1092mm　1/16　印张 14¼　字数 314 千字　　2025 年 8 月北京第 1 版第 11 次印刷

购书咨询：010-64518888　　　　　　　　　　　售后服务：010-64518899

网　　址：http://www.cip.com.cn

凡购买本书，如有缺损质量问题，本社销售中心负责调换。

定　　价：38.00 元　　　　　　　　　　　　　　　版权所有　违者必究

出 版 说 明

　　高职高专教材建设工作是整个高职高专教学工作中的重要组成部分。改革开放以来，在各级教育行政部门、有关学校和出版社的共同努力下，各地先后出版了一些高职高专教育教材。但从整体上看，具有高职高专教育特色的教材极其匮乏，不少院校尚在借用本科或中专教材，教材建设落后于高职高专教育的发展需要。为此，1999年教育部组织制定了《高职高专教育专门课课程基本要求》（以下简称《基本要求》）和《高职高专教育专业人才培养目标及规格》（以下简称《培养规格》），通过推荐、招标及遴选，组织了一批学术水平高、教学经验丰富、实践能力强的教师，成立了"教育部高职高专规划教材"编写队伍，并在有关出版社的积极配合下，推出一批"教育部高职高专规划教材"。

　　"教育部高职高专规划教材"计划出版500种，用5年左右时间完成。这500种教材中，专门课（专业基础课、专业理论与专业能力课）教材将占很高的比例。专门课教材建设在很大程度上影响着高职高专教学质量。专门课教材是按照《培养规格》的要求，在对有关专业的人才培养模式和教学内容体系改革进行充分调查研究和论证的基础上，充分吸取高职、高专和成人高等学校在探索培养技术应用性专门人才方面取得的成功经验和教学成果编写而成的。这套教材充分体现了高等职业教育的应用特色和能力本位，调整了新世纪人才必须具备的文化基础和技术基础，突出了人才的创新素质和创新能力的培养。在有关课程开发委员会组织下，专门课教材建设得到了举办高职高专教育的广大院校的积极支持。我们计划先用2～3年的时间，在继承原有高职高专和成人高等学校教材建设成果的基础上，充分汲取近几年来各类学校在探索培养技术应用性专门人才方面取得的成功经验，解决新形势下高职高专教育教材的有无问题；然后再用2～3年的时间，在《新世纪高职高专教育人才培养模式和教学内容体系改革与建设项目计划》立项研究的基础上，通过研究、改革和建设，推出一大批教育部高职高专规划教材，从而形成优化配套的高职高专教育教材体系。

　　本套教材适用于各级各类举办高职高专教育的院校使用。希望各用书学校积极选用这批经过系统论证、严格审查、正式出版的规划教材，并组织本校教师以对事业的责任感对教材教学开展研究工作，不断推动规划教材建设工作的发展与提高。

教育部高等教育司

前　　言

本书是从高等职业教育培养生产管理第一线高级专门人才的目标出发，为满足电子信息类少学时工程制图教学需要而编写的。

本书具有以下特点：

1. 针对高等职业教育重在实践能力和职业技能的培养目标，从整体内容到体系构架，以突出简明、实用为宗旨，基本理论够用为度、基本知识广而不深、基本技能贯穿始终。

基本理论不强调完整系统，将传统的画法几何内容进行优化组合，为图示服务，删去工程实际中应用甚少的内容。例如不要求用复杂的作图方法逐点描绘相贯线，而是在讲清基本概念后，直接介绍国家标准允许的简化画法，体现了实用为主的教学原则。

对于某些后继课程还要深入讲授的基本知识，如极限与配合、形位公差等内容，采用点到为止、广而不深的叙述方法，以满足识读机械图样的基本要求。

识读工程图样是学习本课程的基本技能，本教材与配套习题集自始至终贯彻以识图为主，又不忽视画图的编写思路。识图是目的，以画图促识图，从整体上体现了以培养识图能力为主体的构架。

2. 针对电子信息类专业需要，本教材单列一章"电气工程图的绘制与识读"，着重介绍国家标准规定的电气图中常用图形符号表示法，以及各种电路图、印制板图和工艺流程图的画法。初步具备识读和绘制电气工程图的基本能力，为学习后继课程打下必要的基础。

3. 把计算机绘图作为一种绘图工具，将 Auto CAD 常用命令的简介集中在本教材的最后一章，通过实例介绍绘制简单工程图形的一般方法和步骤。根据各校的实际情况，也可以在各章结合具体内容，介绍 Auto CAD 软件绘图实例，使尺规绘图与计算机绘图同步进行。

4. 本书全面贯彻了与本课程教学有关的最新国家标准，如 2002～2003 年发布的 8 项《机械制图》标准、2000～2003 年发布的紧固件及普通螺纹标准、1996～2002 年发布的近 20 项电气制图标准等。使得教材中有关国家标准的基本概念和画法规定的叙述准确严谨。

5. 与职业教育的特点相适应，采用"以例代理"的编写风格，力求简明扼要、通俗易懂、图文并茂。对一些绘图时易犯的错误，给出了正误对比图例；对复杂的投影作图实例采用了分解图示；对于不易看懂的投影图附加了立体图以帮助理解。本书篇幅虽少，但简明而不失其基本内容，特别适用于少学时教学。

与教材配套的《电气工程制图习题集》同时出版。习题集的编排顺序与教材紧密配套，并有一定余量，以供学生多练和教师取舍。

本教材可作为高职高专院校计算机及电子信息类专业 36～54 学时的制图教学。

本书由钱可强、王槐德、韩满林主编，参加编写工作的还有：艾小玲、杨新友、汪正俊、韩新华、滕雪梅、宋业存等。全书的立体润饰图由李同军用电脑绘制。

本书编写过程中，得到南京信息职业技术学院领导的大力支持，在此表示衷心感谢。

欢迎选用本教材的各校老师和广大读者提出宝贵意见，以便修订时调整与改进。

编者

2004 年 5 月

目　　录

绪　　论

1. 课程性质

根据投影原理、国家制图标准或有关规定，表达工程对象的图，称为图样。本课程是研究绘制和识读工程图样的基本原理和方法，培养学生形象思维能力的一门既有系统理论又有较强实践性的技术基础课。通过本课程学习，为《机械基础》、《电工基础》等后继课程的学习以及发展自身的职业能力打下扎实基础。

2. 学习目的

现代工业生产中，无论是机械制造、电气工程、电子仪器设备或建筑工程，都是根据图样进行制造和施工的。设计者通过图样来表达设计意图；制造者通过图样了解设计要求，组织加工和指导生产；使用者通过图样了解机器设备的结构性能，进行操作、维修和保养。因此，图样是工程界通用的技术语言。对于高等职业教育所培养的应用型人才，以及作为生产、管理第一线的工程技术人员，必须学会并掌握这种语言，具备识读和绘制工程图样的基本能力。

3. 基本要求

本课程的内容包括：制图基本知识和技能、图示原理、机件的表示法、机械工程图样和电气工程图样的识读与绘制以及计算机绘图基础等部分。学完本课程应达到以下基本要求。

① 通过学习基本知识与技能，应熟悉《技术制图》国家标准的基本规定，学会正确使用绘图工具和仪器的方法，掌握绘图基本技能。

② 通过学习正投影作图、组合体的视图与尺寸标注等内容，即本课程的核心部分，掌握运用正投影法表达空间形体的图示原理，培养空间想像和思维能力。

③ 机件的各种表示法尤其是机械工程、电气工程图样的识读与绘制的基本方法，也是本课程的主干内容。通过学习应掌握机械图样的基本表示法和常用机件及结构要素的特殊表示法，具备识读和绘制中等复杂程度的零件图和装配图的初步能力，同时还要了解并熟悉各种电气符号和电子元器件的图形表示法和画法。

④ 随着计算机绘图的发展和普及，计算机绘图将逐步代替手工绘图。在学习本课程的过程中，除了掌握尺规绘图和徒手绘图的基本能力外，还必须学会一种绘图软件（如 Auto CAD）的操作并绘制简单的工程图样。但必须指出，计算机绘图的出现，并不意味着降低手工绘图技能训练的重要性，只有掌握绘图基本技能在操纵计算机绘图时才能得心应手。

4. 学习方法

① 本课程的一个显著特点是以投影理论为基础，学习如何运用二维平面来表达空间形体，以及由二维平面图想像三维空间物体的形状。因此，学习本课程的重要方法是自始至终把物体的投影与物体的形状紧密联系，不断地"见形思物"和"见物想形"，既要想像构思物体的形状，又要思考作图的投影规律，使固有的三维形态思维提升到形象思维与抽象思维相融合的境界，逐步提高空间想像和思维能力。

② 学与练相结合，每堂课后，要认真完成相应的习题或作业，及时巩固所学知识。虽然本课程的教学目标是以"读图为主"，但是，"读图源于画图"，所以要"读画结合"，"以画促读"。画图虽然不是目的，但通过画图训练可以促进读图能力的培养。

③ 工程图样不仅是中国工程界的技术语言，也应是国际上通用的工程技术语言，不同国籍的工程技术人员都能读懂。工程图样之所以具有这种性质，是因为工程图样是按国际上共同遵守的若干规则绘制的。这些规则可归纳为两个方面：一方面是规律性的"投影作图"，另一方面是规范性的"制图标准"。学习本课程时，应遵循这两方面的规则，不仅要熟练掌握空间形体与平面图形的对应关系，具有丰富的空间想像能力以及识读和绘制工程图样的基本能力，同时还要了解并熟悉《技术制图》、《机械制图》国家标准的相关内容，并严格遵守。

5. 工程图学的历史与发展

自从劳动开创文明史以来，"图样"与"语言"、"文字"一样，是人们认识自然、表达和交流思想的基本工具。远古时代，制造简单工具或营造建筑物，就开始用图样来表达意图，但都是以直观、写真的方法来画图。随着生产的发展，这种简单的图形不能准确表达形体，需要总结出一套绘制工程图的方法，以满足既能正确表达形体，又便于绘图和度量，以便按图样制造或施工。18 世纪的欧洲工业革命促使一些国家的科学技术得到迅速发展。法国著名科学家蒙日（Gaspard Monge，1746～1818）总结前人经验，根据平面图形表示空间形体的规律，应用投影方法编著了《画法几何学》（1798 年出版），创建了画法几何学学科体系，奠定了图学理论基础，将工程图的表达与绘制规范化。二百多年来，经过不断完善和发展，形成了一门独立的学科——工程图学。

在图学发展的历史长河中，具有五千年文明史的中国也为此谱写了光辉的一页。"没有规矩，不成方圆"，反映了中国古代对尺规作图已有深刻的理解和认识。春秋时期的《周礼·考工记》中记载了规矩、绳墨、悬锤等绘图工具的运用。中国历史上保存下来最著名的建筑图样是宋朝李明仲所著《营造法式》（刊印于 1103 年），书中记载的各种图样与现代的正投影图、轴测图、透视图的画法已非常接近。宋代以后，元代王桢所著《农书》（1313年）、明代宋应星所著《天工开物》（1637 年）等书中都附有上述类似图样。清代徐光启所著《农政全书》，画出了许多农具图样，包括构造细部和详图，并附有详细的尺寸和制造技术的注解。但是，由于中国长期处于封建社会，科学技术发展缓慢，虽然很早就有相当高的成就，但未能形成专著流传下来。

20 世纪 50 年代，中国著名学者赵学田教授简明而通俗地总结了三视图的投影规律为"长对正、高平齐、宽相等"，从而使工程图易学易懂。1959 年，中国正式颁布国家标准《机械制图》，1970 年、1974 年、1984 年相继做了必要的修订。为了尽快与国际接轨，又陆续制订了多项适用于各行业的《技术制图》国家标准，并对 1984 年颁布的《机械制图》国家标准逐步进行了全面的修订。

20 世纪 50 年代，世界上第一架平台式自动绘图机诞生，计算机技术的广泛应用，大大促进了图形学的发展。20 世纪 70 年代后期，随着微型计算机的出现，应用图形软件通过微机绘图，使计算机绘图进入高速发展和更加普及的新时期。

展望 21 世纪，计算机辅助设计（CAD）技术将大大推动现代制造业的发展。随着计算机科学、信息科学、管理科学的不断进步，工业生产将进一步走向科学、规范的管理模式。过去，人们把工程图纸作为表达零件形状、传递零件分析和制造的各种数据的惟一方法。现在，应用高性能的计算机绘图软件生成的实体模型，可以清晰而完整地描述零件的几何特征形状，并且可以利用基于特征造型的实体模型直接生成该零件的工程图或数据代码，完成零件的工程分析和制造。

手工绘图必将被计算机绘图取代，纸质图样不再是生产中传递信息的惟一手段，而将被磁盘所代替，实现无图纸生产。

第一章 制图基本知识与技能

工程图样是现代工业生产中重要的技术资料，是工程界通用的技术语言，具有严格的规范性。掌握制图的基本知识与技能，是培养画图和读图能力的基础。本章将简要介绍国家标准《技术制图》和《机械制图》中有关制图的基本规定和"尺寸注法"规定，绘图工具的使用以及平面图形的画法等内容。

第一节 制图的基本规定

为了正确地绘制和识读机械图样，必须熟悉有关标准和规定。《技术制图》和《机械制图》国家标准是工程界重要的技术基础标准，是绘制和识读机械图样的准则和依据。

国家标准（简称国标）的代号是"GB"。例如，《GB/T 17451—1998 技术制图 图样画法 视图》即表示技术制图标准中图样画法的视图部分。其中 GB/T 为推荐性国标[1]，17451 为发布顺序号，1998 是年号。需要注意的是，《机械制图》标准适用于机械图样，《技术制图》标准则普遍适用于工程界各种专业技术图样。

一、图纸幅面及格式（GB/T 14689—1993）

1. 图纸幅面

为了使图纸幅面统一，便于装订和管理，并符合缩微复制原件的要求，绘制技术图样时应按以下规定选用图纸幅面。

（1）优先选用表 1-1 中规定的图纸基本幅面（表中符号 B、L、e、c、a，见图 1-2）。基本幅面代号有 A0、A1、A2、A3、A4 五种，如图 1-1 所示，A1 幅面是 A0 幅面的一半，其他幅面类推。

（2）必要时允许选用加长幅面，其尺寸必须是由基本幅面的短边成整数倍增加后得出。

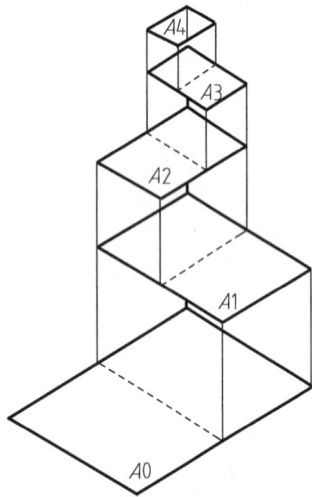

图 1-1　基本幅面的尺寸关系

表 1-1　**图纸幅面尺寸**/mm

幅面代号	$B \times L$	e	c	a
A0	841×1189	20	10	25
A1	594×841	20	10	25
A2	420×594	10	10	25
A3	297×420	10	5	25
A4	210×297	10	5	25

2. 图框格式

图纸上限定绘图区域的线框称为图框线。图框线在图纸上用粗实线画出，其周边格式分

---

[1] 《标准化法》规定，国家标准分为强制性标准和推荐性标准。"G"、"B"、"T"分别为"国家"、"标准"、"推荐"汉语拼音的第一个字母。

为留装订边和不留装订边两种，见图 1-2（a）、（b）。同一产品的图样只能采用一种图框格式。

3. 对中符号和看图方向

图框右下角必须画出标题栏，标题栏中的文字方向为看图方向。为了使图样复制或缩微摄影时定位方便，在图纸各边长的中点处分别画出对中符号（粗短线）。如果使用预先印制的图纸，需要改变标题栏的方位时，必须将其旋转至图纸的右上角。此时，为了明确绘图与看图时图纸的方向，应在图纸的下边对中符号处画一方向符号，如图 1-2（c）所示。

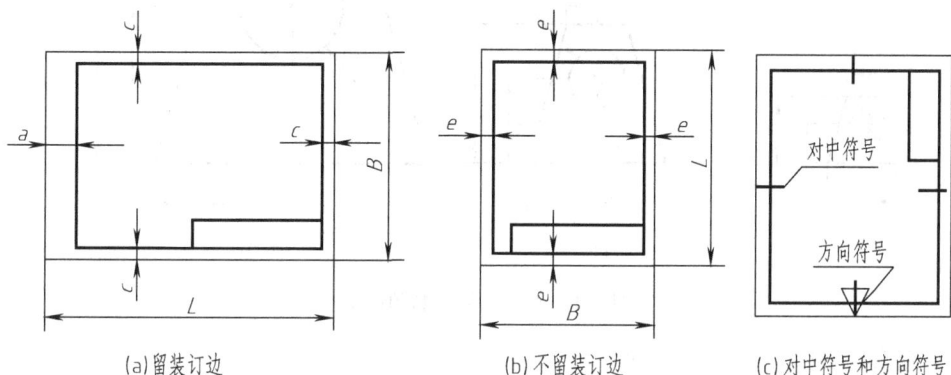

(a)留装订边　　　　(b)不留装订边　　　　(c)对中符号和方向符号

图 1-2　图框格式和看图方向

4. 标题栏

标题栏是由名称及代号区、签字区、更改区和其他区组成的栏目，其格式和尺寸由 GB/T 10609.1—1989 规定。本书在制图作业中建议采用图 1-3 所示的格式。

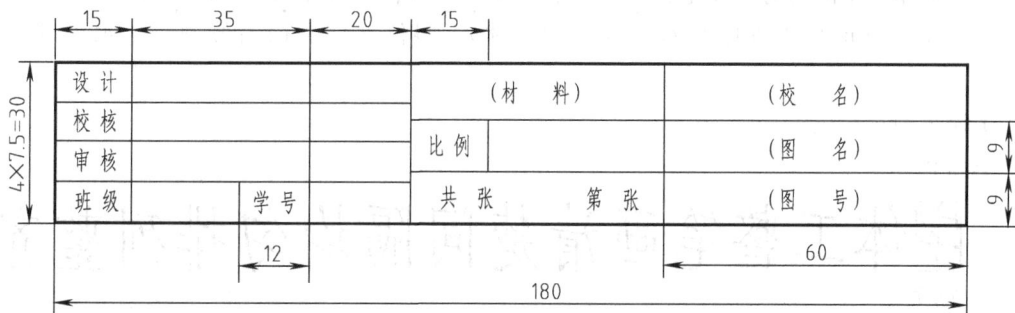

图 1-3　练习用标题栏格式

二、比例（GB/T 14690—1993）

比例是指图样中图形与其实物相应要素的线性尺寸之比。绘图时，应从表 1-2 规定的系列中选取适当的比例。

表 1-2　常用的比例（摘自 GB/T 14690—1993）

种　类	比　　例
原值比例	1∶1
放大比例	2∶1　2.5∶1　4∶1　5∶1　10∶1
缩小比例	1∶1.5　1∶2　1∶2.5　1∶3　1∶4　1∶5

为了在图样上直接反映实物的大小，绘图时尽量采用原值比例。若机件太大或太小，可选用缩小或放大比例绘制。选用比例的原则是有利于图形的清晰表达和图纸幅面的有效利用。不论采用何种比例，图形中所注的尺寸数值均指表达对象设计要求的大小，与图形的比例无关，如图1-4。

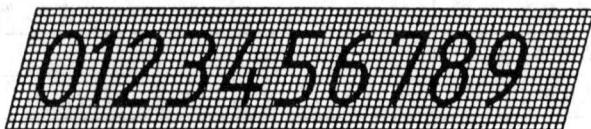

图1-4　不同比例绘制的图形

三、字体（GB/T 14691—1993）

图样中书写的汉字、数字和字母，必须做到：字体工整、笔画清楚、间隔均匀、排列整齐。字体的号数即字体的高度 h，分为八种：20、14、10、7、5、3.5、2.5、1.8（单位：mm）。

汉字应写成长仿宋体，并采用国家正式公布的简化字，汉字的高度不应小于 3.5mm，其宽度一般为 $h/\sqrt{2}$。

长仿宋体汉字的书写要领是：横平竖直、注意起落、结构匀称、填满方格。

数字和字母可写成直体和斜体（常用斜体），斜体字字头向右倾斜，与水平基准线成 75°。

字体示例：

汉字10号字

字体工整笔画清楚间隔均匀排列整齐

7号字

横平竖直注意起落结构均匀填满方格

5号字

图术制图机械电子汽车船舶土木建筑矿山井坑港口纺织服装

3.5号字

图纹齿轮端子接线飞行指导驾驶舱位挖填施工引水通风闸阀坝棉麻化纤

阿拉伯数字

$$0123456789$$

大写拉丁字母　ABCDEFGHIJKLMNO

PQRSTUVWXYZ

小写拉丁字母　abcdefghijklmnopq

rstuvwxyz

罗马数字　ⅠⅡⅢⅣⅤⅥⅦⅧⅨⅩ

四、图线（GB/T 17450—1998、GB/T 4457.4—2002）

1. 图线的型式及应用

绘图时应采用国家标准规定的图线型式和画法。国家标准《技术制图　图线》规定了绘制各种技术图样的 15 种基本线型。根据基本线型及其变形，机械图样中规定了 9 种图线，粗、细线宽的比率为 2∶1，其名称、型式、宽度及其应用示例见表 1-3 和图 1-5。

表 1-3　图线的线型与应用（根据 GB/T 4457.4—2002）

图线名称	图线型式	图线宽度	一般应用举例
粗实线	———————	d	可见轮廓线
细实线	———————	$d/2$	尺寸线及尺寸界线 剖面线 重合断面的轮廓线 过渡线
细虚线	– – – – – –	$d/2$	不可见轮廓线
细点画线	—— · —— · ——	$d/2$	轴线 对称中心线
粗点画线	—— · —— · ——	d	限定范围表示线
细双点画线	—— ·· —— ·· ——	$d/2$	相邻辅助零件的轮廓线 极限位置的轮廓线 轨迹线
波浪线	～～～	$d/2$	断裂处的边界线 视图与剖视的分界线
双折线	——／＼——／＼——	$d/2$	同波浪线
粗虚线	▬ ▬ ▬ ▬ ▬ ▬	d	允许表面处理的表示线

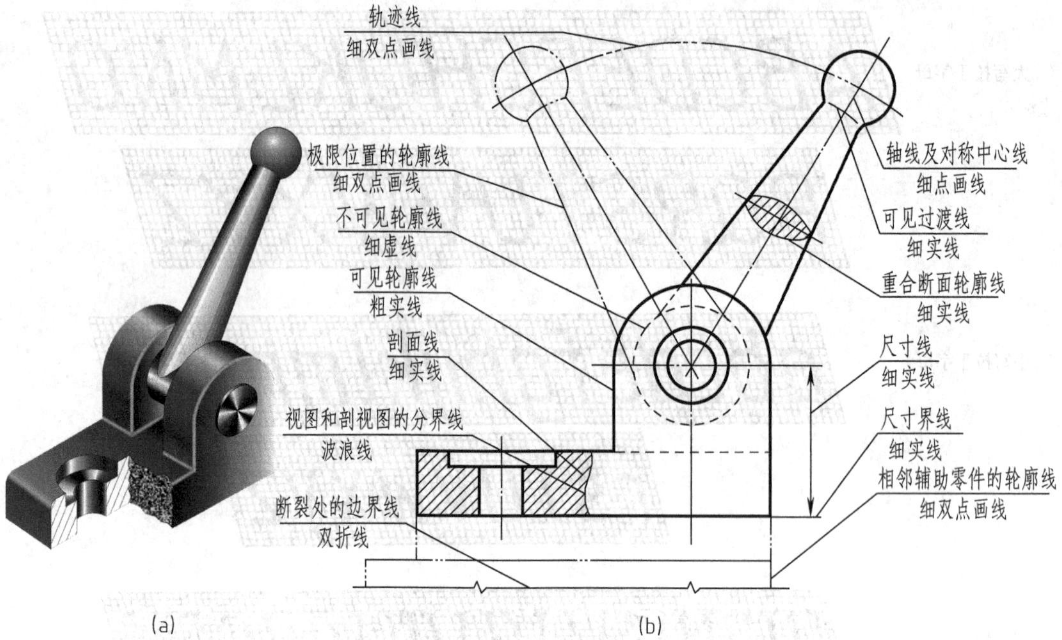

图 1-5 图线应用示例

图线的宽度（d）应按图样的类型和尺寸大小，在下列数系中选取：0.13、0.18、0.25、0.35、0.5、0.7、1.0、1.4、2.0（单位：mm）。粗线宽度优先采用 0.5mm 或 0.7mm。为保证图样清晰和便于复制，图样上应尽量避免出现线宽小于 0.18mm 的图线。

2. 图线的画法

同一图样中，同类图线的宽度应基本一致，虚线、点画线、双点画线中的线段长度和间隔应大致相等。

绘制图线时的正误对比见表 1-4。

表 1-4 绘制图线的正误对比

序号	正　确	错　误
1	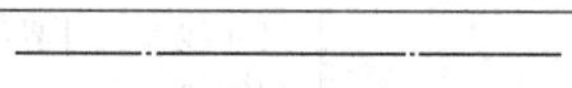	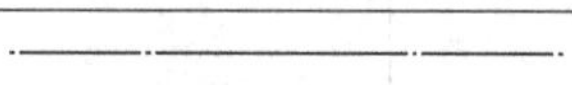
2	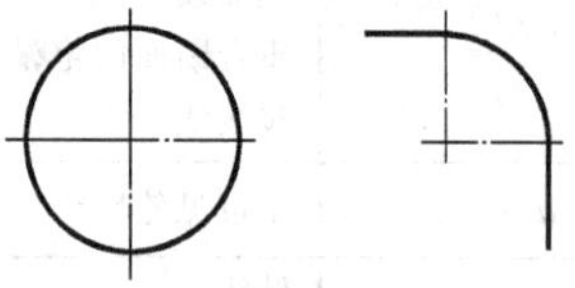	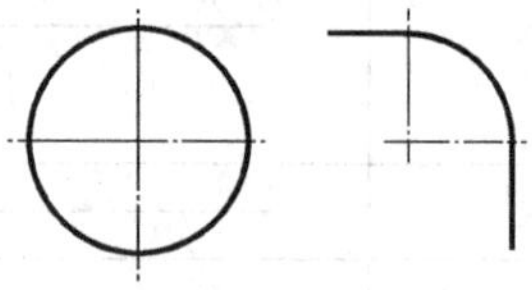
3	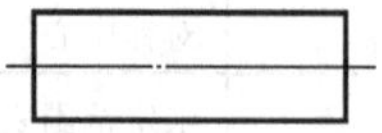	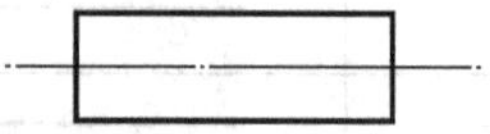
4	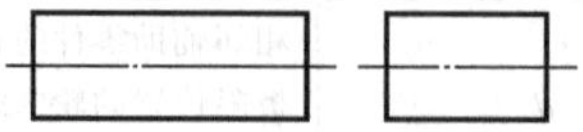	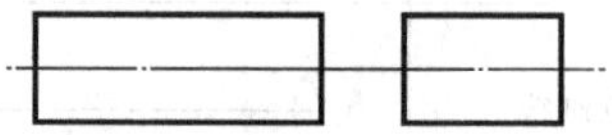
5	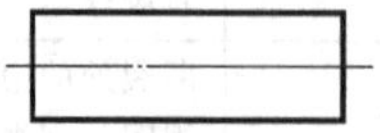	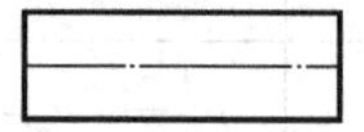
6	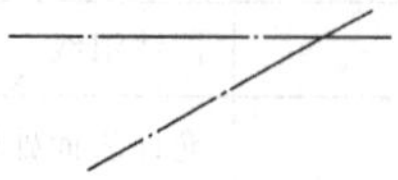	

序号	正　　确	错　　误
7		
8		
9		
10		

第二节　尺　寸　注　法

图形只能表示物体的形状，而其大小是由标注的尺寸确定的。尺寸是图样中的重要内容之一，是制造机件的直接依据。因此，在标注尺寸时，必须严格遵守国家标准有关规定，做到正确、齐全、清晰和合理。尺寸注法的依据是 GB/T 4458.4—2003、GB/T 16675.2—1996。

一、标注尺寸的基本规则

① 机件的大小应以图样上所注的尺寸数值为依据，与图形的大小及绘图的准确度无关。

② 图样中的尺寸以 mm 为单位时，不必标注单位符号或名称。如果用其他单位，则必须注明相应的单位符号。

③ 图样中所注的尺寸为该图样所示机件的最后完工尺寸，否则应另加说明。

④ 机件上的每一尺寸一般只标注一次，并应标注在反映该结构最清晰的图形上。

二、标注尺寸的要素

标注尺寸由尺寸界线、尺寸线和尺寸数字三个要素组成，如图 1-6 所示。

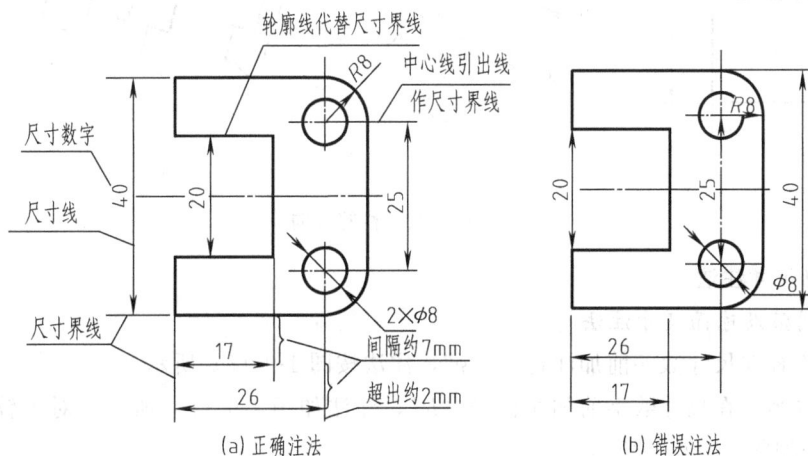

(a) 正确注法　　　　　　　(b) 错误注法

图 1-6　标注尺寸的要素

1. 尺寸界线

尺寸界线表示所注尺寸的起始和终止位置，用细实线绘制，并应由图形的轮廓线、轴线或对称中心线引出。也可以直接利用轮廓线、轴线或对称中心线作为尺寸界线。尺寸界线一般应与尺寸线垂直并超出尺寸线约 2~3mm。

2. 尺寸线

尺寸线用细实线绘制，应平行于被标注的线段，相同方向的各尺寸线之间的间隔为 5~7mm。尺寸线一般不能用图形上的其他图线代替，也不能与其他图线重合或在其延长线上，并应尽量不与其他的尺寸线或尺寸界线相交。

尺寸线终端有箭头和斜线两种形式，如图 1-7 （a）、（b）。通常机械图样的尺寸线终端画箭头，土建图的尺寸终端画斜线。当没有足够的地方画箭头时，可用小圆点代替，如图 1-7 （c）所示。

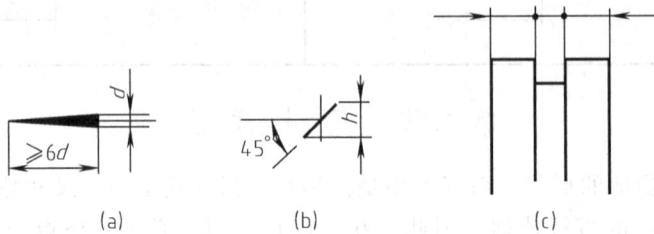

图 1-7　尺寸终端

3. 尺寸数字

尺寸数字一般书写在尺寸线的上方或中断处，如图 1-7 （a）。线性尺寸数字的注写方向如图 1-8 （a）所示，并尽量避免在 30°范围内标注尺寸，当无法避免时，可按图 1-8 （b）所示的形式标注。

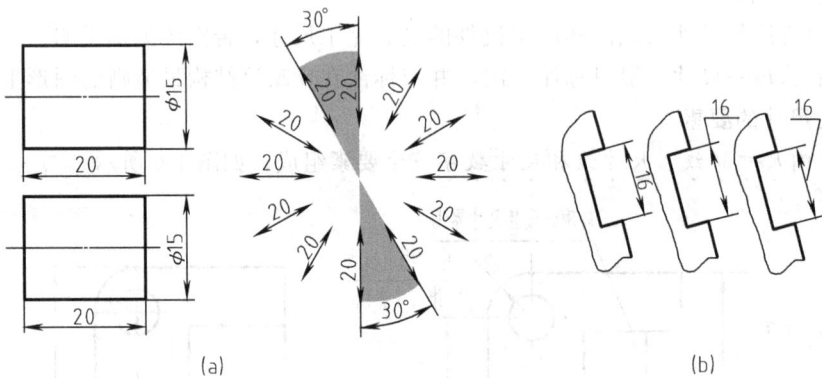

图 1-8　尺寸数字注写方向

三、常见尺寸注法

1. 圆、圆弧及球面尺寸注法

① 圆的直径在尺寸数字前加注符号 "ϕ"，注法按图 1-9 （a）所示。

② 圆弧的半径在尺寸数字前加注符号 "R"，注法如图 1-9 （b）所示。对于较大圆弧半径的尺寸注法如图 1-9 （c）所示。

③ 标注球面的直径或半径时，一般应在 "ϕ" 或 "R" 前加注 "S"，如图 1-9 （d）所示。

图 1-9　圆和圆弧尺寸注法

2. 角度和弧长尺寸注法

① 角度的尺寸界线应沿径向引出，尺寸线画成圆弧，其圆心是该角的顶点，如图 1-10 （a）。

② 角度的尺寸数字一律水平书写，一般注在尺寸线的中断处，必要时也可按图 1-10 （b） 的形式标注。

③ 弧长的尺寸线是该圆弧的同心弧，尺寸界线平行于该弧所对圆心角的角平分线。⌒32 表示弧长 32mm。如图 1-10 （c）。

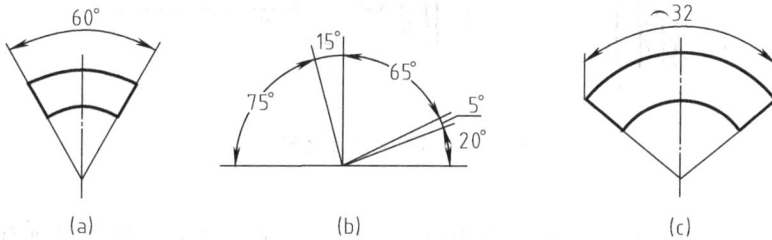

图 1-10　角度和弧长尺寸注法

3. 对称机件的尺寸注法

① 分布在对称线两侧的相同结构，可仅标注其中一侧的结构尺寸，如图 1-11 （a）。

② 对称的图形如果仅画出一半或略大于一半时，尺寸线应略超过图形的对称中心线，此时仅在尺寸线的一端画出箭头，如图 1-11 （b） 中的尺寸"64"和"84"。对称中心线两端两条平行细短线是对称符号。图中"4×φ6"表示 4 个 φ6 孔。

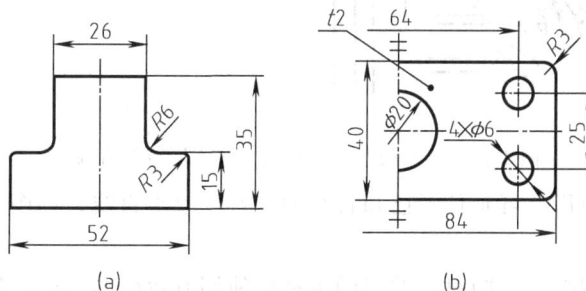

图 1-11　对称图形的尺寸注法

第三节　尺规绘图

一、尺规绘图工具及其使用

尺规绘图是指用铅笔、丁字尺、三角板、圆规等仪器和工具来绘制图样。虽然目前技术图样已经逐步由计算机绘制，但尺规制图仍然是工程技术人员必备的基本技能，同时也是学习和巩固图示理论的重要方法，因此必须熟练掌握。

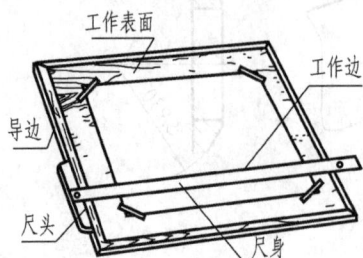

图 1-12 图板和丁字尺

正确使用绘图工具，既能保证绘图质量，又能提高绘图速度。常用的绘图工具有以下几种。

1. 图板

图板用来铺放和固定图纸，板面要求平整，左右导边必须平直，见图 1-12。

2. 丁字尺

丁字尺由尺头和尺身构成，主要用来画水平线。使用时，尺头内侧必须紧靠图板的导边，上下移动，由左向右画水平线，见图 1-13。

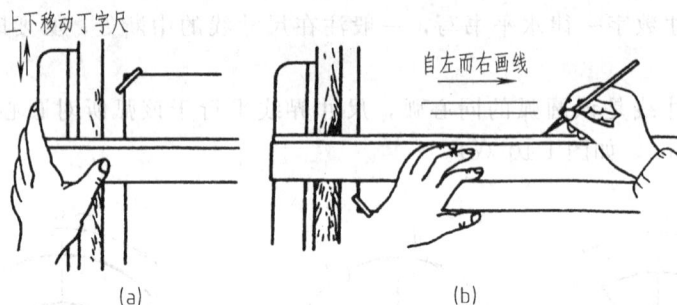

图 1-13 用丁字尺画水平线

3. 三角板

一副三角板由 45°、30°(60°) 两块组成。三角板与丁字尺配合使用可画垂直线，如图 1-14（a），还可画出与水平线成 30°、45°、60°以及 75°、15°的倾斜线，如图 1-14（b）。

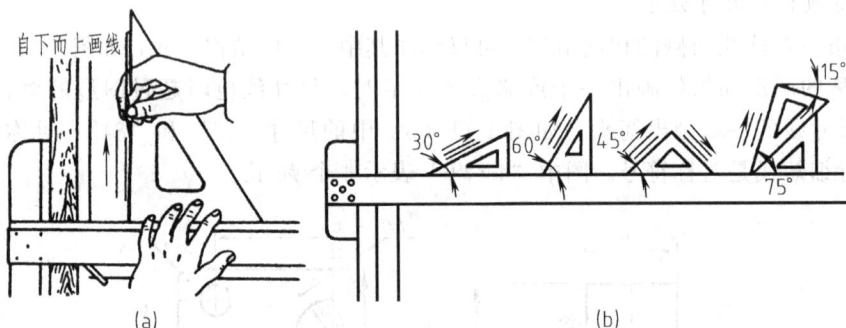

图 1-14 三角板与丁字尺配合画不同位置直线

两块三角板配合使用，可画任意已知直线的平行线或垂直线，如图 1-15。

4. 圆规和分规

圆规用来画圆和圆弧。画圆时，圆规的钢针应使用有台阶的一端，以避免图纸上的针孔不断扩大，并使笔尖与纸面垂直，圆规使用方法见图 1-16。

分规用来截取线段和等分直线或圆周，以及从尺上量取尺寸的工具。分规的两个针尖并拢时应对齐，见图 1-17。

5. 铅笔

绘图铅笔用"B"和"H"代表铅芯的软硬程度。"B"表示软性铅笔，B前面的数字越

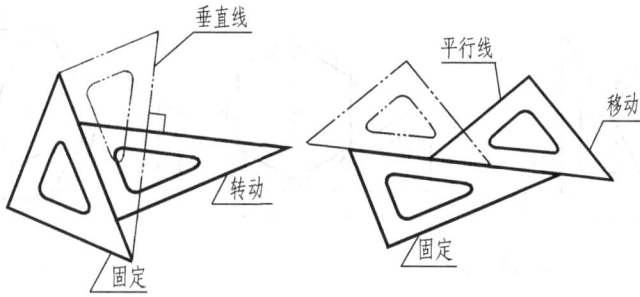

图 1-15　两块三角板配合使用

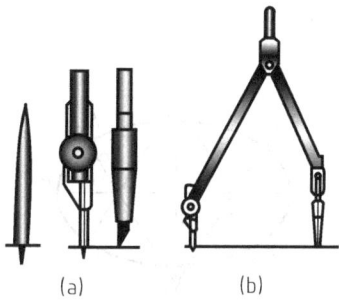

图 1-16　圆规的使用

图 1-17　分规的使用

大，表示铅芯越软（黑）；"H"表示硬性铅笔，H 前面的数字越大，表示铅芯越硬（淡）。"HB"表示铅芯软硬适中。画底稿时建议用 2H 铅笔，画细线时用 H 或 2H，画粗实线用 B 或 HB。画圆或圆弧时，圆规插脚中的铅芯应比画直线的铅芯软 1～2 档。

　　除了上述工具外，绘图时还要备有比例尺，削铅笔的小刀，磨铅芯的砂纸，橡皮以及固定图纸的胶带纸等。有时为了画非圆曲线，还要用到曲线板。如果要描图，还要用到直线笔或针管笔。

二、几何作图

　　本节着重介绍使用绘图工具，按几何原理绘制机械图样中常见的几何图形，包括圆周等分（内接正多边形）、圆弧连接、椭圆画法、斜度和锥度等画法。

1. 基本作图方法

（1）圆内接正三角形画法　如图 1-18。

（2）圆内接正四边形、正八边形画法　如图 1-19。

（3）圆内接正六边形画法　如图 1-20。

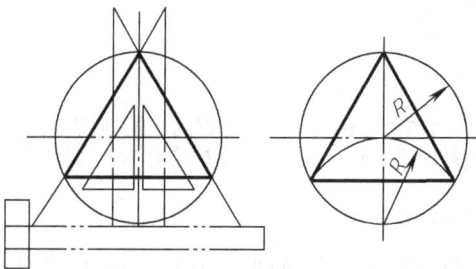

图 1-18　作圆内接正三角形

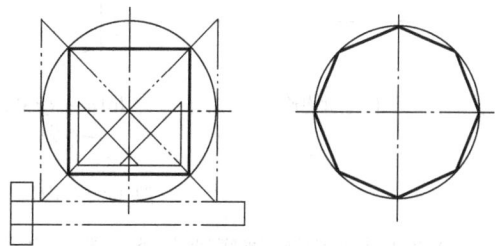

图 1-19　作圆内接正四边形、八边形

(a) 三角板作图　　　　　　　　　　　　　(b) 圆规作图

图 1-20　作圆内接正六边形

（4）椭圆画法　椭圆的画法很多，常用的四心圆法为椭圆的近似画法。已知椭圆的长轴 AB、短轴 CD，用四心圆法作椭圆的作图步骤如图 1-21 所示。

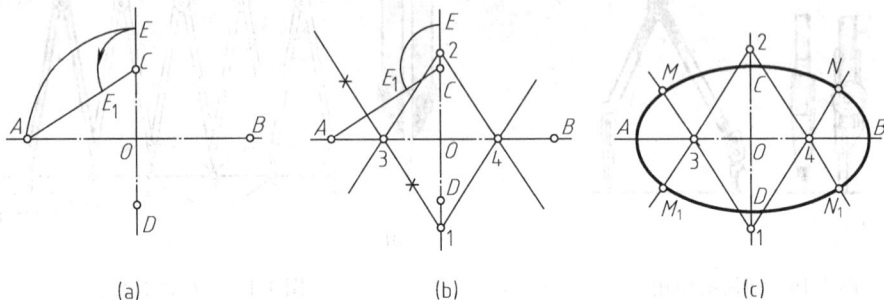

(a)　　　　　　　　　　　　(b)　　　　　　　　　　　　(c)

图 1-21　四心近似画法画椭圆

① 画出椭圆的长短轴 AB、CD，连 AC，取 $CE_1 = CE = OA - OC$，如图 1-21（a）。

② 作 AE_1 的中垂线，分别交长短轴于点 3 和 1，并取点 3 和 1 对圆心 O 的对称点 4 和 2，连 14、23、24 并延长，如图 1-21（b）。

③ 分别以点 1、2 为圆心，$1C$（或 $2D$）为半径画弧；再分别以 3、4 为圆心，$3A$（或 $4B$）为半径画弧，相切于 M、N 和 M_1、N_1 而构成一近似椭圆，如图 1-21（c）。

（5）斜度和锥度

① 斜度是指一直线对另一直线或一平面对另一平面的倾斜程度，在图样中以 $1:n$ 的形式标注。图 1-22 所示为斜度 $1:5$ 的作图方法。

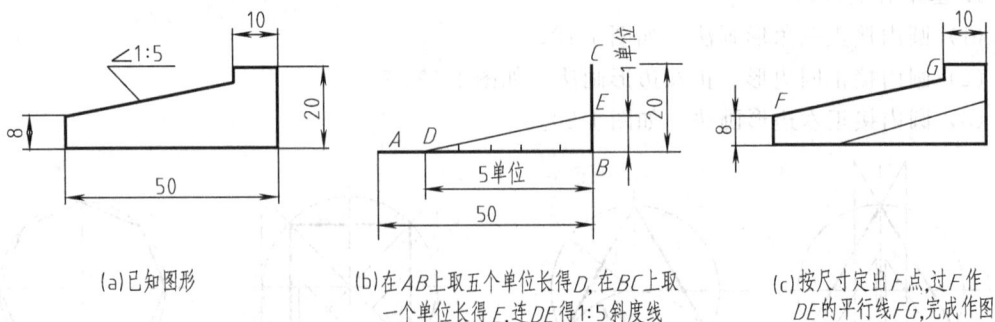

(a)已知图形　　　　　　(b)在 AB 上取五个单位长得 D,在 BC 上取　　　　(c)按尺寸定出 F 点,过 F 作
　　　　　　　　　　　　　一个单位长得 E,连 DE 得1:5斜度线　　　　　　 DE 的平行线FG,完成作图

图 1-22　锲形铁的锥度画法及标注

② 锥度是指正圆锥底圆直径与锥高之比，在图样中以 $1:n$ 的形式标注。图 1-23 所示为斜度 $1:5$ 的作图方法。

(a) 锥度的标注

(b) 按尺寸画出已知部分，在轴线上取五个单位长，在 AB 上取一个单位长，得两条 1:5 的锥度线 CD、CE

(c) 过 AB 作 CD、CE 的平行线，完成作图

图 1-23 锥度的画法及标注

8-ϕ2.2H13

8-ϕ1.5H13

35-ϕ1H13

图 1-24 印制板图

2. 圆弧连接

用一段圆弧光滑地连接相邻两已知线段（直线或圆弧）的作图方法称为圆弧连接。图 1-24 所示为印制板导电图形图，在绘制导电图形时，相邻的线段都是通过圆弧连接。从图 1-25 所示印制板的局部放大图中可看出，用 R8 连接两直线、用 R15 连接一直线和一圆弧、用 R12 和 R10 连接两圆弧等。要保证圆弧连接光滑，必须使线段与线段在连接处相切，作图时应先求作连接圆弧的圆心以及确定连接圆弧与已知线段的切点。

圆弧连接的作图方法如图 1-26 所示。

（1）圆弧连接已知两直线　如图 1-26（a）。

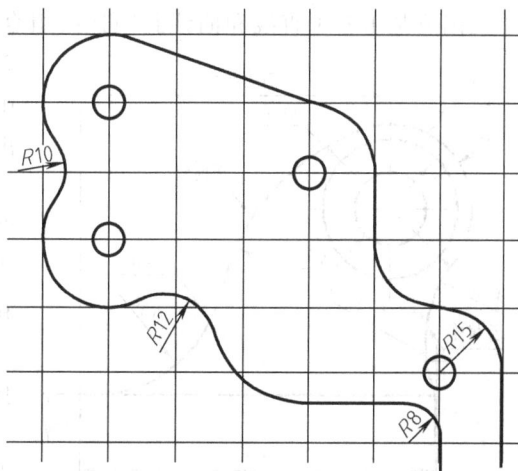

图 1-25 圆弧连接示例

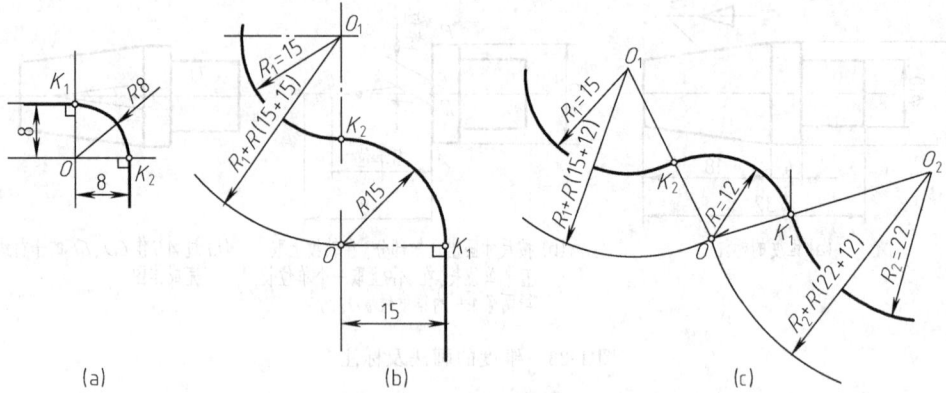

图 1-26　圆弧连接作图方法

① 求圆心。分别作与两已知直线相距为 $R=8$ 的平行线，得交点 O，即为连接圆弧 $R8$ 的圆心。

② 求切点。自圆心 O 分别向两直线作垂线，得垂足 K_1、K_2 即为切点。

③ 画连接弧。以 O 为圆心，$R8$ 为半径，自点 K_1 至 K_2 画圆弧。

（2）圆弧连接已知直线和圆弧　如图 1-26（b）。

① 求圆心。作与已知直线相距为 $R=15$ 的平行线，以 O_1 为圆心，$R_1+R=15+15$ 为半径画弧，与所作平行线的交点 O，即为连接圆弧 $R15$ 的圆心。

② 求切点。自圆心 O 向直线作垂线得 K_1，再作两圆心 OO_1 的连线，与已知圆弧 $R15$ 交于 K_2 即为切点。

③ 画连接弧。以 O 为圆心，$R15$ 为半径，自点 K_1 至 K_2 画圆弧。

（3）圆弧连接两已知圆弧　如图 1-26（c）。

① 求圆心　分别以 O_1、O_2 为圆心，$R_1+R(15+12)$ 和 $R_2+R(22+12)$ 为半径画弧，得交点 O，即为连接圆弧 $R12$ 的圆心。

② 求切点。作两圆心连线 OO_1、OO_2，与已知圆弧 R_1、R_2 分别交于 K_1、K_2，即为切点。

③ 画连接弧。以 O 为圆心，$R12$ 为半径，自点 K_1 至 K_2 画圆弧。

3. 平面图形的分析与作图

平面图形是由若干直线和曲线封闭连接组合而成，这些线段之间的相对位置和连接关系，根据给定的尺寸来确定。在平面图形中，有些线段因尺寸已给全，可以直接画出，而有些线段要按相切的连接关系，用一定的方法才能画出。因此，绘图前应对所绘图形进行分析，从而确定正确的作图方法和步骤。下面以图 1-27 所示图形为例进行尺寸和线段分析。

（1）尺寸分析　平面图形中所注尺寸按其作用可分为以下两类。

① 定形尺寸。确定图形中各线段形状大小的尺寸，如 $\phi15$、$\phi30$、$R18$、$R30$、$R50$ 以及 80、10。一般情况下确定几何图形所需

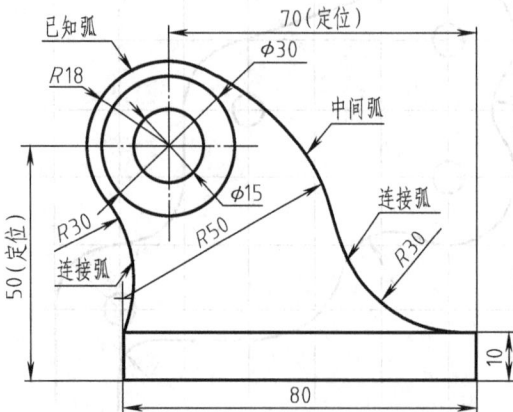

图 1-27　平面图形的尺寸分析与线段分析

16

定形尺寸的个数是一定的，如矩形的定形尺寸是长和宽、圆和圆弧的定形尺寸是直径和半径等。

② 定位尺寸。确定图形中各线段间相对位置的尺寸，如尺寸 50 和 70 是以下部矩形的底边和右边为基准确定 φ15、φ30 圆心位置的定位尺寸。必须注意，有时一个尺寸既是定形尺寸，也是定位尺寸，如尺寸 80 是矩形的长，也是 R50 圆弧水平方向的定位尺寸。

(2) 线段分析　平面图形中，有些线段具有完整的定形和定位尺寸，可根据标注的尺寸直接画出；有些线段的定形和定位尺寸并未全部注出，要根据已注出的尺寸和该线段与相邻线段的连接关系，通过几何作图才能画出。因此，通常按线段的尺寸是否标注齐全将线段分为三种。

① 已知线段。定形、定位尺寸全部注出的线段，如 φ15、φ30 的圆，R18 的圆弧，80 和 10 矩形的长、宽等，均属已知线段。

② 中间线段。注出定形尺寸和一个方向的定位尺寸，必须依靠相邻线段间的连接关系才能画出的线段，如 R50 圆弧。

③ 连接线段。只注出定形尺寸，未注出定位尺寸的线段，其定位尺寸需根据该线段与相邻两线段的连接关系，通过几何作图方法求出，如两个 R30 圆弧。

图 1-28 所示为平面图形的作图步骤。

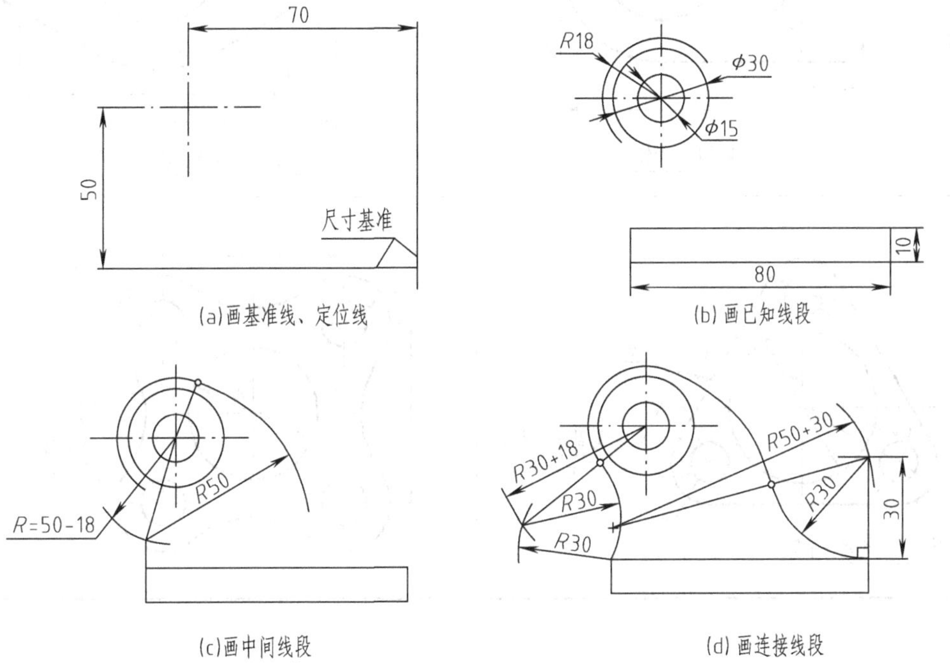

(a)画基准线、定位线　　　　　　　　(b)画已知线段

(c)画中间线段　　　　　　　　(d)画连接线段

图 1-28　平面图形的作图步骤

4. 平面图形的尺寸标注

平面图形标注尺寸的基本要求是：正确、齐全、清晰。

标注尺寸首先要遵守国家标准有关尺寸注法的基本规定，通常先标注定形尺寸，再标注定位尺寸。通过几何作图可以确定的线段，不要标注尺寸。尺寸标注完成后要检查是否有重复或遗漏。在作图过程中没有用到的尺寸是重复尺寸，要删除；如果按所注尺寸无法完成作图，说明尺寸不齐全，应补注所需尺寸。标注尺寸时应注意布局清晰。表 1-5 所示为几种平面图形的尺寸标注示例。

表 1-5　平面图形的尺寸标注示例

作图得出的长度不应标注尺寸

对称图形无特殊要求时按对称形式标注定位尺寸

一般要注出总长、总宽,把四角圆弧看成连接弧

定位尺寸

圆弧作为主要结构时,不标注总长尺寸

标注直径尺寸,便于度量

把两端圆弧看成已知弧,不必再标注总长

按圆周分布的圆其定位尺寸标注直径

角度数字一定要水平书写

连接圆弧不标注定位尺寸

第二章 正投影作图基础

正投影法能准确表达物体的形状，并且作图方便，度量性好，所以在工程上得到广泛应用。工程图样主要是用正投影法绘制的，因此，正投影法的基本原理是本课程的理论基础，也是本课程学习的核心内容。

第一节 正投影法与视图

一、投影法概述

如图 2-1 所示，投射线通过物体，向选定的平面进行投射，并在该面上得到图形的方法称为投影法，所得到的图形称为投影，选定的平面称为投影面。

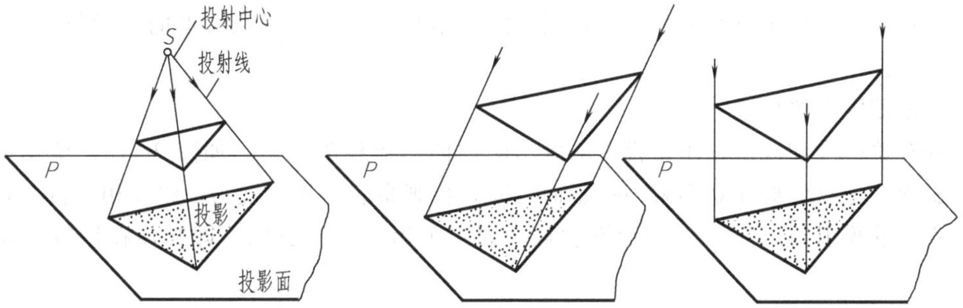

图 2-1 投影法

根据投射线相互汇交或平行，投影法可分为中心投影法和平行投影法两类。

1. 中心投影法

投射线汇交于一点的投影法称为中心投影法，如图 2-1(a)。投射线的起源点 S 称为投射中心。工程上常用中心投影法绘制建筑物的透视图，如图 2-2。由于透视图与人的视觉相符，能体现近大远小的效果，所以形象逼真，具有丰富的立体感。但作图麻烦，且度量性差。

2. 平行投影法

投射线互相平行的投影法称为平行投影法。按投射线与投影面是否垂直，平行投影法又分为以下两种。

图 2-2 透视图

(1) 斜投影法 投射线与投影面相倾斜的平行投影法，如图 2-1(b)。

(2) 正投影法 投射线与投影面相垂直的平行投影法，如图 2-1(c)。

用正投影法得到的图形称为正投影图。由于正投影图表达物体形状准确，度量性好，绘制较为简便，因此在工程上应用最广。

在本书的后续章节中，若无特殊说明，所提到的投影均指正投影。

二、正投影法的基本性质

1. 实形性

当直线或平面图形平行于投影面时，其投影反映直线的实长或平面图形的实形，如图 2-3(a)。

图 2-3　正投影法基本特性

2. 积聚性

当直线或平面图形垂直于投影面时，直线的投影积聚成一点，平面图形的投影积聚成一直线，如图 2-3(b)。

3. 类似性

当直线或平面倾斜于投影面时，直线的投影仍为直线，但小于实长；平面图形的投影小于真实形状，但类似于空间平面图形，图形的基本特征不变，如八边形的投影仍为八边形，如图 2-3(c)。

三、三面视图的形成

根据有关标准和规定，用正投影法画出的物体图形称为视图。如图 2-4(a) 所示，设一直立投影面，把物体放在观察者与投影面之间，将观察者的视线视为一组互相平行，且与投影面相垂直的投射线，对物体进行投射且按规定画出的正投影图，即物体在该投影面上的视图。

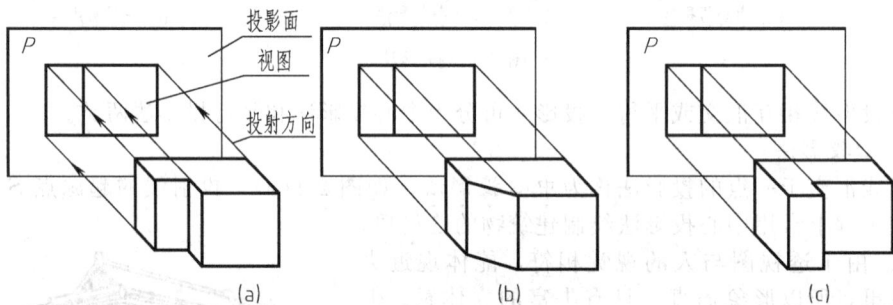

图 2-4　不同物体的同一投影

一般情况下，一个视图不能确定物体的形状。如图 2-4 所示，三个不同形状的物体，它们在投影面上的投影都相同。所以要反映物体的完整形状，必须增加由不同投射方向所得到的几个视图，互相补充，才能将物体表达清楚。工程上常用的是三面视图。

如图 2-5(a) 所示，设立三个互相垂直的投影面，正立投影面 V（简称正面）、水平投影面 H（简称水平面）、侧立投影面 W（简称侧面）。三个投影面的交线 OX、OY、OZ 也互相垂直，分别代表长、宽、高三个方向，称为投影轴。把物体放在观察者与投影面之间，按正投影法向各投影面投射，即可分别得到正面投影、水平投影和侧面投影。

为了画图方便，需将三个投影面展开到一个平面上，如图 2-5(b) 所示，规定正面不动，将水平面绕 OX 轴向下旋转 90°，侧面绕 OZ 轴向右旋转 90°，就得到如图 2-5(c) 所示同一平面上的三个视图。由于画图时不必画出投影面的边框，所以去掉边框就得到如图

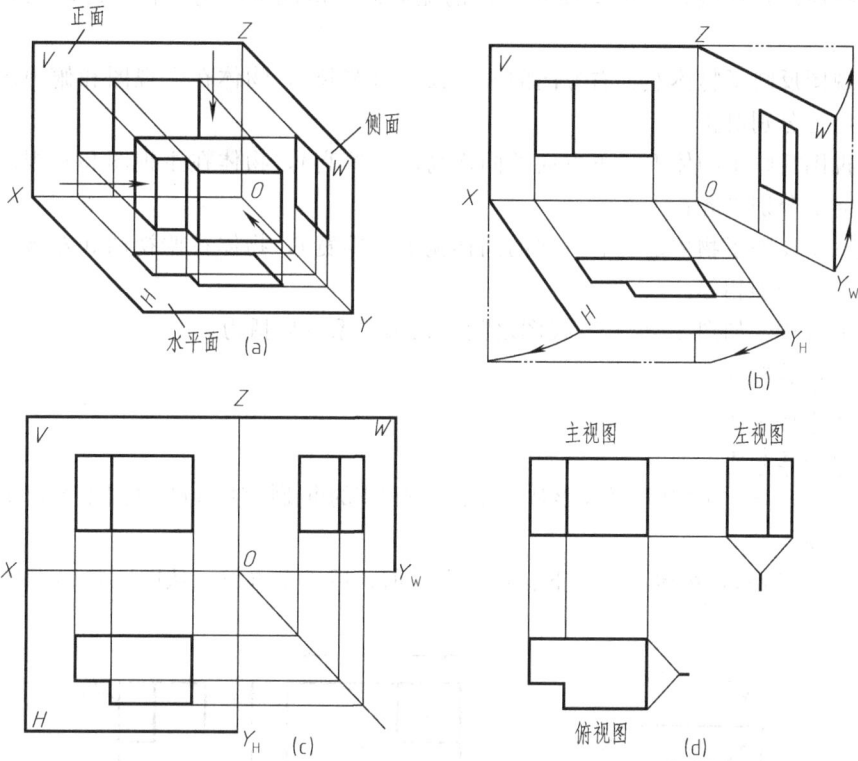

图 2-5　三面视图的形成

2-5(d)所示的三视图。

物体的正面投影称为主视图，即由前向后投射所得的图形；

物体的水平投影称为俯视图，即由上向下投射所得的图形；

物体的侧面投影称为左视图，即由左向右投射所得的图形。

从三面视图的形成过程中可看出，俯视图在主视图的下方，左视图在主视图的右方。

四、三面视图之间的对应关系

1. 投影关系

如图 2-6(a) 所示，物体有长、宽、高三个方向的尺寸。通常规定：物体左右之间的距离为长（X）、前后之间的距离为宽（Y）、上下之间的距离为高（Z）。

从图 2-6(b) 可看出，一个视图只能反映两个方向的尺寸。主视图反映物体的长和高；

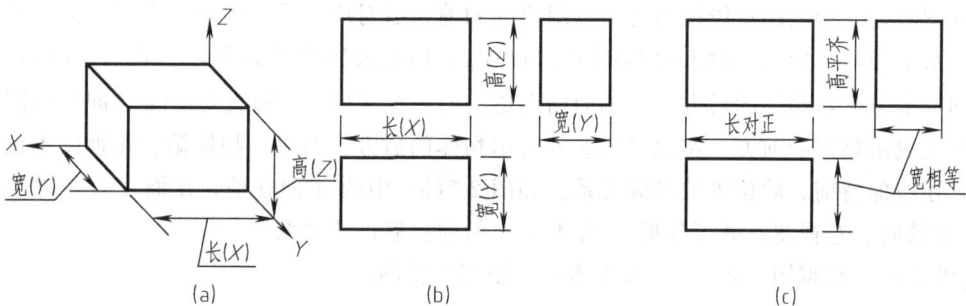

图 2-6　三面视图的投影关系

俯视图反映物体的长和宽；左视图反映物体的宽和高。由此可得出三视图之间的投影对应关系：

主、俯视图反映了物体左、右方向的同样长度（等长），物体在主视图和俯视图上的投影在长度方向上分别对正；

主、左视图反映了物体上、下方向的同样高度（等高），物体在主视图和左视图上的投影在高度方向上分别平齐；

俯、左视图反映了物体前、后方向的同样宽度（等宽），物体在俯视图和左视图上的投影在宽度方向上分别相等。

通过以上分析，如图 2-6(c) 三视图之间的投影关系可概括为：

主、俯视图长对正；

主、左视图高平齐；

俯、左视图宽相等。

"长对正、高平齐、宽相等"的投影对应关系是三视图的重要特性，也是画图和读图的依据。

2. 方位关系

如图 2-7(a) 所示，物体有上、下、左、右、前、后六个方位。从图 2-7(b) 可看出：

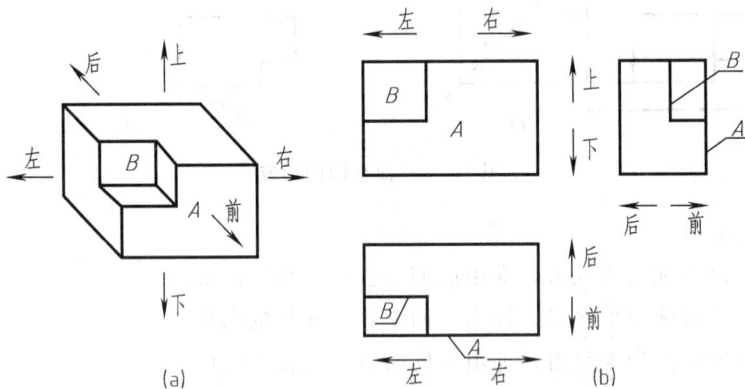

图 2-7 三面视图的方位关系

主视图反映物体的上、下和左、右的相对位置关系；

俯视图反映物体的前、后和左、右的相对位置关系；

左视图反映物体的前、后和上、下的相对位置关系。

通过上述分析可知，必须将两个视图联系起来，才能表明物体六个方位的位置关系。画图和读图时，要特别注意俯视图与左视图之间的前、后对应关系。由于三个投影面在展开过程中，水平面向下旋转，原来的 OY 轴成为 OY_H，即俯视图的下方实际上表示物体的前方，俯视图的上方表示物体的后方；当侧面向右旋转时，原来的 OY 轴成为 OY_W，即左视图的右方实际上表示物体的前方，左视图的左方表示物体的后方。所以，物体俯、左视图不仅宽度相等，还应保持前、后位置的对应关系。如图 2-7(a) 中的 A 面在前，B 面在后，对照图 2-7(b) 中的俯、左视图，就可分析 A 面和 B 面的前、后位置关系。

[例 2-1] 根据图 2-8(a) 所示物体，绘制其三视图。

分析

图中所示物体是底板左前方切角的直角弯板。为了呈现物体表面的真形和作图方便，应

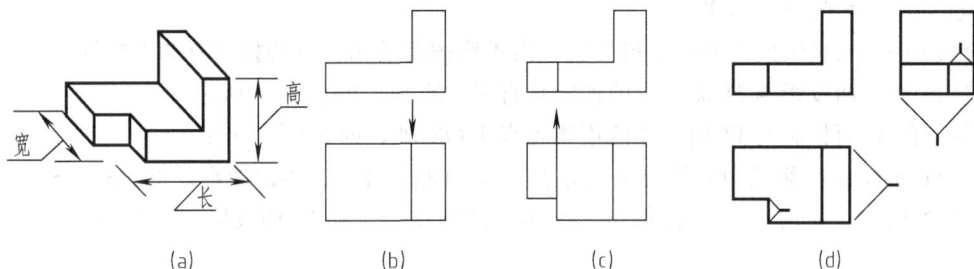

图 2-8 三面视图的作图步骤

使物体的主要表面尽可能与投影面平行。画三视图时，应先画反映物体形状特征的视图，然后再按投影规律画出其他视图。

作图

① 量取弯板的长和高画出反映轮廓特征的主视图，按主、俯视图长对正的投影关系，并量取弯板的宽度画出俯视图，如图 2-8(b)。

② 在俯视图上画出底板左前方切去的一角，再按长对正的投影关系在主视图上画出切角的图线，如图 2-8(c)。

③ 按主、左视图高平齐，俯、左视图宽相等的投影关系，画出弯板的左视图。必须注意，俯、左视图上"Y"的前、后对应关系，如图 2-8(d)。

检查无误，擦去多余作图线，描深。

第二节 点、直线、平面的投影作图

任何立体的表面都包含点、直线和平面等基本几何元素。要完整、准确地绘制物体的三视图，还须进一步研究分析这些几何元素的投影特性和作图方法，这对今后的画图和读图具有十分重要的意义。

一、点的投影

图 2-9(a) 所示三棱锥是由四个面、六条线和四个点构成的。点是最基本的几何元素，下面分析锥顶 S 的投影规律。

1. 点的投影规律

空间一点的投影仍为点。如图 2-9(b) 所示，将 S 点分别向 H、V、W 面投射，得到的

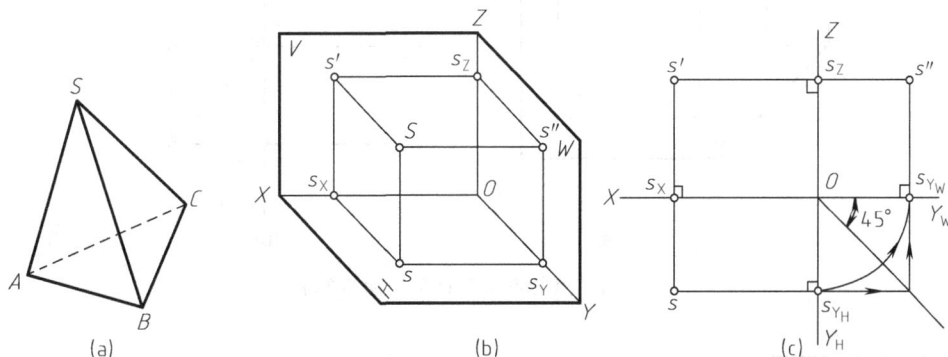

图 2-9 点的三面投影

23

三面投影分别为 S、S'、S'' **❶**。

图 2-9(c) 是投影面展开后的投影图，由投影图可看出，点的投影有如下特性：

① 点的 V 面投影与 H 面投影的连线垂直于 OX 轴，即 $S'S\perp OX$；

② 点的 V 面投影与 W 面投影的连线垂直于 OZ 轴，即 $S'S''\perp OZ$；

③ 点的 H 面投影至 OX 轴的距离等于其 W 面投影至 OZ 轴的距离，即 $SS_x=S'S_z$。

[**例 2-2**] 已知点 A 的 V 面投影 a' 与 H 面投影 a，求作 W 面投影 a''，如图 2-10(a)。

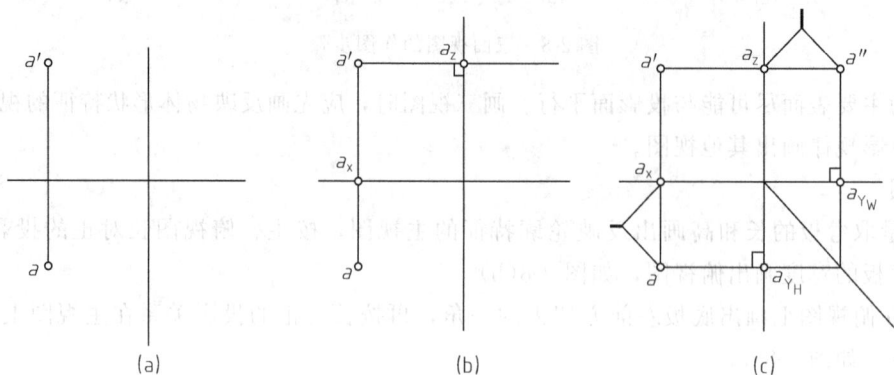

图 2-10　已知点的两面投影求作第三投影

分析

根据点的投影特性可知，$a'a''\perp OZ$，过 a' 作 OZ 轴的垂线 $a'a_z$，所求 a'' 必在 $a'a_z$ 的延长线上。由 $a''a_z=aa_x$，可确定 a'' 的位置。

作图

① 过 a' 作 $a'a_z\perp OZ$，并延长，如图 2-10(b)。

② 量取 $a''a_z=aa_x$，求得 a''。也可利用 45°线作图，如图 2-10(c)。

2. 点的投影与直角坐标

如图 2-11(a) 所示，点在空间的位置可由点到三个投影面的距离来确定。如果将三个投

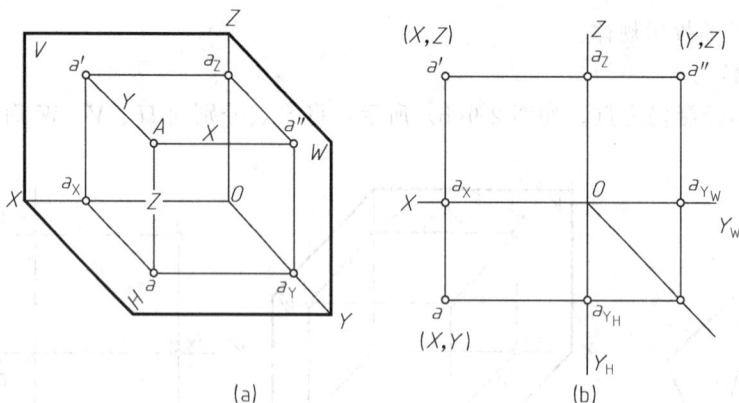

图 2-11　点的投影与直角坐标的关系

---

❶ 空间点用大写字母表示，H 面投影用相应的小写字母表示，V 面投影用相应的小写字母加"'"表示，W 面投影用相应的小写字母加"″"表示。

影面作为坐标面，投影轴作为坐标轴，则点的投影与点的坐标关系如下：

① 点到 W 面的距离为 $Aa''=a'a_z=aa_y=Oa_x=X$ 坐标；

② 点到 V 面的距离为 $Aa'=aa_x=a''a_z=Oa_y=Y$ 坐标；

③ 点到 H 面的距离为 $Aa=a'a_x=a''a_y=Oa_z=Z$ 坐标。

空间一点的位置可由该点的坐标（X、Y、Z）确定。如图 2-11（b）所示，A 点三面投影的坐标分别为 $a(X、Y)$、$a'(X、Z)$、$a''(Y、Z)$。任一投影都包含两个坐标，所以一点的两个投影包含了确定该点空间位置的三个坐标，即确定了点的空间位置。

[例 2-3] 已知空间点 B 的坐标为：$X=12$，$Y=10$，$Z=17$（单位为 mm，下同），也可写成 B（12，10，17）。求作 B 点的三面投影，如图 2-12。

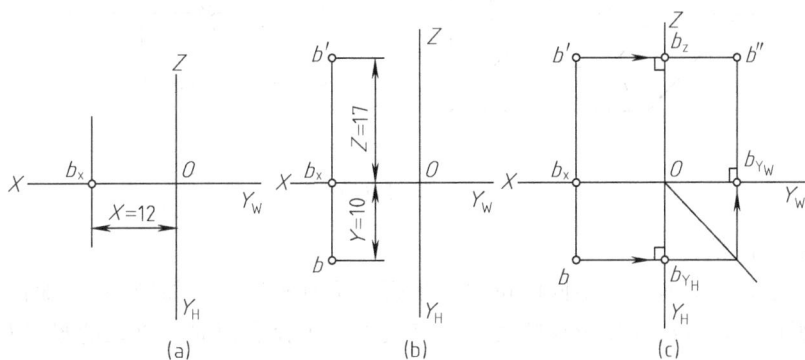

图 2-12 已知点的坐标作投影图

分析

已知空间点的三个坐标，便可作出该点的两面投影，再求作另一投影。

作图

① 在 OX 轴上向左量取 12，得 b_x，如图 2-12（a）。

② 过 b_x 作 OX 轴的垂线，在此垂线上向下量取 10 得 b；向上量取 17 得 b'，如图 2-12（b）。

③ 由 b、b' 作出 b''，如图 2-12（c）。

3. 两点相对位置

在投影图中，空间两点的相对位置可由它们同面投影（同一投影面上的投影）的坐标大小来判别。如图 2-13 所示，A 点的 X 坐标大于 B 点的 X 坐标，则 A 点在 B 点之左；A 点的 Y 坐标大于 B 点的 Y 坐标，则 A 点在 B 点之前；A 点的 Z 坐标小于 B 点的 Z 坐标，则 A

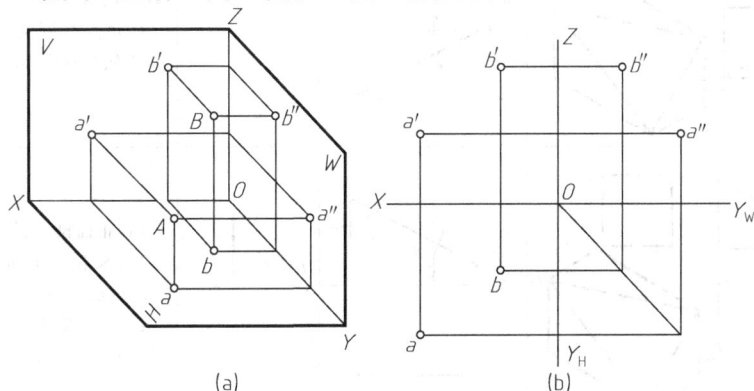

图 2-13 两点的相对位置

点在 B 点之下。空间两点的上下和左右相对位置容易判别，要特别注意两点在 H 面和 W 面投影的前后相对位置的判别。

如图 2-14 所示，如果 C 点和 D 点的 X、Y 坐标相同，C 点的 Z 坐标大于 D 点的 Z 坐标，则 C 点和 D 点的 H 面投影 c 和 d 重合在一起，称为 H 面的重影点。重影点在标注时，将不可见的投影加括号，如 C 点在上，遮住了下面的 D 点，所以 D 点的 H 面投影用 (d) 表示。

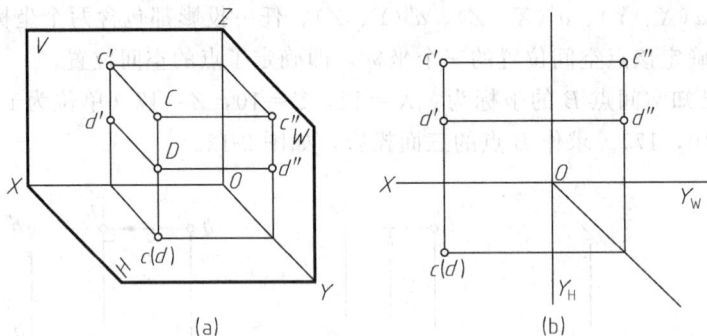

图 2-14　重影点的投影

二、直线的投影

直线相对于投影面有三种不同的位置：平行、垂直和倾斜，如图 2-3。如前所述，当直线平行于投影面时，直线的投影反映实长；直线垂直于投影面时，直线的投影积聚成一点；直线倾斜于投影面时，直线的投影仍为直线，但小于实长。

空间直线对三个投影面的不同相对位置分为：投影面平行线、投影面垂直线、一般位置直线。前两种又称为特殊位置直线。

1. 投影面平行线

如表 2-1 所示，只平行于一个投影面，倾斜于另外两个投影面的直线，称为投影面平行线。投影面平行线有三种位置：

表 2-1　投影面平行线

类别	三　视　图	投　影　图	投　影　特　性
水平线			(1)水平投影 $ab=AB$； (2)正面投影 $a'b' /\!/ OX$，侧面投影 $a''b'' /\!/ OY_W$，都不反映实长； (3)β、γ 分别反映直线对 V 面和 W 面倾角真实大小，$\alpha=0$
正平线			(1)正面投影 $c'b'=CB$； (2)水平投影 $cb /\!/ OX$，侧面投影 $c''b'' /\!/ OZ$，都不反映实长； (3)α、γ 反映直线对 H 面、W 面倾角真实大小，$\beta=0$

26

类别	三 视 图	投 影 图	投 影 特 性
侧平线			(1)侧面投影 $a''c''=AC$； (2)正面投影 $a'c'\ /\!/\ OZ$，水平投影 $ac\ /\!/\ OY_H$，都不反映实长； (3)α、β 反映直线对 H 面、V 面倾角真实大小，$\gamma=0$

水平线　平行于 H 面，与 V、W 面倾斜的直线；

正平线　平行于 V 面，与 H、W 面倾斜的直线；

侧平线　平行于 W 面，与 H、V 面倾斜的直线。

直线与投影面所夹的角即为直线对投影面的倾角。α、β、γ 分别表示直线对 H、V、W 面的倾角。

2. 投影面垂直线

如表 2-2 所示，垂直于一个投影面，与另外两个投影面平行的直线，称为投影面垂直线。投影面垂直线也有三种位置：

铅垂线　垂直于 H 面，与 V、W 面平行的直线；

正垂线　垂直于 V 面，与 H、W 面平行的直线；

侧垂线　垂直于 W 面，与 H、V 面平行的直线。

表 2-2　投影面垂直线

类别	三 视 图	投 影 图	投 影 特 性
铅垂线			(1)水平投影 $a(b)$ 积聚成一点； (2)正面投影 $a'b'\ /\!/\ OZ$，侧面投影 $a''b''\ /\!/\ OZ$，都反映实长
正垂线			(1)正面投影 $c'(d')$ 积聚成一点； (2)水平投影 $cb\ /\!/\ OY_H$，侧面投影 $c''d''\ /\!/\ OY_W$，都反映实长

类别	三 视 图	投 影 图	投 影 特 性
侧垂线	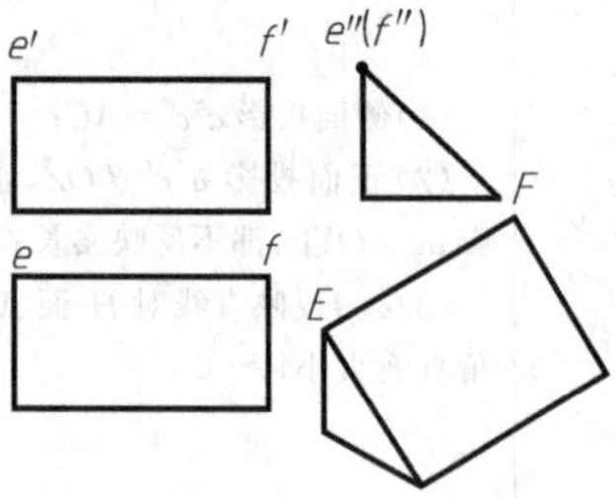	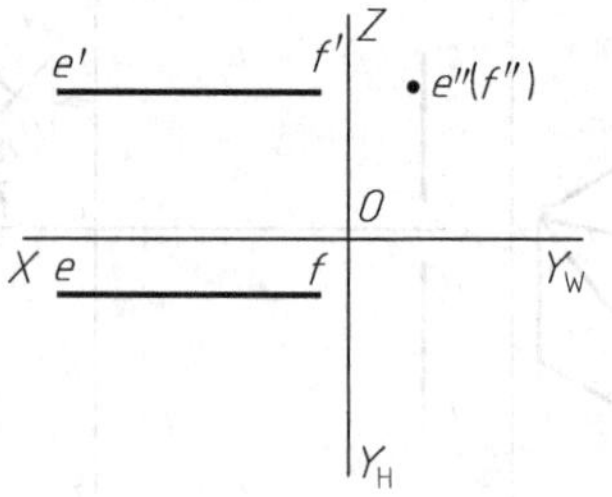	(1)侧面投影 $e''(f'')$ 积聚成一点； (2)水平投影 $ef /\!/ OX$，正面投影 $e'f' /\!/ OX$，都反映实长

3. 一般位置直线

既不平行也不垂直于任何一个投影面，即与三个投影面都处于倾斜位置的直线，称为一般位置直线，如图 2-15 所示。一般位置直线的投影特性如下：

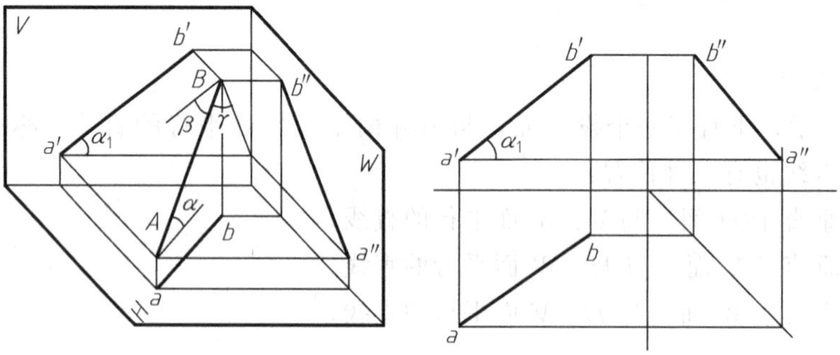

(a)　　　　　　　　　　　(b)

图 2-15　一般位置直线的投影

① 三个投影都倾斜于投影轴；

② 三个投影的长度均小于空间直线段的实长；

③ 直线的投影与投影轴的夹角，不反映空间直线对投影面的倾角。如 $a'b'$ 与 OX 轴的夹角 α_1 是倾角 α 在 V 面上的投影，由于 $\angle\alpha$ 不平行于 V 面，所以 $\angle\alpha_1$ 不等于 $\angle\alpha$。

[**例 2-4**] 分析正三棱锥各棱线与投影面的相对位置，如图 2-16(a)。

① 棱线 SB。sb 和 $s'b'$ 分别平行于 OY_H 和 OZ，可确定 SB 为侧平线，侧面投影 $s''b''$ 反映实长，如图 2-16(b)。

② 棱线 AC。侧面投影 $a''c''$ 重影，可判断 AC 为侧垂线，$a'c'=ac=AC$，如图 2-16(c)。

③ 棱线 SA。三个投影 sa、$s'a'$、$s''a''$ 对投影轴倾斜，所以必定是一般位置直线，如图 2-16(d)。

三、平面的投影

平面相对于投影面也有三种不同的位置：平行、垂直和倾斜，如图 2-3。如前所述，当平面平行于投影面时，平面的投影反映实形；垂直于投影面时，平面的投影积聚成一直线；倾斜于投影面时，平面的投影小于真实形状，但类似于空间的平面图形。

空间平面对三个投影面的不同相对位置也有三种：投影面平行面、投影面垂直面、一般位置平面。前两种又称为特殊位置平面。

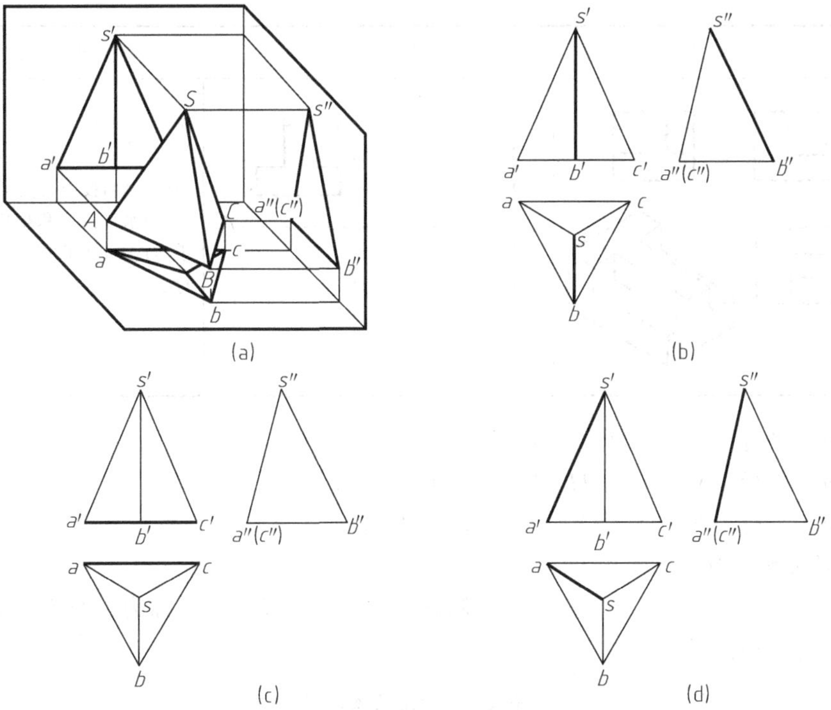

(a)

(b)

(c)

(d)

图 2-16 判断直线与投影面的相对位置

1. 投影面平行面

如表 2-3 所示，平行于一个投影面，垂直于另外两个投影面的平面，称为投影面平行面，投影面平行面有三种位置：

表 2-3 投影面平行面

类别	三 视 图	投 影 图	投 影 特 性
水平面	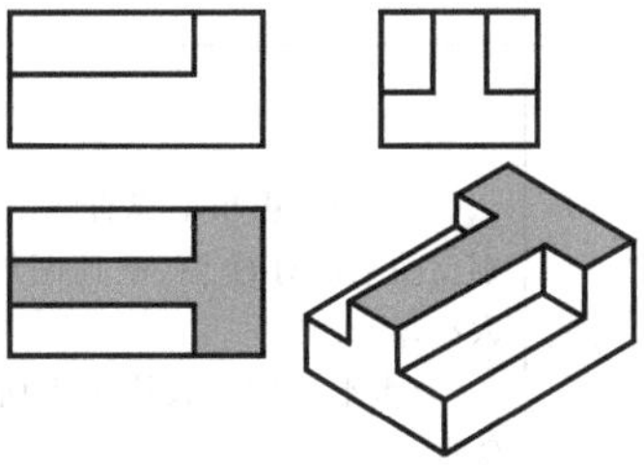	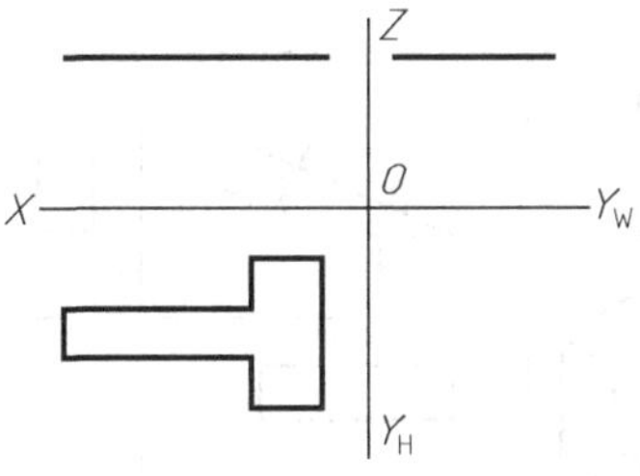	(1)水平投影反映实形； (2)正面投影积聚成直线且平行于 OX，侧面投影积聚成直线且平行于 OY_W
正平面	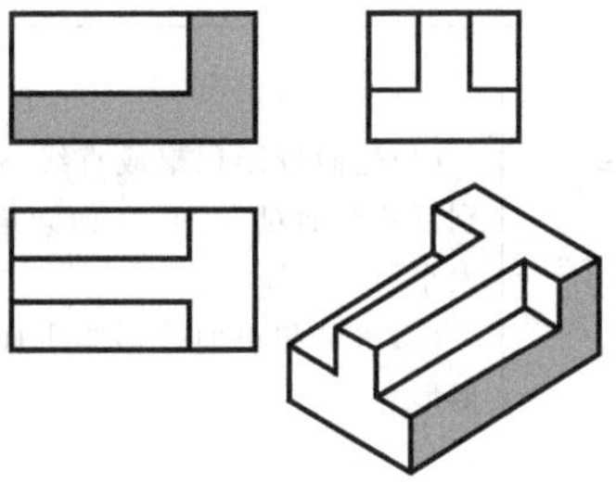	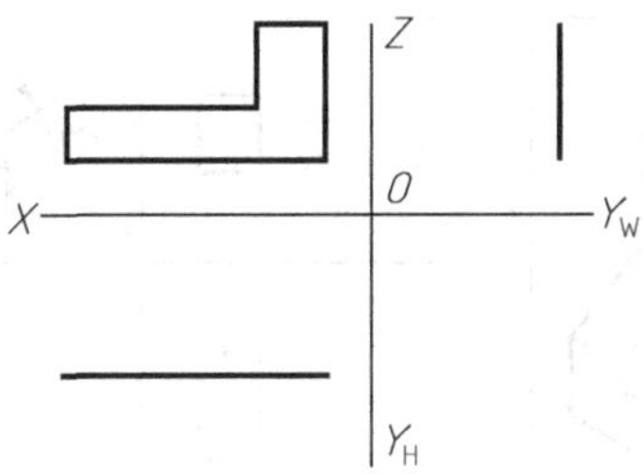	(1)正面投影反映实形； (2)水平投影积聚成直线且平行于 OX，侧面投影积聚成直线且平行于 OZ

类别	三 视 图	投 影 图	投 影 特 性
侧平面			(1)侧面投影反映实形; (2)水平投影积聚成直线且平行于 OY_H,正面投影积聚成直线且平行于 OZ

水平面　平行于 H 面,与 V、W 面垂直的平面;

正平面　平行于 V 面,与 H、W 面垂直的平面;

侧平面　平行于 W 面,与 V、H 面垂直的平面。

2. 投影面垂直面

如表 2-4 所示,垂直于一个投影面,倾斜于另外两个投影面,称为投影面垂直面。投影面垂直面也有三种位置:

表 2-4　投影面垂直面

类别	三 视 图	投 影 图	投 影 特 性
铅垂面			(1)水平投影积聚成直线,β、γ 分别反映平面对 V 面、W 面倾角真实大小,$\alpha=90°$; (2)正面和侧面投影为平面的类似形
正垂面			(1)正面投影积聚成直线,α、γ 分别反映平面对 H 面、W 面倾角真实大小,$\beta=90°$; (2)水平和侧面投影为平面的类似形
侧垂面			(1)侧面投影积聚成直线,α、β 分别反映平面对 H 面、V 面倾角真实大小,$\gamma=90°$; (2)水平和正面投影为平面的类似形

铅垂面　垂直于 H 面，与 V、W 面倾斜的平面；

正垂面　垂直于 V 面，与 H、W 面倾斜的平面；

侧垂面　垂直于 W 面，与 H、V 面倾斜的平面。

3. 一般位置平面

与三个投影面都倾斜的平面称为一般位置平面。如图 2-17 所示，$\triangle ABC$ 与 V、H、W 都倾斜，在三个投影面上的投影 $\triangle a'b'c'$、$\triangle abc$、$\triangle a''b''c''$ 均为缩小了的类似形。

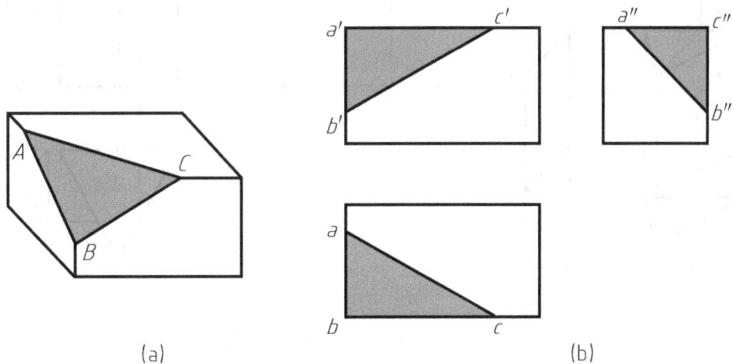

图 2-17　一般位置平面的投影

[例 2-5]　分析正三棱锥各棱面与投影面的相对位置，如图 2-18。

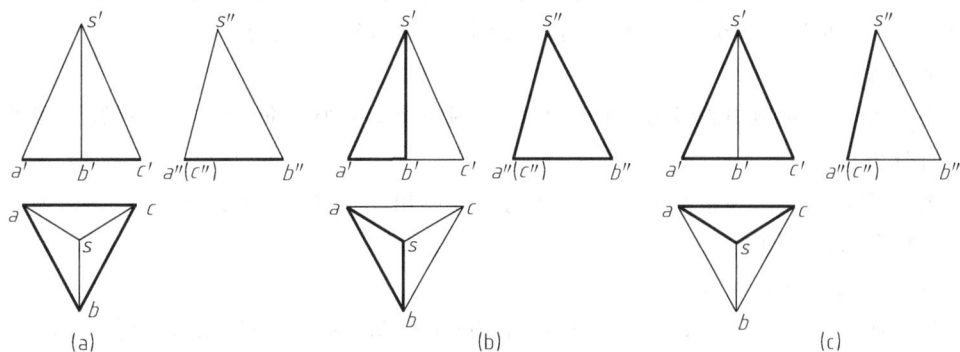

图 2-18　判断平面与投影面的相对位置

① 底面 ABC。V 面和 W 面投影积聚为水平线，分别平行于 OX 轴和 OY_W 轴，可确定底面 ABC 是水平面，水平投影反映实形，如图 2-18(a)。

② 棱面 SAB。三个投影 $\triangle sab$、$\triangle s'a'b'$、$\triangle s''a''b''$ 都没有积聚性，均为棱面 $\triangle SAB$ 的类似形，可判断 $\triangle SAB$ 为一般位置平面，如图 2-18(b)。

③ 棱面 SAC。从 W 面投影中的重影点 $a''(c'')$ 可知，棱面 SAC 的一边 AC 是侧垂线。根据几何定理，一个平面上的任一直线垂直于另一平面，则两平面互相垂直。因此，可判断棱面 SAC 是侧垂面，W 面投影积聚成一直线，如图 2-18(c)。

第三节　基本体及其表面上点的投影

任何物体都可以看成由若干基本体组合而成。基本体有平面体和曲面体两类，平面体的每个表面都是平面，如棱柱、棱锥；曲面体至少有一个表面是曲面，常见的曲面体为回转

31

体，如圆柱、圆锥和圆球等。

一、棱柱

棱柱的棱线互相平行。常见的棱柱有三棱柱、四棱柱、五棱柱和六棱柱等。下面的图 2-19（a）所示三棱柱为例，分析其投影特性和作图方法。

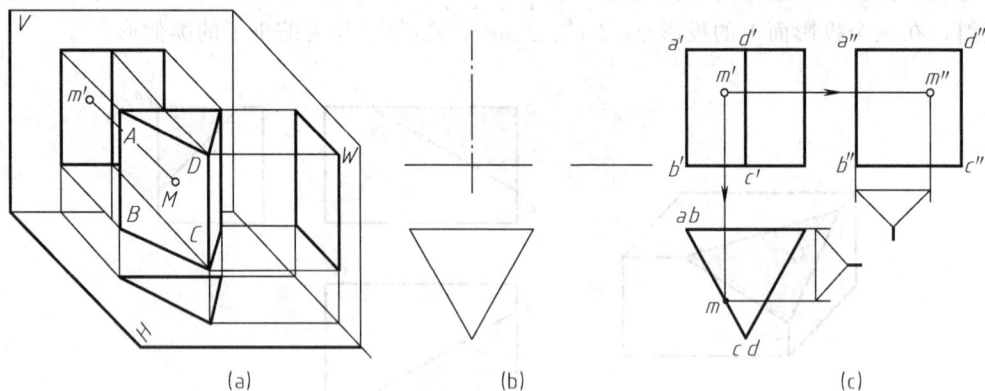

图 2-19　正三棱柱及其表面上点的投影

1. 投影分析

图示正三棱柱的两端面（顶面和底面）平行于水平面，后棱面平行于正面，另外两个棱面垂直于水平面。在这种位置下，三棱柱的投影特征是：顶面和底面的水平投影重合，并反映实形——正三角形。三个棱面的水平投影积聚为三角形的三条边。

2. 作图步骤

① 作三棱柱的对称中心线和底面基线，并画出具有形状特征的视图——俯视图的正三角形，如图 2-19(b)。

② 按长对正的投影关系并量取三棱柱的高度画出主视图，再按高平齐、宽相等的投影关系画出左视图，如图 2-19(c)。

3. 棱柱表面上点的投影

如图 2-19(a) 所示，已知三棱柱棱面 $ABCD$ 上点 M 的正面投影 m'，求作 m 和 m''。由于点 M 所在棱面 $ABCD$ 是铅垂面，其水平投影积聚成直线，因此点 M 的水平投影必在该直线上，即可由 m' 直接作出 m，再由 m' 和 m 作出 m''，如图 2-19(c) 所示。因为棱面 $ABCD$ 的侧面投影可见，所以 m'' 为可见。

二、棱锥

棱锥的棱线交于一点。常见的棱锥有三棱锥、四棱锥、五棱锥等。下面以图 2-20 所示的正四棱锥为例，分析其投影特性和作图方法。

1. 投影分析

图示正四棱锥的底面平行于水平面，其水平投影反映实形。左、右两个棱面垂直于正面，它们的正面投影积聚成直线。前、后两个棱面垂直于侧面，它们的侧面投影积聚成直线。与锥顶相交的四条棱线既不平行也不垂直任何一个投影面，所以它们的投影均不反映实长。

2. 作图步骤

① 作四棱锥的对称中心线和底面基线，先画出底面俯视图的矩形，如图 2-20(b)。

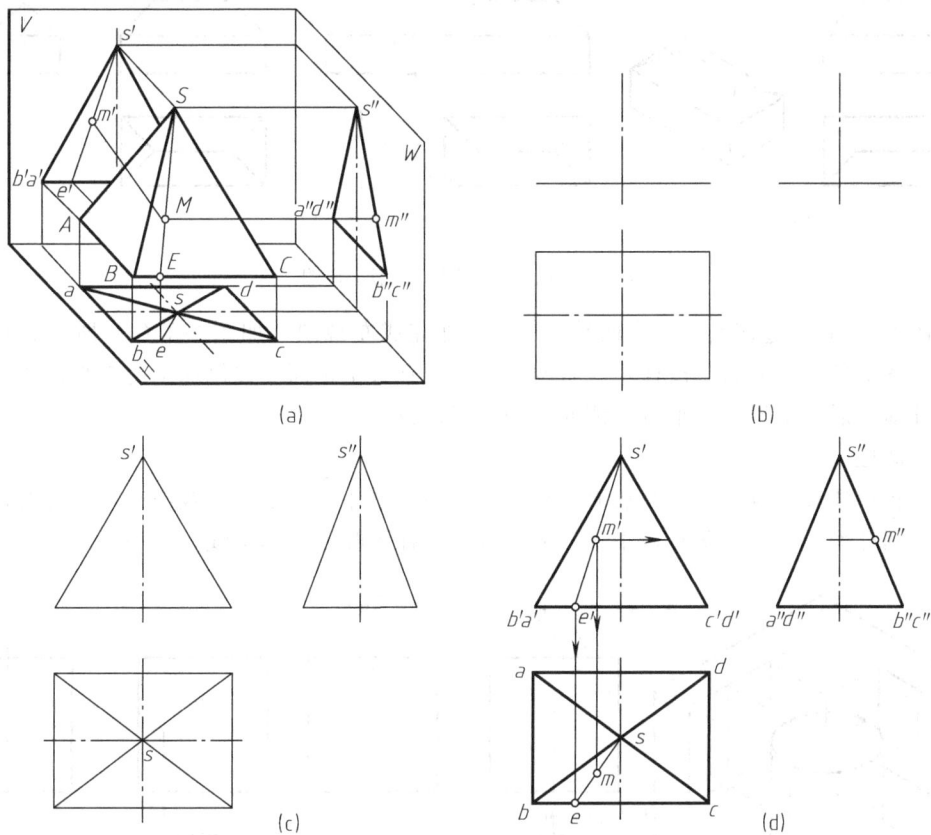

图 2-20　正四棱锥及其表面上点的投影

② 根据四棱锥的高度定出锥顶 S 的投影位置，然后在主、俯视图上分别用直线连接锥顶与底面四个顶点的投影，即四条棱线的投影。因为是正四棱锥，四条棱线的水平投影为矩形的两条对角线。再由主、俯视图作出左视图，如图 2-20(c)。

3. 棱锥表面上点的投影

如图 2-20(a) 所示，已知四棱锥棱面 SBC 上点 M 的正面投影 m′，求作 m 和 m″。由于棱面 SBC 的水平投影没有积聚性，所以 M 点的水平投影不能直接作出，必须在棱面 (SBC) 上作一条辅助线 SE。作图方法如图 2-20(d) 所示，在正面投影中，由 s′ 过 m′ 作辅助线 s′e′，再由 e′ 作 OX 轴的垂线与 bc 交于 e，则 se 即为辅助线 SE 的水平投影。因为点 M 在直线 SE 上，则点 M 的投影必在直线 SE 的同面投影上，由 m′ 作出 m。由于棱面 SBC 是侧垂面，可由 m′ 直接作出 m″。

[例 2-6] 已知物体的主、俯视图，补画左视图，如图 2-21(a)。

分析

从已知物体的主、俯视图（参照立体图）可想像出，该物体由两部分组成：下部为四棱柱，上部为被正垂面左、右各切去一角的三棱柱。三棱柱最上面的棱线垂直于侧面，它的底面与四棱柱的顶面重合。

作图

① 如图 2-21(b) 所示，先补画出下部四棱柱的左视图（矩形）。

② 作三棱柱上面中间棱线的侧面投影，由于该棱线垂直于侧面，其侧面投影积聚为一

33

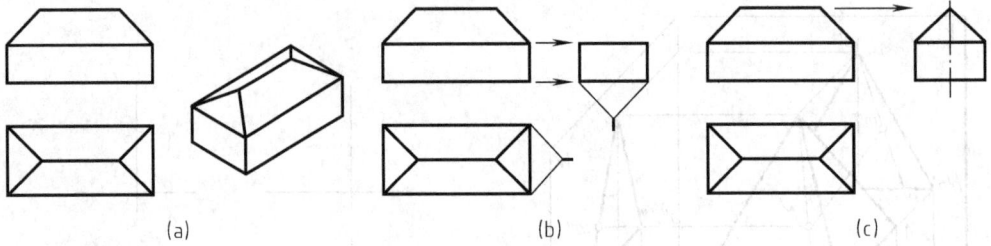

图 2-21 已知两视图补画第三视图

点（在图形中间），过该点与矩形两端点连线，即完成左视图，如图 2-21(c) 所示。必须注意：左视图上的三角形为三棱柱左、右两个斜面（垂直于正面）在侧面上的投影；两条斜线为三棱柱前、后两个斜面（垂直于侧面）的积聚性投影。

三、圆柱

圆柱体由圆柱面与上、下两底面围成。圆柱面可看作由一条直母线绕平行于它的轴线回转而成。圆柱面上任意一条平行于轴线的直母线，称为圆柱面的素线，如图 2-22(a)。

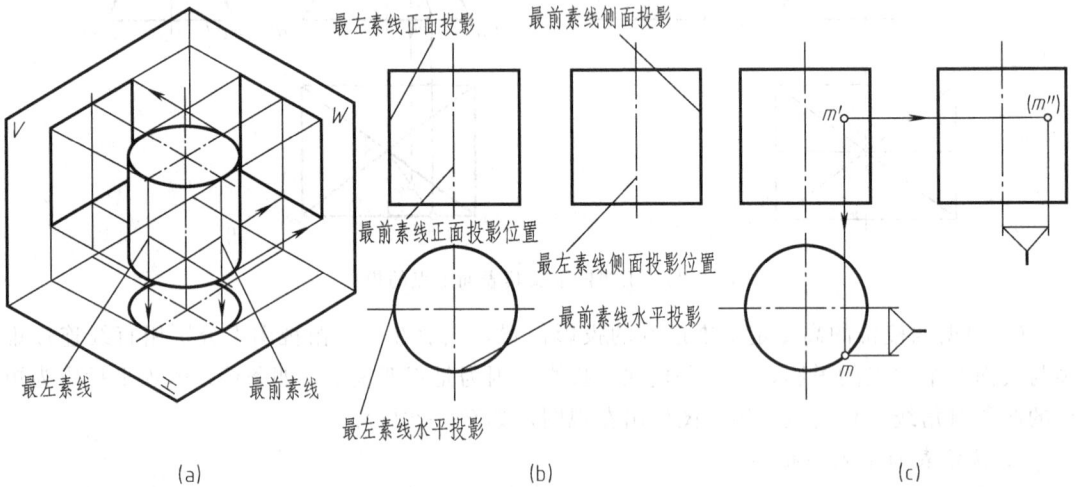

图 2-22 圆柱及其表面上点的投影

1. 投影分析

当圆柱轴线为铅垂线时，圆柱的顶面和底面为水平面，其水平投影反映实形，正面、侧面投影积聚为直线。圆柱面的水平投影积聚为一圆周，与顶面和底面的水平投影重合。在正面投影中，前、后半圆柱面的投影重合为一矩形，矩形的两条竖线分别是圆柱面最左、最右素线的投影，也是圆柱面前、后分界的转向轮廓线。在侧面投影中，左、右两半圆柱面的投影重合为一矩形，矩形的两条竖线分别是圆柱面最前、最后素线的投影，也是圆柱面左、右分界的轮廓线。

2. 作图方法

画圆柱体的三视图时，应先画出圆的中心线和圆柱轴线各投影，然后从投影为圆的视图（俯视图）画起，逐步画出其他视图，如图 2-22(b) 所示。

3. 圆柱表面上点的投影

如图 2-22(c) 所示，已知圆柱面上点 M 的正面投影 m'，求作 m 和 m''。首先根据圆柱面水平投影的积聚性作出 m，由于 m' 是可见的，则点 M 必在前半圆柱面上，m 必在水平投影圆的前半圆周上，再由 m'、m 作出 m''。由于点 M 在右半圆柱面上，所以 m'' 为不可见，通常将不可见投影加括号以 (m'') 表示。

四、圆锥

圆锥是由圆锥面和底面围成。圆锥面可看作由一条直母线绕与它斜交的轴线回转而成。

1. 投影分析

如图 2-23 所示，当圆锥的轴线为铅垂线时，锥底面平行于水平面，水平投影反映实形，正面和侧面投影积聚成直线。圆锥面的三个投影都没有积聚性，其水平投影与底面的水平投影重合，全部可见；正面投影由前、后两个半圆锥面的投影重合为一等腰三角形，三角形的两腰分别是圆锥最左、最右素线的投影，也是圆锥面前、后分界的转向轮廓线；侧面投影由左、右两半圆锥面的投影重合为一等腰三角形，三角形的两腰分别是圆锥最前、最后素线的投影，也是圆锥面左、右分界的转向轮廓线。

2. 作图方法

画圆锥的三视图时，应先画出圆的中心线和圆锥轴线的各投影，再画出底圆的投影，然后作出锥顶各投影，完成圆锥的三视图，如图 2-23(b) 所示。

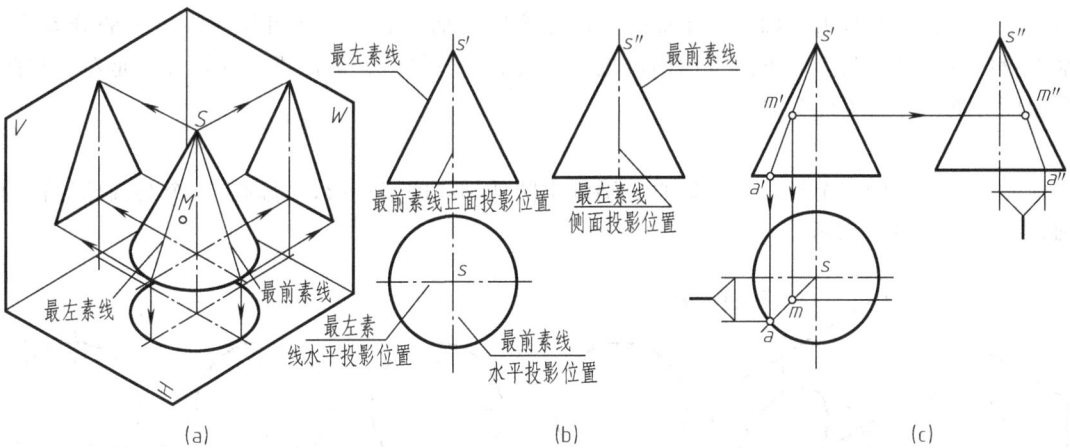

图 2-23 圆锥及其表面上点的投影

3. 圆锥表面上点的投影

由于圆锥面的投影没有积聚性，所以必须在锥面上作一条包含该点的辅助线（直线或曲线），先求作辅助线的投影，再利用线上点的投影关系作出圆锥表面上点的投影。

图 2-23(c) 所示为用辅助素线法求作圆锥表面上点的投影。过锥顶包含点 M 作辅助素线 SA（$s'a'$、sa、$s''a''$），根据求线上点的作图方法，m、m'' 必在 sa、$s''a''$ 上，所以可由 m' 作出 m 和 m''。

图 2-24 所示为用辅助纬圆法求作圆锥表面上点的投影。在锥面上过点 M 作一水平纬圆（垂直于圆锥轴线的圆），点 M 的各投影必在该圆的同面投影上。如图 2-24(b) 所示，过 M 点的正面投影 m' 作轴线的垂直线，交圆锥的左、右轮廓线于 a'、b'，$a'b'$ 即辅助纬圆的正面投影以 s 为圆心，$a'b'$ 为直径，作出辅助纬圆的水平投影。由 m' 求得 m，由于 m' 是可见的，所以 m 在前半锥面上。如图 2-24(c) 所示，再由 m'、m 作出 m''，由于 M 在右半锥面上，所以 (m'') 为不可见。

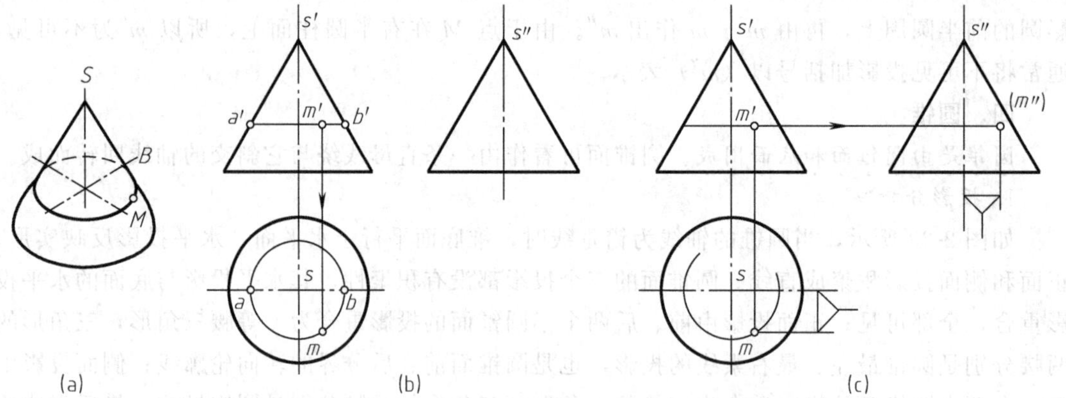

图 2-24　用纬圆法求作圆锥表面上点的投影

五、圆球

圆球的表面可看作由一条圆母线绕其直径回转而成。

1. 投影分析

从图 2-25 可以看出，圆球的三个视图都是等径圆，并且是圆球表面平行于相应投影面的三个不同位置的最大轮廓圆。正面投影的轮廓圆是前、后半球面可见与不可见的分界线；水平投影的轮廓圆是上、下两半球面可见与不可见的分界线；侧面投影的轮廓圆是左、右两半球面可见与不可见的分界线。

2. 作图方法

先确定球心的三个投影，过球心分别画出圆球轴线的三投影，再画出三个与圆球等径的圆，如图 2-25（b）所示。

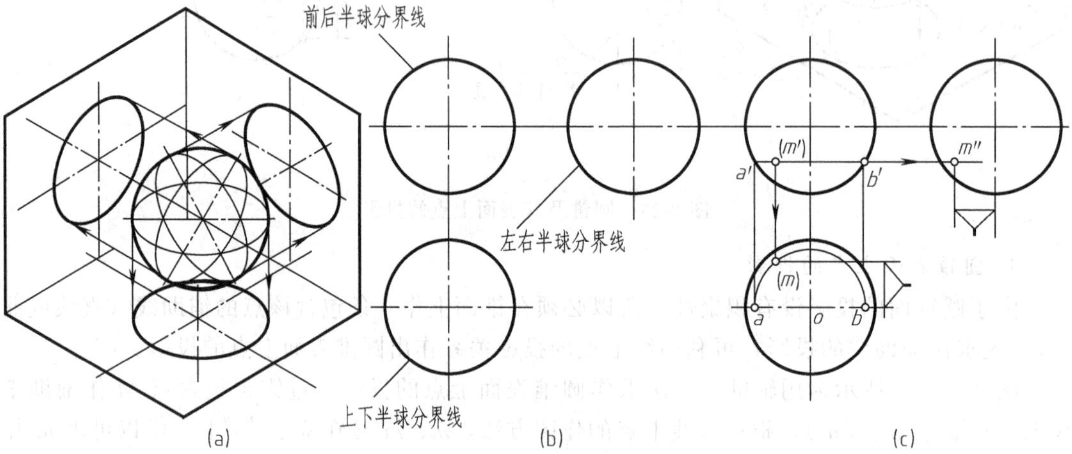

图 2-25　圆球及其表面上点的投影

3. 圆球表面上点的投影

如图 2-25（c）所示，已知球面上点 M 的正面投影 (m')，求作 m 和 m''。由于球面的三个投影都没有积聚性，可利用辅助纬圆法求解。过 (m') 作水平纬圆的正面投影（积聚成水平线）$a'b'$，再作出水平投影（以 o 为圆心，$a'b'$ 为直径画圆）。在该圆的水平投影上求得 m，由于 (m') 是不可见的，则 M 必在下半、后半球面上，所以 (m) 为不可见。最后由

（m'）、（m）作出 m''，因为点 M 在左半球面上，所以点 m'' 为可见。

也可以作侧平辅助纬圆求作球表面上点的投影，作图过程可自行分析。

[例 2-7] 已知物体的主、俯视图，补画左视图，如图 2-26(a)。

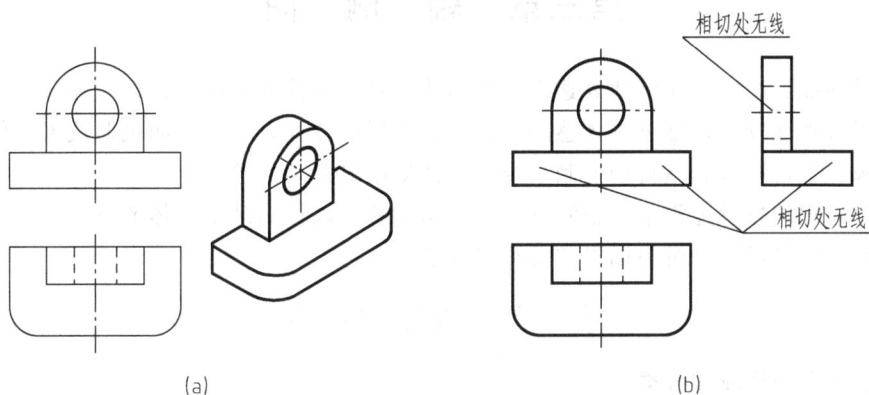

(a)　　　　　　　　　　　　(b)

图 2-26　已知两视图补画第三视图

分析

图示物体由带圆角的底板与半圆头并穿圆柱孔的竖板两部分组成。补画左视图时可分两步进行，并注意底板与竖板的相对位置。

作图

① 如图 2-26(b) 所示，按高平齐、宽相等的投影关系，分别补画底板与竖板的左视图。竖板上圆柱孔的轮廓线在俯、左视图上画虚线。

② 底板上的圆角与竖板上的半圆头都是圆柱面与平面相切，相切处表面光滑过渡，不应画出分界线。

第三章 轴 测 图

正投影图能够准确、完整地表达物体的形状，且作图简便，但是缺乏立体感。因此，工程上常采用直观性较强，富有立体感的轴测图作为辅助图样，用以说明机器及零部件的外观或内部结构，也常用来表达自动控制系统中的框架或电路走向等。

在制图课程的教学过程中，轴测图画法对初学者可以提高理解形体的空间想像能力，为读懂正投影图提供形体分析与构思的思路和方法。

第一节 轴测图概述

一、轴测图的形成和分类

如图 3-1 所示，将物体连同确定其空间位置的直角坐标系，沿不平行于任一坐标面的方向，用平行投影法投射在单一投影面（轴测投影面）上得到的具有立体感的单面投影图，称为轴测图，直角坐标轴 O_0X_0、O_0Y_0、O_0Z_0 在轴测投影面 P 上的投影 OX、OY、OZ 称为轴测轴，三条轴测轴的交点 O 称为原点。

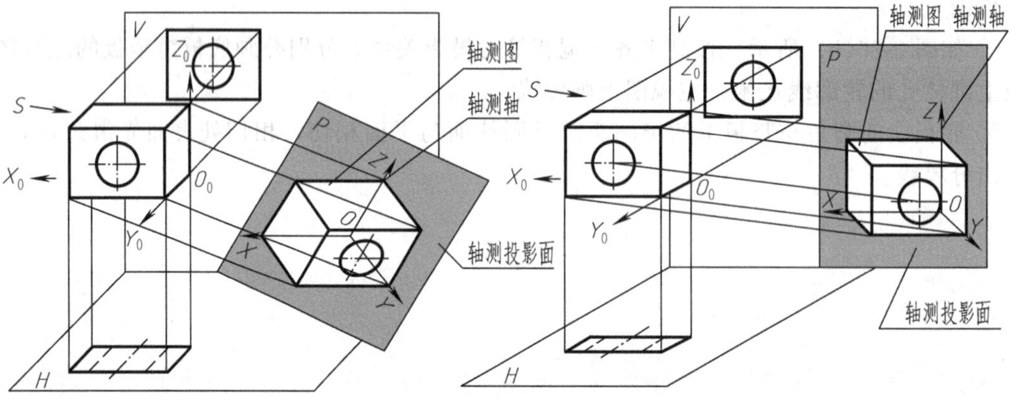

(a) 正轴测图   (b) 斜轴测图

图 3-1 轴测图的形成

根据投射方向与轴测投影面的相对位置，轴测图分为如下两类。

① 正轴测图 投射方向与轴测投影面垂直所得的轴测图。物体的三个坐标面都倾斜于轴测投影面，如图 3-1（a）中 P 面上的轴测图。

② 斜轴测图 投射方向与轴测投影面倾斜所得的轴测图。为作图方便，通常轴测投影面平行于 $X_0O_0Z_0$ 坐标面（即 V 面）。如图 3-1(b) 中 P 面上的轴测图。

二、轴间角和轴向伸缩系数

1. 轴间角

轴间角是指两根轴测轴之间的夹角，如 $\angle XOY$、$\angle XOZ$、$\angle YOZ$。

2. 轴向伸缩系数

轴向伸缩系数是指轴测轴上的单位长度与对应直角坐标轴上的单位长度的比值。如图

3-1 所示，轴测轴 OX、OY、OZ 上的线段与空间坐标轴 O_0X_0、O_0Y_0、O_0Z_0 上对应线段的长度比，分别用 p、q、r 表示。

轴间角和轴向伸缩系数是画轴测图的两个主要参数。正（斜）轴测图按轴向伸缩系数是否相等又分别有下列 3 种不同的形式：

$$
正轴测图
\begin{cases}
正等轴测图\ (p＝q＝r)，\\
正二轴测图\ (p＝r\neq q)，\\
正三轴测图\ (p\neq q\neq r)；
\end{cases}
$$

$$
斜轴测图
\begin{cases}
斜等轴测图\ (p＝q＝r)，\\
斜二轴测图\ (p＝r\neq q)，\\
斜三轴测图\ (p\neq q\neq r)。
\end{cases}
$$

工程上常采用立体感较强，作图较简便的正等轴测图（简称正等测）和斜二轴测图（简称斜二测）。

三、轴测图的投影特性

由于轴测图是用平行投影法绘制的，所以具有以下平行投影的特性。

① 物体上互相平行的线段，轴测投影仍互相平行；平行于坐标轴的线段，轴测投影仍平行于相应的轴测轴，且同一轴向所有线段的轴向伸缩系数相同。

② 物体上不平行于轴测投影面的平面图形，在轴测图上变成原形的类似形。如正方形的轴测投影可能是菱形，圆的轴测投影可能是椭圆等。

画轴测图时，物体上凡是与坐标轴平行的直线段，就可沿轴向进行测量和作图。所谓"轴测"就是指"沿轴测量"的意思。

第二节　正等轴测图

一、轴间角和简化轴向伸缩系数

1. 轴间角

正等测中的轴间角 $\angle XOY＝\angle YOZ＝\angle XOZ＝120°$。作图时，通常将 OZ 轴画成铅垂位置，然后画出 OX、OY 轴，如图 3-2。

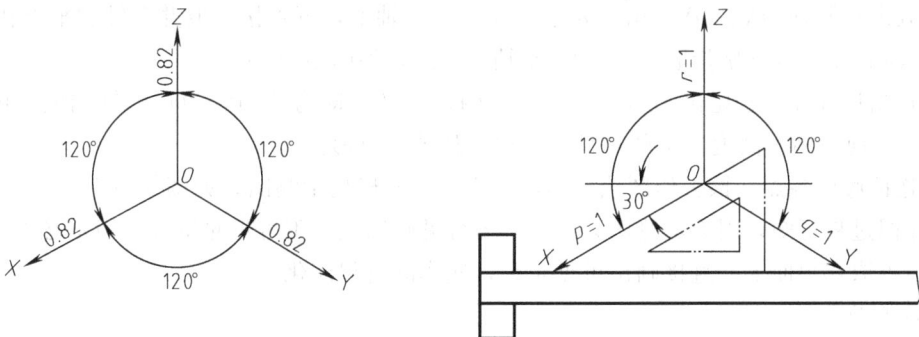

图 3-2　正等轴测图的轴间角和轴向伸缩系数

2. 简化轴向伸缩系数

在正等轴测图中，空间直角坐标系的三根投影轴与轴测投影面的倾角都是 $35°16'$，三根轴的轴向伸缩系数 $p＝q＝r＝\cos 35°16'\approx 0.82$。在画轴测图时，物体上长、宽、高方向的尺寸均要缩小为原长的 82%。为了作图方便，通常采用简化的轴向伸缩系数，即 $p=q=r=1$，如图 3-2。作图时，凡平行于轴测轴的线段，可直接按实物上相应线段的实际长度量取，不必换算。按这种方法画出的正等轴测图，各轴向的长度分别都放大了 $1/0.82 \approx 1.22$ 倍，但形状没有改变。

二、正等测画法

正等测常用的基本作图方法是坐标法。另外，也常用切割法（图 3-4）和叠加法（图 3-8）。作图时，先选定合适的坐标轴并画出轴测轴，再按立体表面上各顶点或线段端点的坐标，画出其轴测投影，然后分别连线完成轴测图。

下面以一些常见的形体为例来介绍正等测画法。

1. 正六棱柱

分析

如图 3-3，正六棱柱的前后、左右对称，将坐标原点 O_0 定在顶面六边形的中心，以六边形的中心线为 X_0 轴和 Y_0 轴。这样便于直接作出顶面六边形各顶点的坐标，从顶面开始作图。

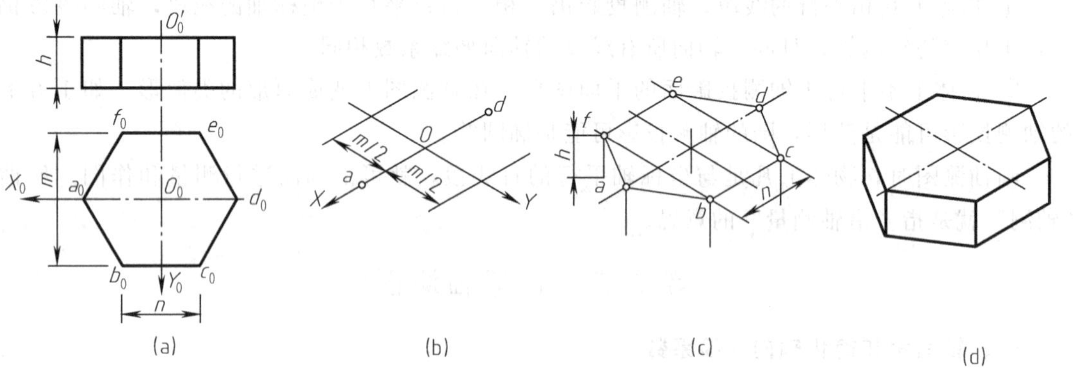

图 3-3　正六棱柱的正等测画法

作图

① 定出坐标原点 O_0 和坐标轴 O_0X_0 和 O_0Y_0，如图 3-3(a)。

② 画出轴测轴 OX、OY，由于 a_0、d_0 在 O_0X_0 轴上，可直接量取并在轴测轴上作出 a、d。在 Y 轴上过 O 点分别量取 $m/2$，作 X 轴平行线，如图 3-3(b)。

③ 根据尺寸 n 分别定出 b、c 和 e、f，连接 $abcdef$ 即为顶面六边形的轴测图。由顶点 a、b、c、f 向下画出高度为 h 的可见轮廓线，如图 3-3(c)。

④ 连接底面各点，擦去作图线，描深，完成正六棱柱轴测图，如图 3-3(d)。

由作图过程可知，因为轴测图只要求画出可见轮廓线，不可见轮廓线一般不必画出，所以常将原点取在顶面上，直接画出可见轮廓，使作图过程简化。

2. 楔形块

分析

对于图 3-4 所示的物体，可采用切割法作图。把楔形块看成是由一个长方体被正垂面斜切一角而形成。作图时可先画出完整的长方体，再斜切一角。对于截切后的斜面上与三根坐标轴都不平行的线段，在轴测图上不能直接从正投影图中量取，必须按坐标作出其端点，然后再连线。

图 3-4 作切割体的正等测

作图

① 定坐标原点 O_0（右后下角）和坐标轴，如图 3-4(a)。

② 根据给出的尺寸 a、b、h 作出长方体的轴测图，如图 3-4(b)。

③ 倾斜线上不能直接量取尺寸，只能沿与轴测轴相平行的对应棱线量取 c、d，定出斜面上线段端点的位置，并连成平行四边形如图 3-4(c)。

④ 擦去多余作图线，描深图线，完成作图，如图 3-4(d)。

3. 圆柱

分析

如图 3-5，直立圆柱的轴线垂直于水平面，上、下底为两个与水平面平行且大小相同的圆，在轴测图中均为椭圆。根据圆的直径 ϕ 和柱高 h 作出两个形状、大小相同，中心距为 h 的椭圆，然后作两椭圆的公切线即成。

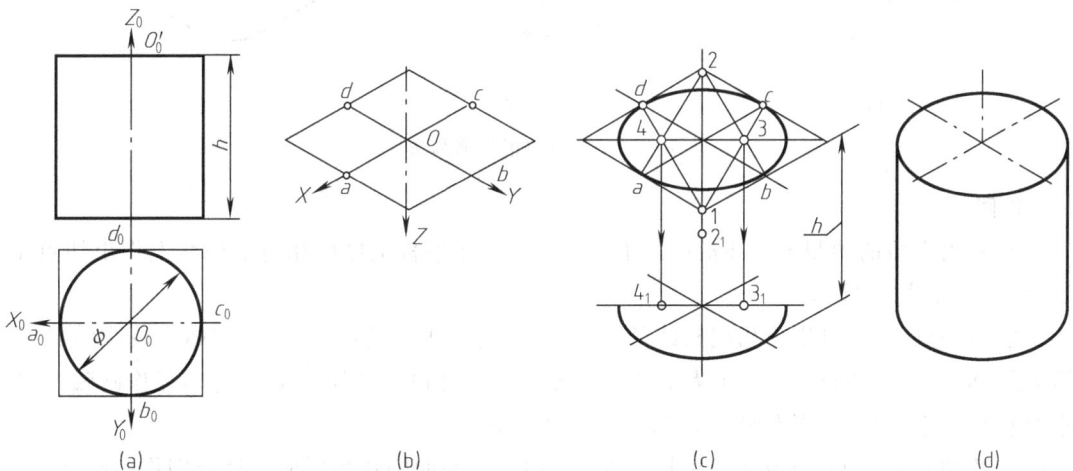

图 3-5 圆柱的正等测画法

作图

① 以顶圆的圆心为原点 O_0，顶圆的中心线 O_0X_0、O_0Y_0、O_0Z_0 为坐标轴，作顶圆的外切正方形，得切点 a_0、b_0、c_0、d_0，如图 3-5(a)。

② 作轴测轴和四个切点的轴测投影 a、b、c、d，过四点分别作 OX、OY 的平行线，得外切正方形的轴测菱形，如图 3-5(b)。

③ 过菱形顶点 1、2 连接 $1c$ 和 $2b$，与菱形对角线相交得交点 3，连接 $2a$ 和 $1d$ 得交点 4，则 1、2、3、4 各点即为作近似椭圆四段圆弧的圆心。以 1、2 为圆心，$1c$ 为半径作 $\frown cd$ 和 $\frown ab$，以 3、4 为圆心，$3b$ 为半径作 $\frown bc$ 和 $\frown da$，即为顶圆的轴测椭圆。将椭圆的三个圆心 2、3、4 沿 Z 轴平移高度 h，作出下底椭圆（下底椭圆看不见的一半圆弧不必画出），如图 3-5(c)。

④ 作两椭圆公切线，擦去作图线，描深，如图 3-5(d)。

4. 圆角

分析

平行于坐标面的圆角是圆的一部分，图 3-6(a) 所示为常见的四分之一圆周的圆角，其正等测恰好是上述近似椭圆的四段圆弧中的一段。

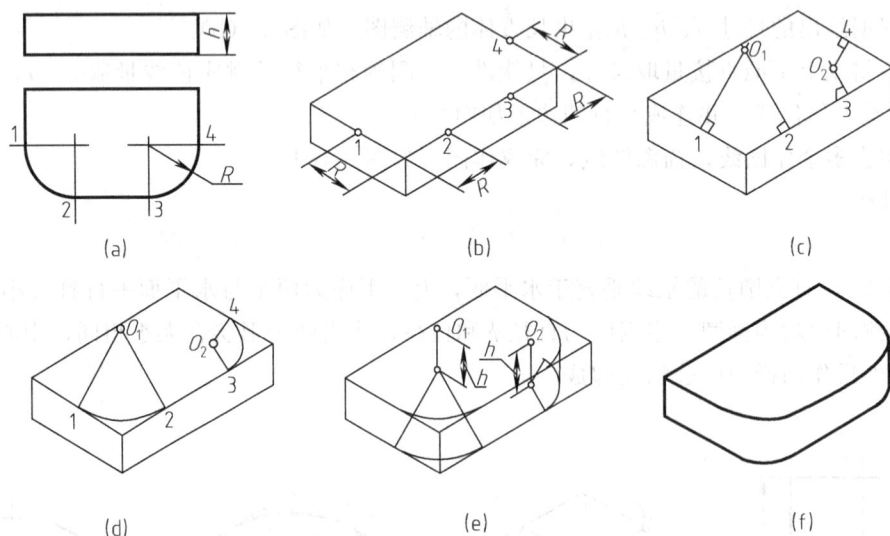

(a)　　　　　　　　(b)　　　　　　　　(c)

(d)　　　　　　　　(e)　　　　　　　　(f)

图 3-6　圆角的正等测画法

作图

① 作出平板的轴测图，并根据圆角的半径 R，在平板上底面相应的棱线上作出切点 1、2、3、4，如图 3-6(b)。

② 过切点 1、2 分别作相应棱线的垂线，得交点 O_1，过切点 3、4 作相应棱线的垂线，得交点 O_2。以 O_1 为圆心，$O_1 1$ 为半径作圆弧 $\frown 12$，以 O_2 为圆心，$O_2 3$ 为半径作圆弧 $\frown 34$，即为平板上底面两圆角的轴测图，如图 3-6(c)、(d)。

③ 将圆心 O_1、O_2 下移平板的厚度 h，再用与上底面圆弧相同的半径分别作两圆弧，得平板下底面圆角的轴测图，如图 3-6(e)。在平板右端作上、下小圆弧的公切线，描深，如图 3-6(f)。

[**例 3-1**] 作图 3-7 所示支架的正等测。

分析

采用叠加法分别画出底板和竖板的轴测图。底板上的圆孔和圆角可按图 3-5 和图 3-

6 的方法作出；竖板上的圆孔和顶部圆柱面的轴线垂直于正面，其轴测图画法与上述相同，但圆平面内所含的轴线应为 O_0X_0 和 O_0Z_0。支架左右对称，原点和坐标轴如图 3-7。

作图

① 先画底板轮廓，并画出竖板与底板的交线 1、2 和 3、4。确定竖板后孔口圆心 B，由 B 作出前孔口圆心 A，作竖板顶部圆柱面的轴测椭圆弧，如图 3-8(a)。

② 由点 1、2、3 作椭圆弧切线，右上方两椭圆弧的公切线（圆柱面可见轮廓线），以及竖板上的圆孔，然后作出底板上的小圆孔，如图 3-8(b)。

③ 作底板上两个圆角。必须注意，竖板后孔口以及底板在底面上的一段可见圆弧不要漏画，如图 3-8(c)。

④ 擦去作图线，描深，完成作图，如图 3-8(d)。

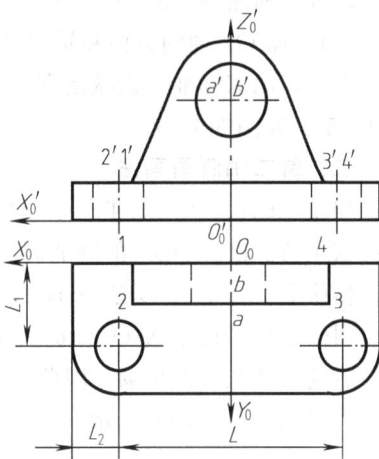

图 3-7　支架的两视图

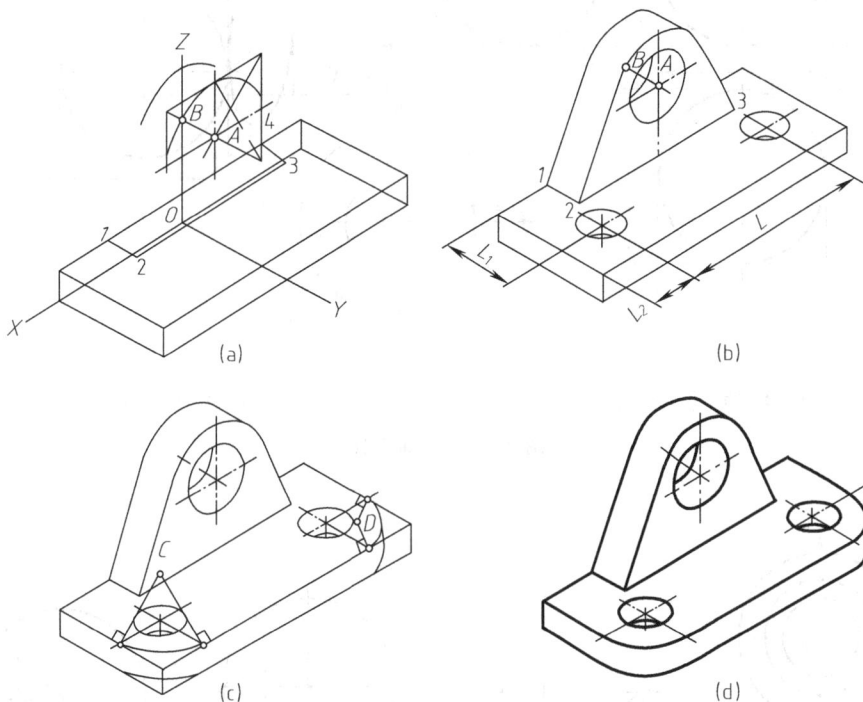

图 3-8　作支架的正等测

第三节　斜二轴测图

一、轴间角和轴向伸缩系数

轴测投影面平行于一个坐标面（V 面），投射方向倾斜于轴测投影面时，即得正面斜二轴测图，如图 3-1(b) 所示。为使物体正面的轴测投影反映实形，将 $X_0O_0Z_0$ 坐标面平行于

43

V 面，所以轴测轴 OX、OZ 分别为水平和铅垂方向，轴间角 $\angle XOZ = 90°$，轴向伸缩系数 $p = r = 1$。而 OY 轴的方向和轴向伸缩系数将随着投射方向的改变而变化。为了作图简便且图形直观，国家标准《机械制图》规定：OY 轴的轴向伸缩系数 $q = 0.5$，OY 轴与水平线夹角为 $45°$，如图 3-9(a)。

二、斜二轴测图画法

如图 3-9(b) 所示，平行于坐标面 $X_0O_0Z_0$ 的圆的斜二测仍为大小相同的圆，平行于坐标面 $X_0O_0Y_0$ 和 $Y_0O_0Z_0$ 的圆的斜二测是椭圆，椭圆可采用八点法作图。在斜二轴测图中，由于物体上平行于 $X_0O_0Z_0$ 坐标面的线段和图形都反映实长和实形，所以当物体上有较多的圆或圆弧曲线平行于 $X_0O_0Z_0$ 时，采用斜二测作图比较方便。如图 3-10(a) 所示的圆台，其前、后端面及孔口都是圆。因此，将前、后端面平行于正面放置，作图很方便。作图过程如图 3-10(b)、(c)、(d) 所示。

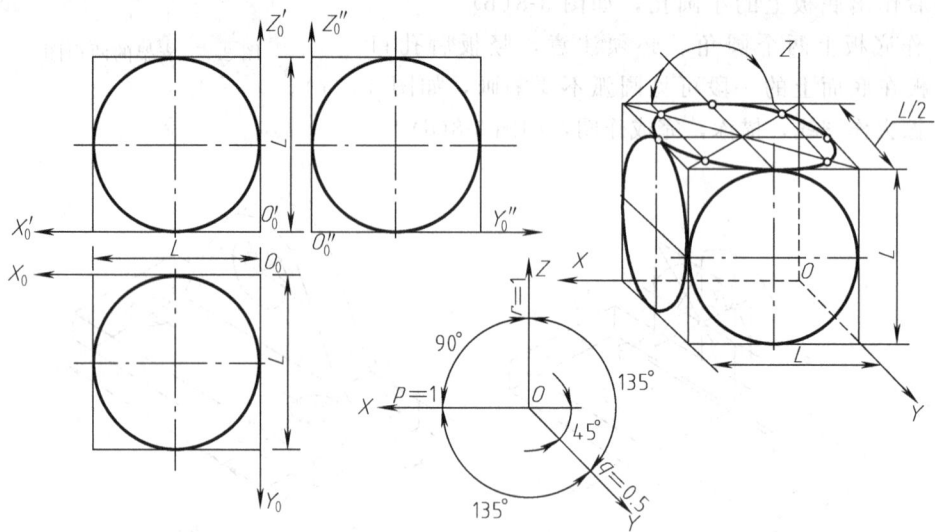

(a) 轴间角和轴向伸缩系数　　　　　　　　(b) 平行于坐标面的圆的斜二测

图 3-9　斜二轴测图

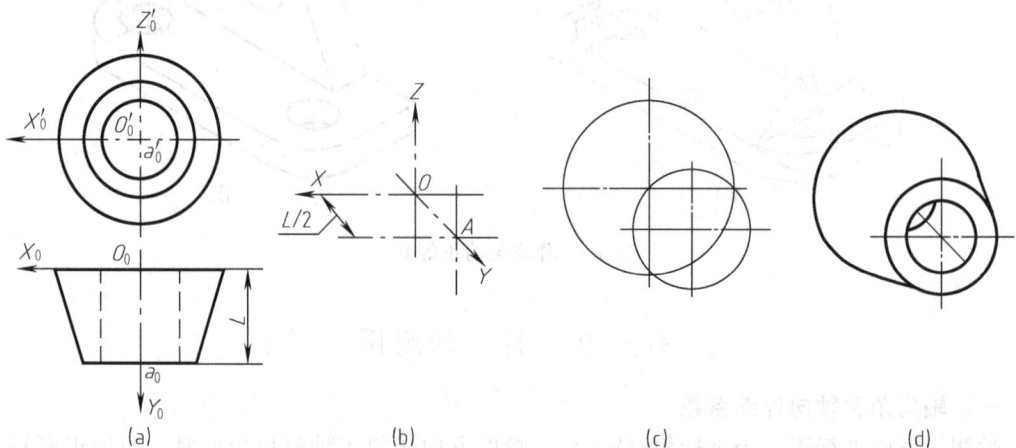

(a)　　　　　　(b)　　　　　　(c)　　　　　　(d)

图 3-10　圆台的斜二测画法

[例 3-2] 作图 3-11(a) 所示支座的斜二轴测图。

分析

图示支座的前、后端面平行于 V 面，采用斜二测作图最方便。

作图

① 选择坐标轴和原点，如图 3-11(a)。

② 画轴测轴，并画出与主视图完全相同的前端面的图形，如图 3-11(b)。

③ 由 O_1 沿 OY 轴向后移 $L/2$ 得 O_2，以 O_2 为圆心画出后端面的图形，如图 3-11(c)。

④ 画出其他可见轮廓线以及圆弧的公切线，描深，完成作图，如图 3-11(d)。

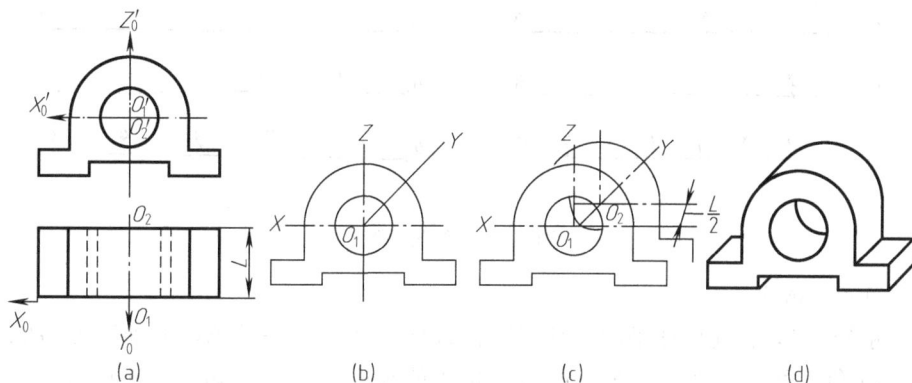

图 3-11　支座的斜二测

第四节　轴测草图画法

不用绘图仪器和工具，通过目测形体各部分的尺寸和比例，徒手画出的图样称为草图。草图是创意构思、技术交流、测绘机件常用的绘图方法。草图虽然是徒手绘制，但绝不是潦草的图，仍应做到：图形正确、线型粗细分明、字体工整、图面整洁。

徒手绘制的轴测图称为轴测草图。由于徒手绘图具有灵活快捷的特点，有很大的实用价值，特别是随着计算机绘图的普及，徒手绘制草图的应用将更加广泛。

一、徒手绘图的基本技法

1. 直线的画法

画轴测草图时，一般先画水平线和垂直线，以确定轴测图的位置和图形的主要基准线。在画直线的运笔过程中，小手指轻抵纸画，视线略超前一些，不宜盯着笔尖，而要目视运笔的前方和笔尖运行的终点。如图 3-12 所示，画水平线时宜自左向右、画垂直线时宜自上而下运笔。画斜线的运笔方向以顺手为原则，若与水平线相近，自左向右，若与垂直线相近，则自上向下运笔。如果将图纸沿运笔方向略为倾斜，则画线更加顺手。若所画线段比较长，不便于一笔画成，可分几段画出，但切忌一小段一小段画出。

2. 等分线段

(1) 八等分线段　先目测取得中点 4，再取分点 2、6，最后取其余分点 1、3、5、7，如图 3-13(a)。

(2) 五等分线段　先目测以 2:3 的比例将线段分成不相等的两段，然后将小段平分，较长段三等分，如图 3-13(b)。

图 3-12　徒手画直线

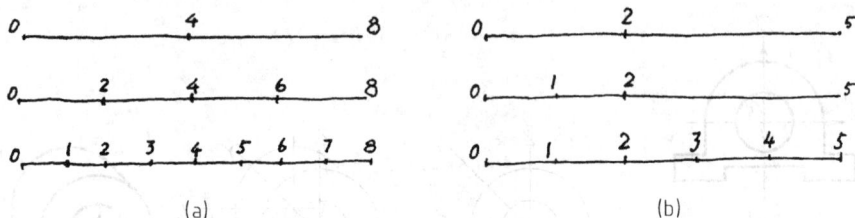

(a)　　　　　　　　　　　　(b)

图 3-13　等分线段

3. 常用角度画法

画轴测草图时，首先要徒手画出轴测轴。如图 3-14(a)，正等测图的轴测轴 OX、OY 与水平线成 30°角，可利用直角三角形两条直角边的长度比定出两端点，连成直线。图 3-14(b) 所示为斜二测的轴测轴画法。也可以如图 3-14(c) 所示将半圆弧二等分或三等分画出 45°和 30°斜线。

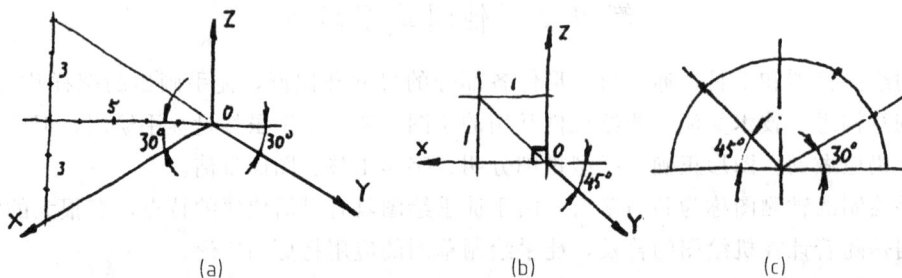

(a)　　　　　　　　　　　(b)　　　　　　　　　(c)

图 3-14　画常用角度

二、平面图形草图画法

1. 正三角形画法

徒手画正三角形的作图步骤如图 3-15 所示，已知三角形边长 A_0B_0，过中点 O 作垂直线，五等分 OA_0，取 $ON = \frac{3}{5}OA_0$，得 N 点，过 N 作三角形底边 AB，取线段 OC 等于 ON 的两倍，得 C 点，作出正三角形，如图 3-15(a)。按上述步骤在轴测轴上画出正三角形的正等轴测图，如图 3-15(b)。

2. 正六边形画法

如图 3-16 所示，先作出水平和垂直中心线，根据已知的六边形的对角线长度（外接圆直径）截取 OA 和 OM，并六等分。过 OM 上的 K 点（第五等分点）和 OA 的中点 N，分别作水平线和垂直线相交于 B 点，过 A 点和 B 点作出中心线的各对称点 C、D、E、F，连成正六边形，如图 3-16(a)。按上述步骤在轴测轴上画出正六边形的正等轴测图，如图 3-16(b)。

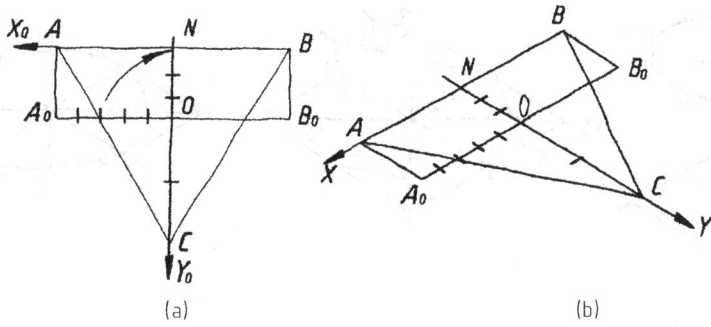

(a)　　　　　　　　　　　　(b)

图 3-15　正三角形草图画法

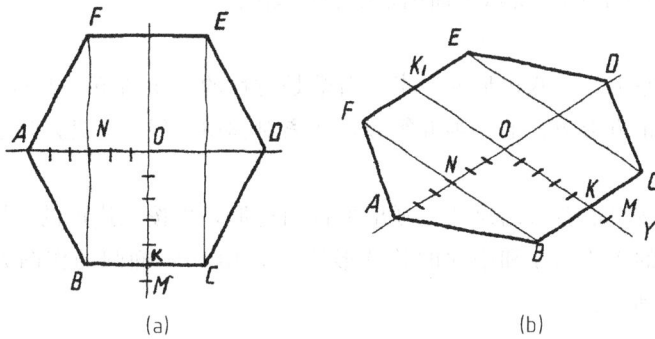

(a)　　　　　　　　　　　　(b)

图 3-16　正六边形草图画法

3. 徒手画圆

　　画较小的圆时，可如图 3-17(a) 所示，在已绘中心线上按半径目测定出四点，徒手画成圆。也可以过四点先作正方形，再作内切的四段圆弧。画直径较大的圆时，取四点作圆不易准确，可如图 3-17(b) 所示，过圆心再画两条 45°斜线，并在斜线上也目测定出四点，过八点画圆。

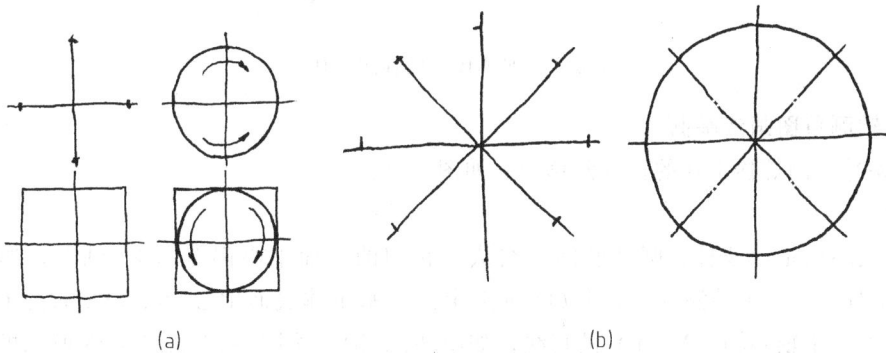

(a)　　　　　　　　　　　　(b)

图 3-17　徒手画圆

4. 徒手画椭圆

　　画较小的椭圆时，先在中心线上定出长短轴或共轭轴的四个端点，作四边形，再作四段椭圆弧，如图 3-18(a)。画较大的椭圆时，可按如图 3-18(b) 所示的方法，在菱形的对角线上再取四点 2、8、6、4（图中 $ac=cb$，$a_1c_1=c_1b_1$），连接 $1c$ 线得 8，连接 $1c_1$ 得 2，$08=04$、$02=06$，使椭圆分八段顺次连接。

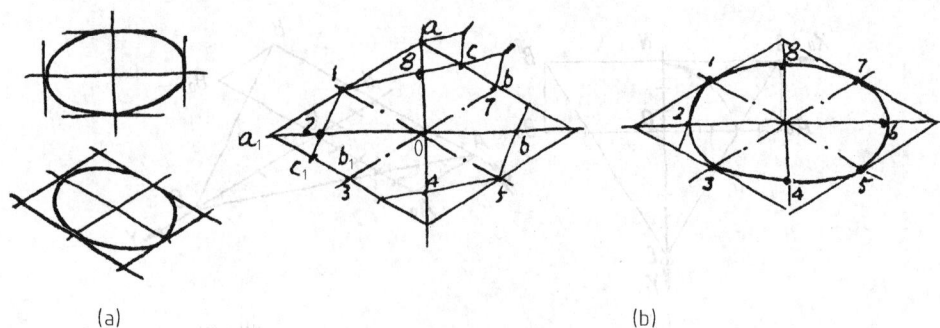

(a)	(b)

图 3-18　徒手画椭圆

[例 3-3]　画图 3-19(a) 所示平面图形的正等测图。

分析

该平面图形的左端为正八边形的一半，右端是对称的 1/4 圆角，中间为长圆形。正八边形的作图方法是将正方形边长的一半五等分，在离对称中心线 2/5 处定出各顶点，如图 3-19 (a) 所示。

画轴测图时，按平面图形的尺寸先画出平行四边形，再按八边形的作图方法作出左端半个正八边形，右端的 1/4 圆弧和中间的长圆形按图 3-18 所示椭圆的作图方法分别作出椭圆弧，如图 3-19(b) 所示。

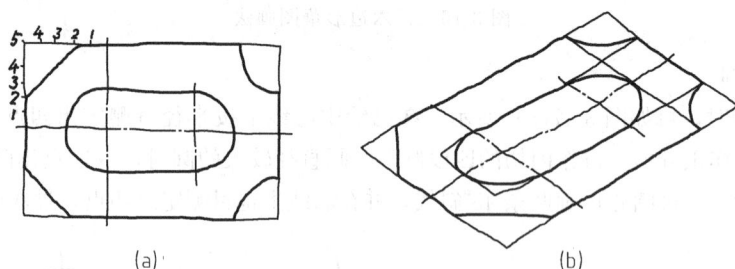

(a)	(b)

图 3-19　平面图形的轴测图画法

三、轴测草图画法举例

[例 3-4]　画螺栓毛坯的正等测草图，如图 3-20。

分析

螺栓毛坯由正六棱柱、圆柱和圆台组成，它们的底面中心都在 O_0Z_0 轴上，如图 3-20 (a)。作图时，先画出轴测轴，并在 OZ 轴上定出各基本体底面中心 O_1、O_2、O_3、O，过各中心点作平行于轴测轴（X、Y）的直线，如图 3-20(b)。按图 3-16 和图 3-18 所示的方法画出各底面的图形，如图 3-20(c)。最后画出六棱柱、圆柱、圆台的外形轮廓，如图 3-20(d)。

[例 3-5]　画接头的正等测草图，如图 3-21。

分析

先根据图 3-21(a) 所示接头的主、俯视图，画出立方体，采用切割法画出三个四棱柱，如图 3-21(b)。在正等轴测图中，平行于坐标面的圆均为椭圆，先画出椭圆的外切菱形，再作椭圆，如图 3-21(c)。

48

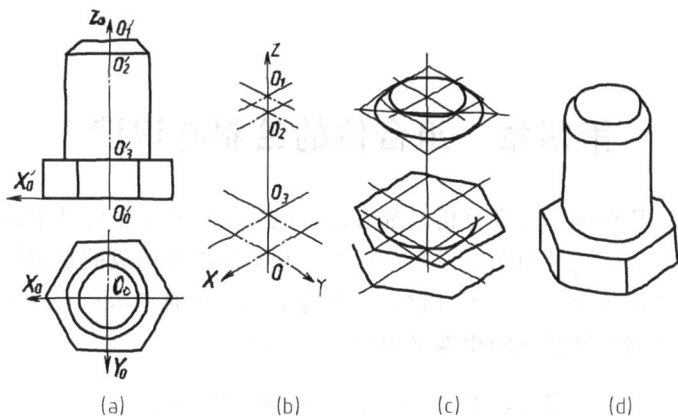

图 3-20 螺栓毛坯轴测草图画法（正等测）

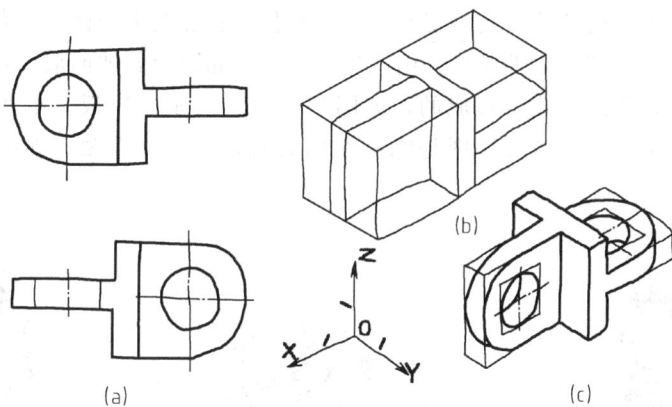

图 3-21 接头轴测草图画法（正等测）

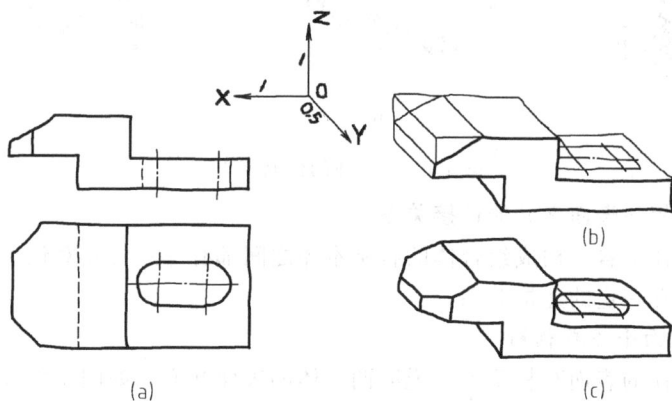

图 3-22 压板轴测草图画法（斜二测）

[例 3-6] 画压板如图 3-22（a）的斜二轴测草图

分析

画斜二轴测图时，可直接由压板的主视图作出外形轮廓，如图 3-22(b)。*XOY* 坐标面上的圆，在斜二测图中是椭圆，按图 3-18 所示方法先画出椭圆的外切平行四边形，再画出椭圆弧，然后画出压板左端切去的两角，如图 3-22(c)。

第四章 组合体的绘制与识读

任何机器零件，从形体角度来分析，都可以看成是由一些简单的基本体经过叠加、切割或穿孔等方式组合而成。这种由两个或两个以上的基本体组合构成的整体称为组合体。

掌握组合体的画图和读图方法十分重要，将为工程形体的表达和工程图样的识读打下基础，同时也有利于空间思维和空间想像能力的进一步培养。

第一节 组合体的构成分析

一、组合体的构成方式

组合体的构成方式通常分为叠加型和切割型两种。叠加型组合体是由若干基本体叠加而成，如图 4-1（a）所示螺栓（毛坯）是由六棱柱、圆柱和圆台叠加而成。切割型组合体则可看成由基本体经过切割或穿孔后形成的，如图 4-1（b）所示的压板是由四棱柱经过五次切割再穿孔以后形成的。多数组合体则是既有叠加又有切割的综合型，如图 4-1（c）所示的支架。

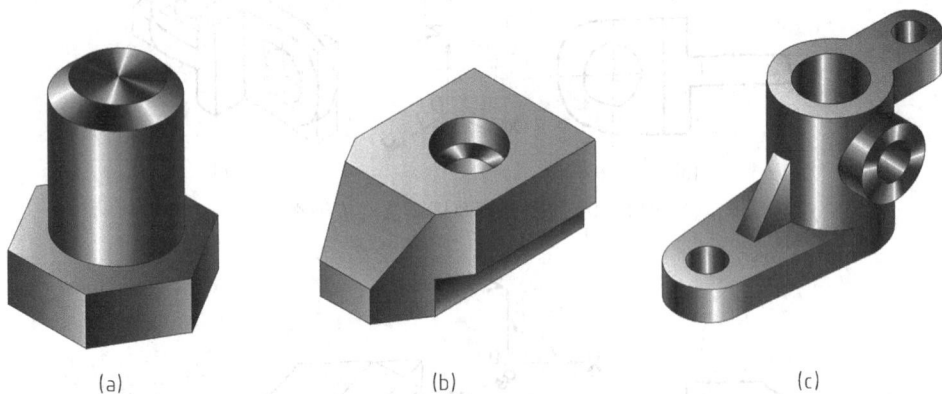

| (a) | (b) | (c) |

图 4-1 组合体的构成方式

二、组合体上相邻表面之间的连接关系

从组合体的整体来看，构成组合体的各基本体之间都有一定的相对位置，并且组合体上相邻表面之间也存在一定的连接关系。

1. 两基本体表面平齐或相错

当相邻两基本体的表面互相平齐，说明两立体的表面共面，如图 4-2（a）所示，共面的表面在视图上没有分界线隔开。

如果两基本体的表面不平齐而是相错，说明它们在相互连接处不存在共面情况，如图 4-2（b）所示，在视图上不同表面之间应有分界线。

2. 两基本体表面相切

相切是指两个基本体的相邻表面（平面与曲面或曲面与曲面）的连接处光滑过渡，不存在明显的分界线。因此，当两个基本体相切时，在相切处不画分界线的投影，如图 4-3（a）、（b）。当两基本体叠加相切时，如图 4-4（a）所示，底板顶面在主、左视图中的投影应画至

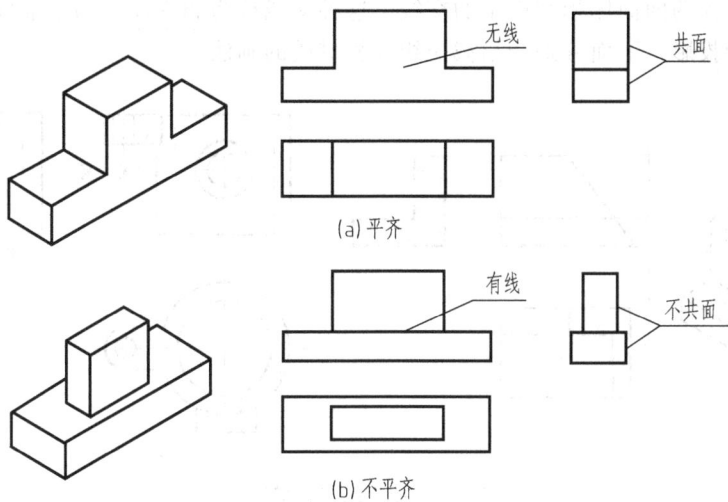

(a)平齐

(b)不平齐

图 4-2　两表面平齐或不平齐的画法

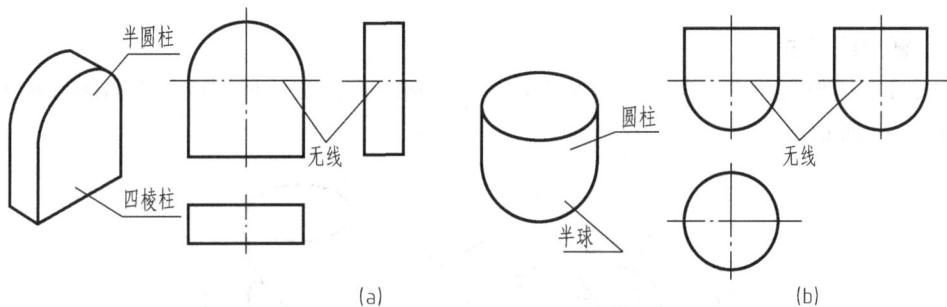

(a)　　　　　　　　　　(b)

图 4-3　两表面相切的画法（一）

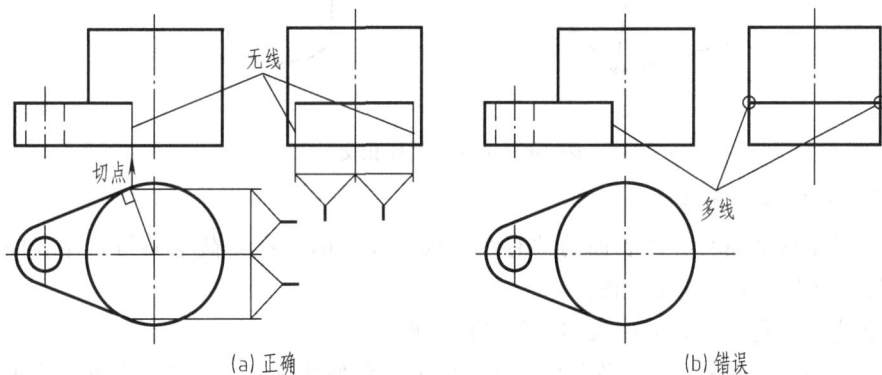

(a)正确　　　　　　　　(b)错误

图 4-4　两表面相切的画法（二）

相切处，所以画图时必须先作出切点。图 4-4（b）所示的画法是错误的，在相切处多画了图线。

3.两基本体表面相交

两基本体表面相交时，可分为平面与平面相交、平面与曲面相交和曲面与曲面相交三种情况。无论哪种情况，都要画出交线的投影。图 4-5（a）所示为平面切割平面体形成的交线，图 4-5（b）中右端是平面切割曲面体产生的交线，这些交线称为截交线。图 4-5（b）

51

中前端凸出部分为两曲面体相交产生的交线，这种交线称为相贯线。为了准确绘制组合体表面上各种交线的投影，下面分别介绍截交线与相贯线的画法。

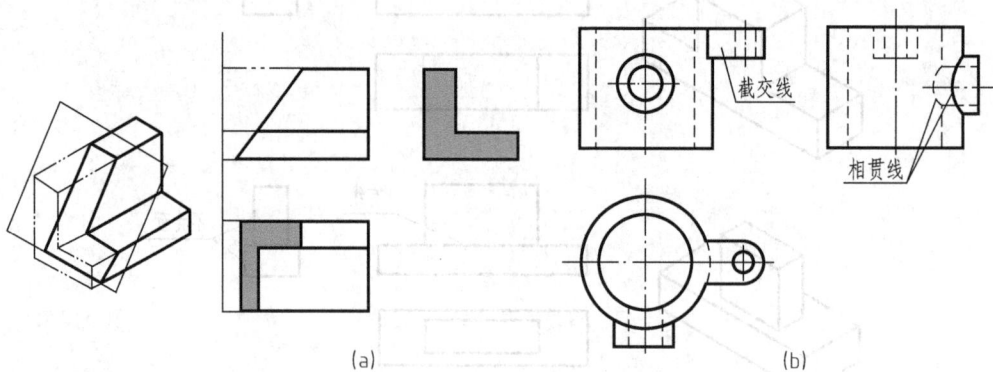

图 4-5　截交线与相贯线

第二节　截交线与相贯线的画法

一、截交线画法

平面与立体相交产生截交线，该平面称为截平面，由截交线所围成的平面图形称为截断面，如图 4-6 所示。

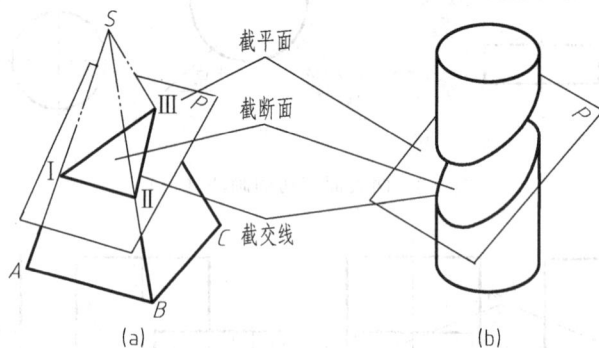

图 4-6　平面与立体相交

截交线具有以下基本特性：

① 截交线是截平面与立体表面的共有线，截交线上的点都是截平面与立体表面的共有点（既在截平面上，又在立体表面上）；

② 截交线一般是由直线或曲线围成的平面图形。

求作截交线的方法就是作出平面与立体表面上一系列共有点，再将这些共有点的同面投影依次连接成截交线。

1. 平面与平面体相交

平面与平面体相交，截交线是由直线围成的平面多边形，多边形的每条边都是截平面与平面体表面的交线，多边形的每个顶点都是截平面与平面体棱线的交点。因此，求作平面体的截交线实际上就是求作截平面与立体表面的交线或截平面与立体上棱线的交点。

如图 4-6（a）所示，截平面 P 与三棱锥的三个棱面都相交，所以截交线的形状为三角

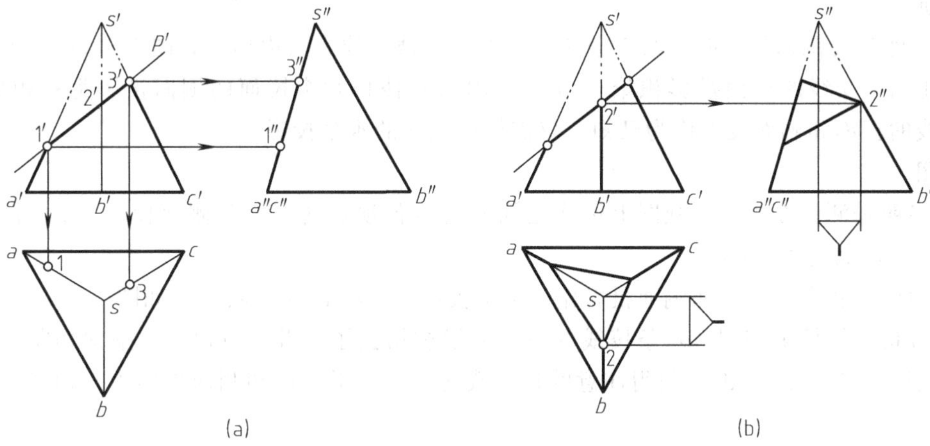

图 4-7 正垂面与三棱锥的交线的作图步骤

形，三个顶点是 P 面与三条棱线的交点。

如图 4-7（a）所示，由于正垂面 P 在主视图上有积聚性，所以截交线的正面投影 $1'2'3'$ 积聚在 p' 上。截交线的顶点 Ⅰ、Ⅲ 分别在棱线 SA 和 SC 上，它们的投影必在棱线的同面投影上，可直接作出水平投影 1、3 和侧面投影 $1''$、$3''$。如图 4-7（b）所示，顶点 Ⅱ 在棱线 SB 上，可直接作出侧面投影 $2''$，再按宽相等作出水平投影 2。将三个顶点的同面投影依次连接即为截交线的投影。描深切割后的三视图。

[例 4-1]　图 4-8（a）所示为 L 形六棱柱被正垂面 P 切割，求作切割后六棱柱的三视图。

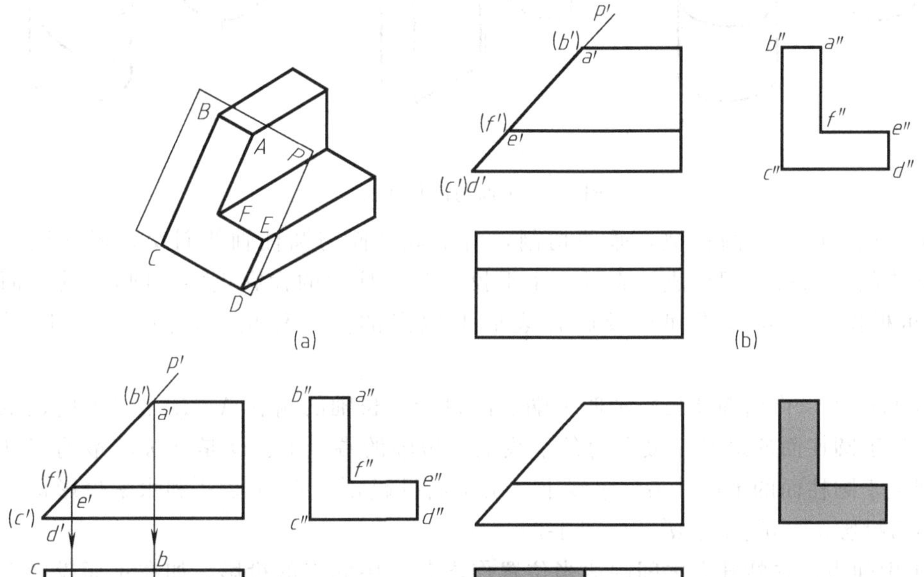

图 4-8　平面与平面体相交

53

分析

正垂面 P 切割六棱柱时，与六个棱面都相交，截交线为六边形。如图 5-8（b），平面 P 垂直于正面，交线的正面投影积聚在 p' 上，因为六棱柱六个棱面的侧面投影都有积聚性，所以交线的正面和侧面投影均为已知，仅需作出交线的水平投影。

作图

① 参照轴测图在主、左视图上标注已知截交线各顶点的正面和侧面投影 $a'b'c'd'e'f'$、$a''b''c''d''e''f''$，如图 4-8（b）。

② 由已知各点的正面和侧面投影作出水平投影 a、b、c、d、e、f，如图 4-8（c）。

③ 分析六棱柱被切割后六条棱线的投影哪段被切去了，哪段应保留，描深切割后六棱柱的三视图，如图 4-8（d）。值得注意的是，截交线的水平投影和侧面投影为六边形的类似形（L 形）。

2. 平面与圆柱相交

根据截平面对圆柱轴线不同的相对位置，圆柱的截交线可以是圆（与轴线垂直）、矩形（与轴线平行）和椭圆（与轴线倾斜）三种情况，如图 4-9（a）、（b）、（c）所示。

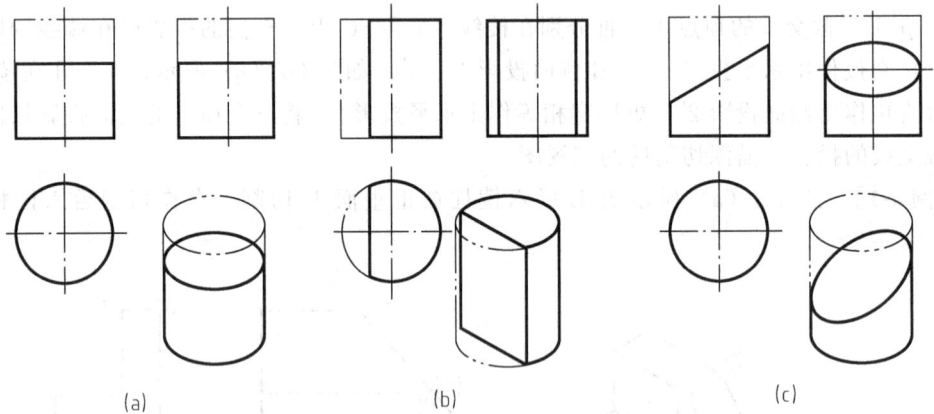

（a）　　　　　　　　　（b）　　　　　　　　　（c）

图 4-9　平面与圆柱相交

图 4-9（c）所示为圆柱被正垂面切割，由于截平面与圆柱轴线斜交，截交线为一椭圆。截交线的正面投影积聚成一直线，水平投影与圆柱面的投影重影（圆）。其侧面投影（椭圆）可根据点的投影规律以及圆柱表面上取点的方法作出，如图 4-10。作图步骤如下。

① 求特殊点。作出椭圆长短轴四个端点的投影。长轴的端点 A、B 是椭圆的最低点和最高点，位于圆柱面的最左、最右两条素线上。短轴的端点 C、D 是椭圆的最前点和最后点，分别位于圆柱面的最前、最后素线上。由正面投影 a'、b'、c'、d' 和水平投影 a、b、c、d 作出侧面投影 a''、b''、c''、d''，如图 4-10（a）。

② 求中间点。在特殊点之间的适当位置作出若干中间点的投影。如在正面投影上先定出 e'、f' 和 g'、h'，作出它们对应的水平投影 e、f、g、h，再作出对应的侧面投影 e''、f''、g''、h''，如图 4-10（b）。

③ 依次光滑连接 $a''e''c''g''b''h''d''f''$ 即为截交线椭圆的侧面投影。必须注意，在侧面投影上，圆柱的轮廓线在 c''、d'' 处与椭圆相切。

[**例 4-2**]　求作图 4-11（a）所示物体的三视图。

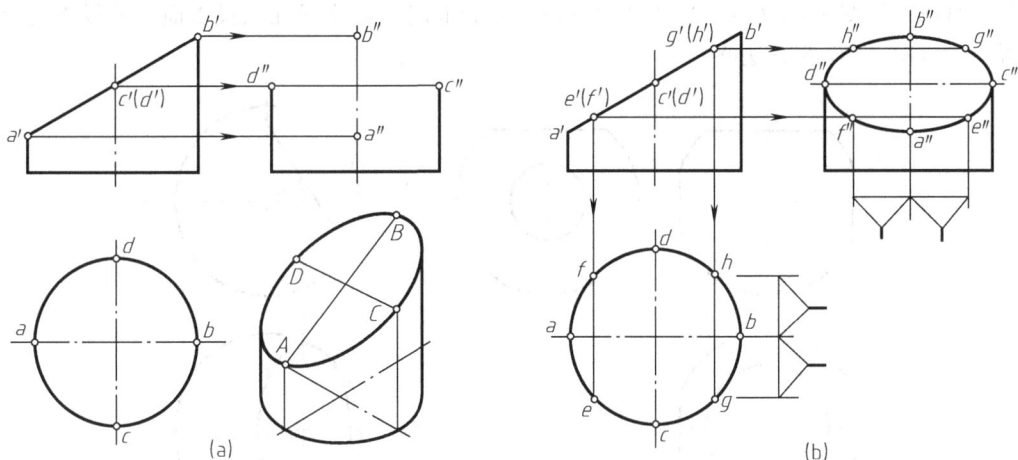

图 4-10 正垂面切割圆柱的交线的作图步骤

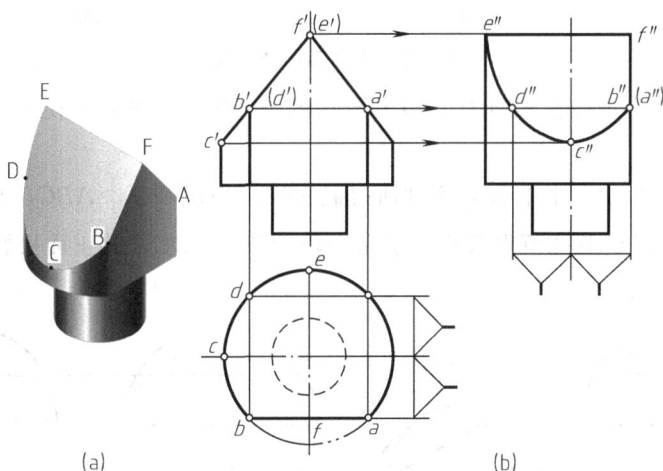

图 4-11 求作物体的三视图

分析

图示物体的形状可看成由三个平面切割圆柱而成，其中两个为正垂面，与圆柱面的截交线为左右对称的两段不完整的椭圆曲线。另一个截平面为正平面，与圆柱面的截交线为两段圆柱轴线的平行线。分别作出这些截交线的投影。

作图，如图 4-11（b）。

① 两正垂面与圆柱的截交线。截交线（部分椭圆）的正面投影积聚成直线，水平投影与圆柱的水平投影重影，用圆柱表面取点的方法作出椭圆弧的侧面投影 $b''c''d''e''$（因为圆柱被正平面切去一块，所以椭圆的一部分切掉了）。

② 正平面与圆柱的截交线。该截交线为圆柱表面上两条与轴线平行的素线，其水平投影和侧面投影与正平面的积聚投影重影，正面投影为过 a'、b' 作两条平行线。

③ 三个截平面的交线。两正垂面的交线 EF（正垂线），正平面与两个正垂面的交线 AF、BF（正平线），分别作出它们的投影，描深，完成作图。

3. 平面与圆球相交

平面与圆球相交所得截交线都是圆，但由于截平面与投影面不同的相对位置，截交线在该投影面上的投影也各不相同。当截平面平行于投影面时，截交线在该投影面上的投影为反映实形的圆，如图 4-12（a）；当截平面倾斜于投影面时，截交线在该投影面上的投影为椭圆如图 4-12（b）。（作图方法略）。

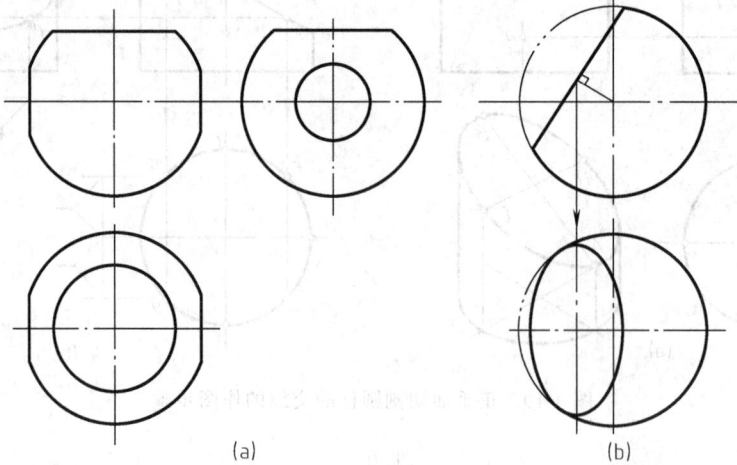

图 4-12　平面与圆球相交

[例 4-3]　补全半球被截平面 P 和 Q 切割后的俯视图，并补画左视图，如图 4-13。

分析

如图 4-13（a）所示，水平面 P 截球所得截交线是一段圆弧 $\frown ABC$，其正面投影 $a'b'c'$ 积聚在 p' 上；侧平面 Q 截球所得截交线也是一段圆弧 $\frown ADC$，其正面投影 $a'd'c'$ 积聚在 q'

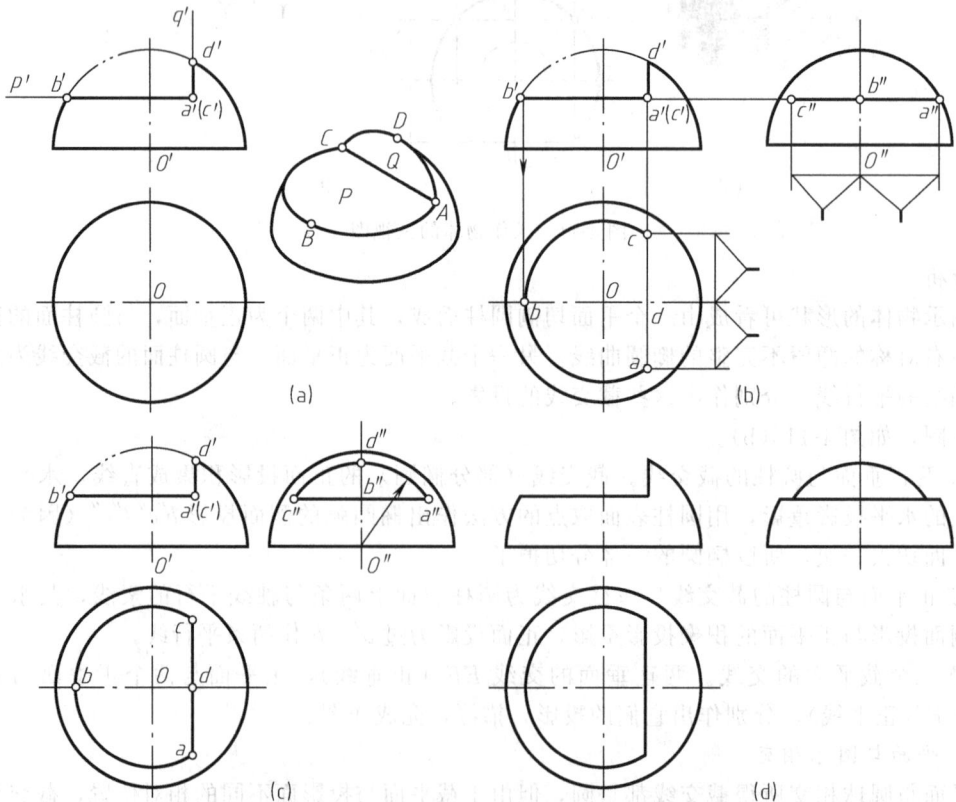

图 4-13　平面切割半球的交线的作图步骤

上；截平面 P、Q 的交线是正垂线 AC，其正面投影 $a'c'$ 积聚成一点。

作图

① 作出水平面 P 与球的截交线的水平投影——反映实形的圆弧 $\frown abc$ 和侧面投影——直线段 $a''b''c''$，如图 4-13（b）。

② 作出侧平面 Q 与球的截交线的水平投影 adc（积聚成直线）和侧面投影——反映实形的圆弧 $\frown a''d''c''$（以 o'' 为圆心，$o''d''$ 为半径作圆弧）。注意此圆弧必须经过 a''、c''，如图 4-13（c）。

③ 作图结果如图 4-13（d）。

二、相贯线画法

两立体相交，在立体表面上形成的交线称为相贯线。图 4-14 所示的三通管就是轴线正交的两圆柱表面形成相贯线的实例。

相贯线是两立体表面的共有线，相贯线上的点是两立体表面的共有点。因此，求作相贯线实际上就是求作相贯体表面上

图 4-14 三通管

一系列的共有点。两回转体相交，相贯线一般为空间曲线，特殊情况下才可能是平面曲线。

本节仅阐述两圆柱正交时相贯线的画法。

1. 不等径两圆柱正交

图 4-15（a）所示为不同直径两圆柱轴线垂直相交，直立圆柱的水平投影和水平圆柱的

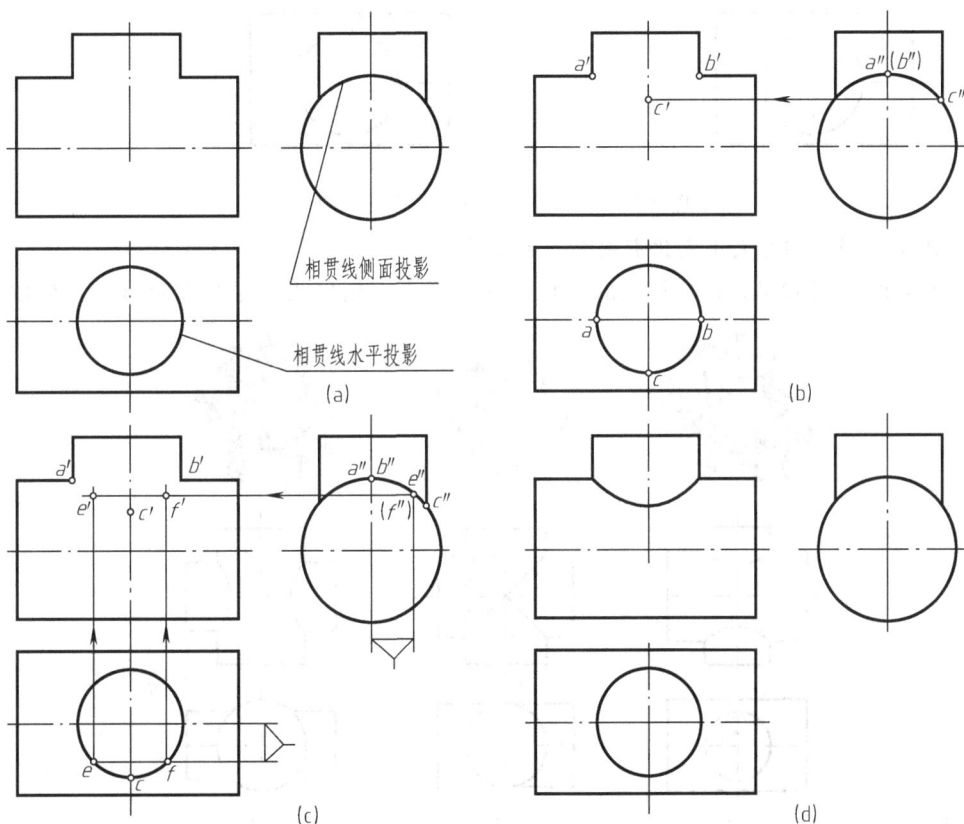

相贯线侧面投影

相贯线水平投影

（a）

（b）

（c）

（d）

图 4-15 正交两圆柱交线的作图步骤

侧面投影都有积聚性，所以相贯线的水平投影和侧面投影分别积聚在它们有积聚性的圆周上。因此，只要求作相贯线的正面投影即可。因为相贯线的前后对称，在正面投影中，可见的前半部与不可见的后半部重合，并且左右对称。

作图步骤如下。

① 求特殊点。水平圆柱的最高素线与直立圆柱最左、最右素线的交点 A、B 是交线上的最高点，也是最左、最右点。a'、b'、a、b、a''、b'' 均可直接作出。c 点是交线上的最低点，也是最前点，c'' 和 c 可直接作出，再由 c''、c 求得 c'，如图 4-15（b）。

② 求中间点。利用积聚性，在侧面投影和水平投影上定出 e''、f'' 和 e、f，再由 e''、f'' 和 e、f 求得 e'、f'。同样方法可再作出交线上一系列点的投影，如图 4-15（c）。

③ 光滑连接正面投影上各点的投影，作图结果如图 4-15（d）所示。

2. 两圆柱正交时相贯线的简化画法

在工程上两圆柱正交的情况最普遍，为了简化作图，国家标准允许用圆弧代替非圆曲线（空间曲线的投影为非圆曲线）。如图 4-16 所示，两圆柱轴线平行于正投影面，且垂直相交，相贯线的正面投影以大圆柱的半径为半径画圆即可。

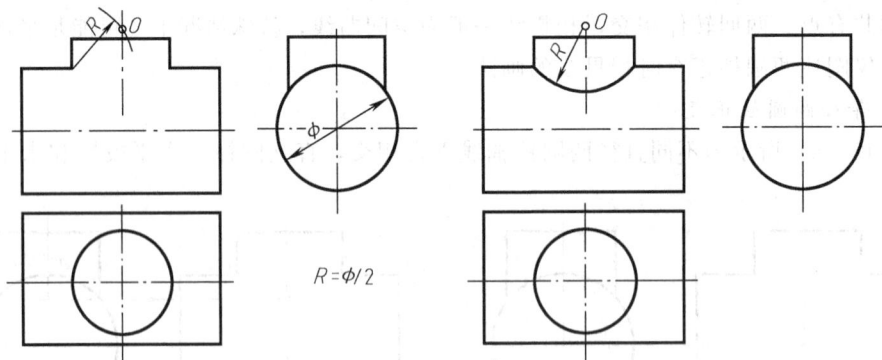

图 4-16　正交两圆柱相贯线的简化画法

3. 正交两圆柱相对大小变化引起相贯线的变化

从图 4-17 中可看出，在相贯线的非积聚性投影上，相贯线的弯曲方向总是弯向较大圆

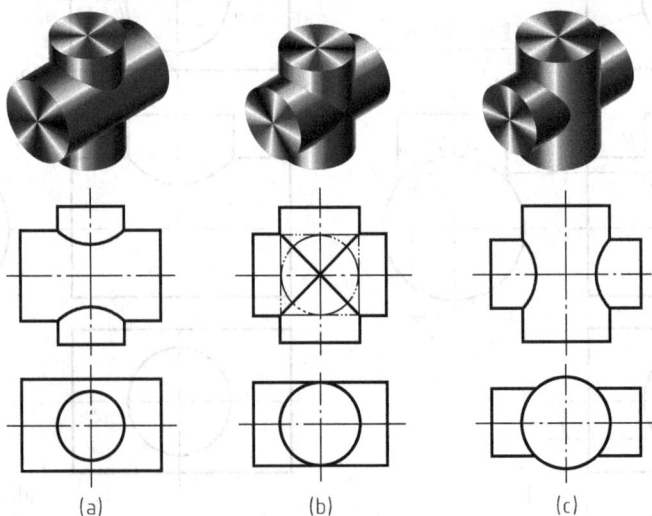

图 4-17　两圆柱正交时相贯线的变化

柱的轴线，如图4-17（a）、（c）。当两圆柱的直径相等时（即公切一个球面），相贯线成为两条平面曲线（椭圆），其投影为两条相交直线，如图4-17（b）。

4. 内、外圆柱表面相交的情况

相贯线由三种类型产生：两外表面相交如图4-18（a）；一内表面和一外表面相交，如图4-18（b）；两内表面相交，如图4-18（c）。不论何种类型，相贯线的分析和作图方法都相同。

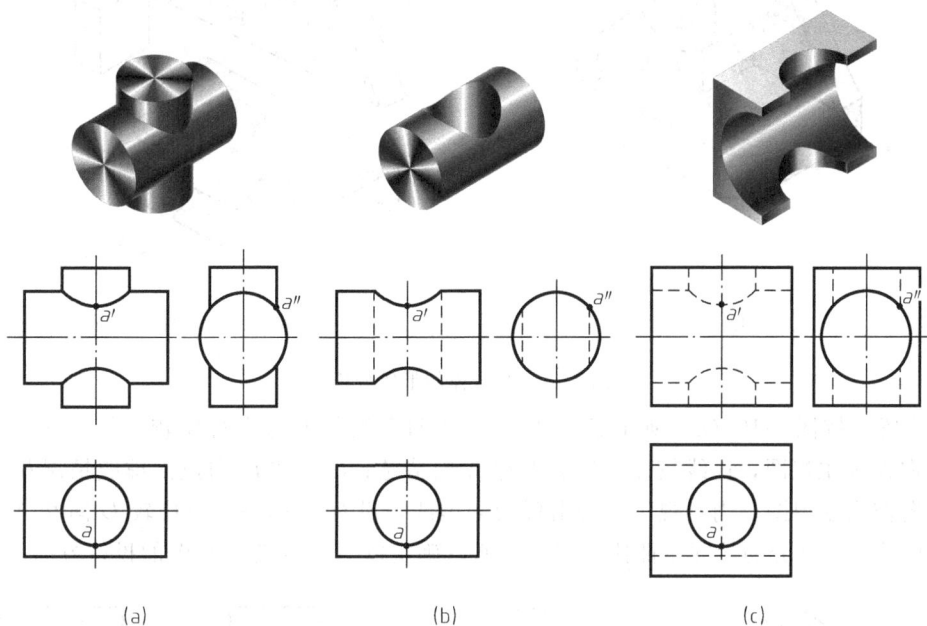

(a)   (b)   (c)

图4-18 两圆柱正交时产生相贯线的形式

第三节 组合体视图的画法

画组合体视图的基本方法是形体分析法。所谓形体分析法，就是将组合体假想分解成若干基本形体，分清它们的形状、组合形式和相对位置，分析它们的表面连接关系以及投影特性，进行画图和读图的方法。

一、叠加型组合体的视图画法

1. 分析形体

如图4-19（a）所示的轴承座，根据其形体特点，可将其分解为四部分，如图4-19（b）所示。

分析基本形体的相对位置：轴承座的左右对称，支承板与底板、圆筒的后表面平齐，圆筒前端面伸出肋板前表面。

分析基本形体之间的表面连接关系：支承板的左右侧面与圆筒表面相切，前表面与圆筒相交；肋板的左右侧面及前表面与圆筒相交，底板的顶面与支承板、肋板的底面重合。

2. 选择视图

首先选择主视图。组合体主视图的选择一般应考虑两个因素：组合体的安放位置和主视图的投射方向。为了便于作图，一般将组合体的主要表面和主要轴线尽可能平行或垂直于投影面。选择主视图的投射方向时，应能较全面地反映组合体各部分的形状特征以及它们之间

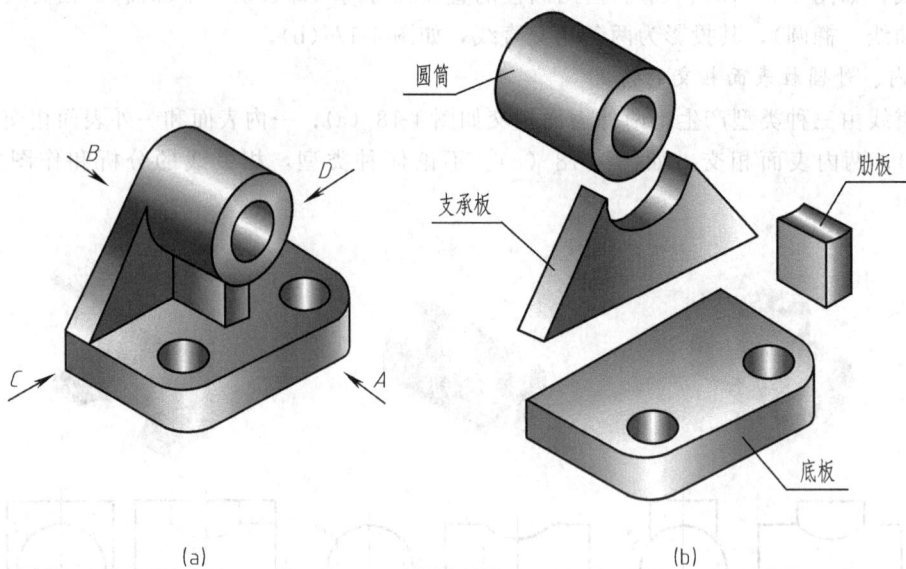

图 4-19　组合体的形体分析

的相对位置。按图 4-19（a）所示 A、B、C、D 四个投射方向进行比较，如图 4-20 所示，若以 B 向作为主视图，虚线较多，显然没有 A 向清楚；C 向和 D 向虽然虚线情况相同，但若以 C 向作为主视图，则左视图上会出现较多虚线，没有 D 向好；再比较 D 向和 A 向，A 向反映轴承座各部分的轮廓特征比较明显，所以确定以 A 向作为主视图的投射方向。

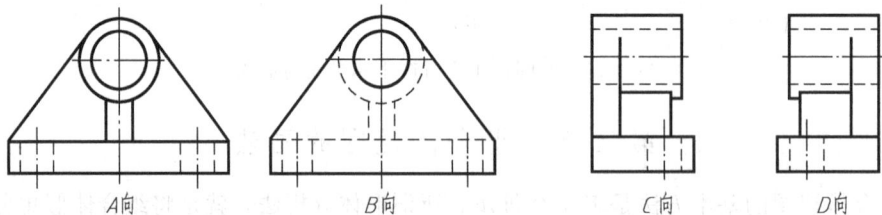

图 4-20　分析主视图的投射方向

　　主视图选定以后，俯视图和左视图也随之确定。俯、左视图补充表达了主视图上未表达清楚的部分，如底板的形状及通孔的位置在俯视图上反映出来，肋板的形状则由左视图上表达。

　　3. 布置视图

　　根据组合体的大小，定比例、选图幅、确定各视图的位置。画出各视图的基线，如组合体的底面、端面、对称中心线等。

　　4. 画图步骤

　　画图的一般步骤是先画主要部分，后画次要部分；先定位置，后定形状；先画基本形体，再画切口、穿孔、圆角等局部形状。轴承座三视图的画图过程如图 4-21 所示。

　　画图时应注意以下几点。

　　① 运用形体分析法，逐个画出各部分基本形体，同一形体的三个视图，应按投影关系同时进行，而不是先画完一个视图后再画另一个视图。这样可减少投影错误，也能提高绘图速度。

(a)布置视图,画中心线和基线

(b)画底板三视图

(c)画圆柱体三视图

(d)画支承板三视图

(e)画肋板三视图

(f)画局部结构,检查,描深

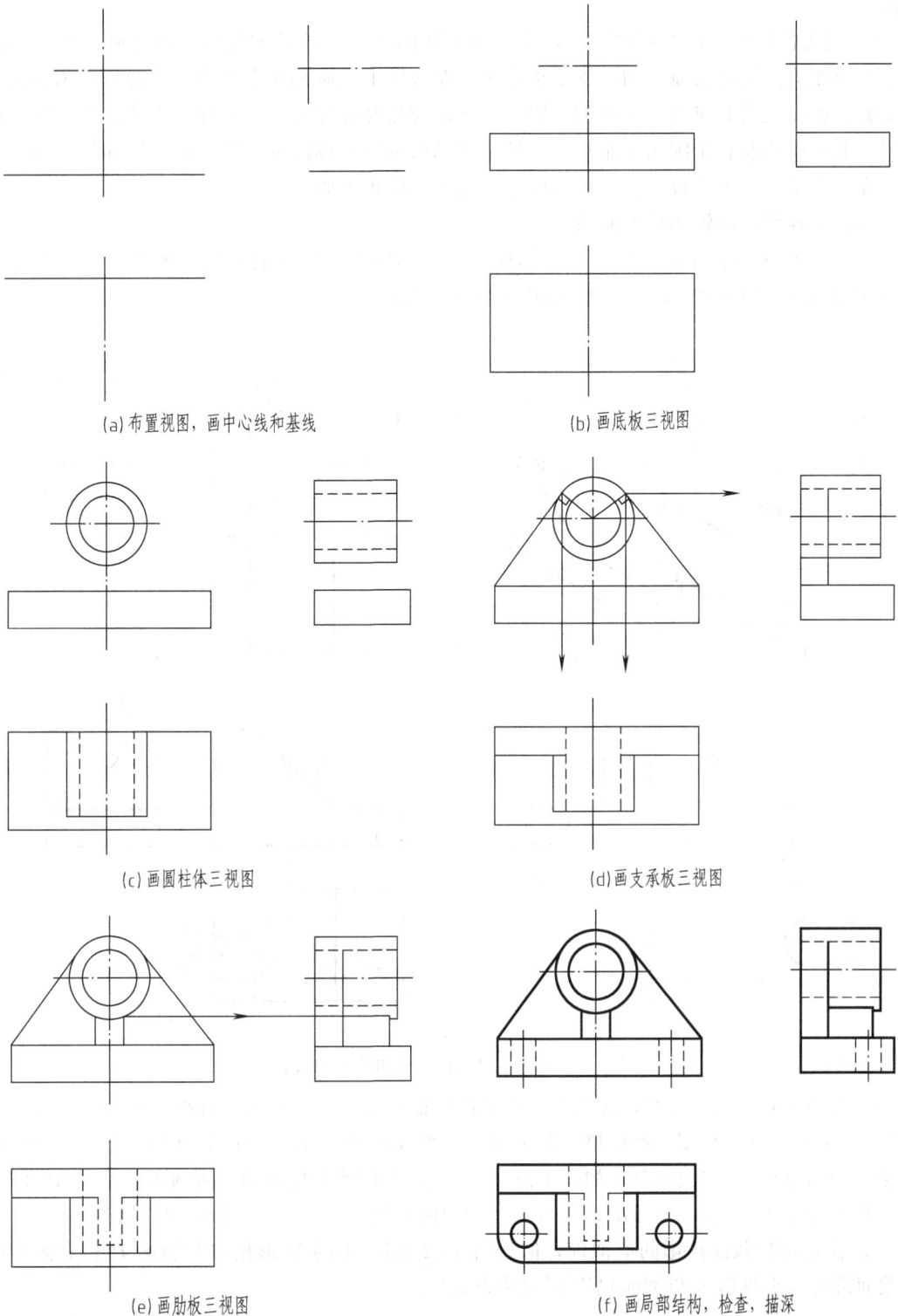

图 4-21 轴承座的作图过程

② 画每一部分基本形体的视图时,应先画反映该部分形状特征的视图。例如先画圆筒的主视图,再画俯、左视图。对于底板上的圆孔和圆角,则应先画俯视图,再画主、左

视图。

③ 完成各基本形体的三视图后，应检查形体间表面连接处的投影是否正确。如支承板的左右侧面与圆筒的表面相切，支承板在俯、左视图上应画到切点处为止。肋板与圆筒表面相交处，在左视图上应画出交线的投影。回转体的轮廓线穿入另一形体的实体部分一般不应画出，如圆筒的左右轮廓线在俯视图上处于支承板宽度范围内的一段不画，圆筒最下面的轮廓线在左视图上处于肋板和支承板宽度范围内的一段也不画。

二、切割型组合体的视图画法

图 4-22 所示组合体可看作由长方体切去基本形体 1、2、3 而形成。画切割型组合体视图的作图过程如图 4-22 所示。画图时应注意以下几点。

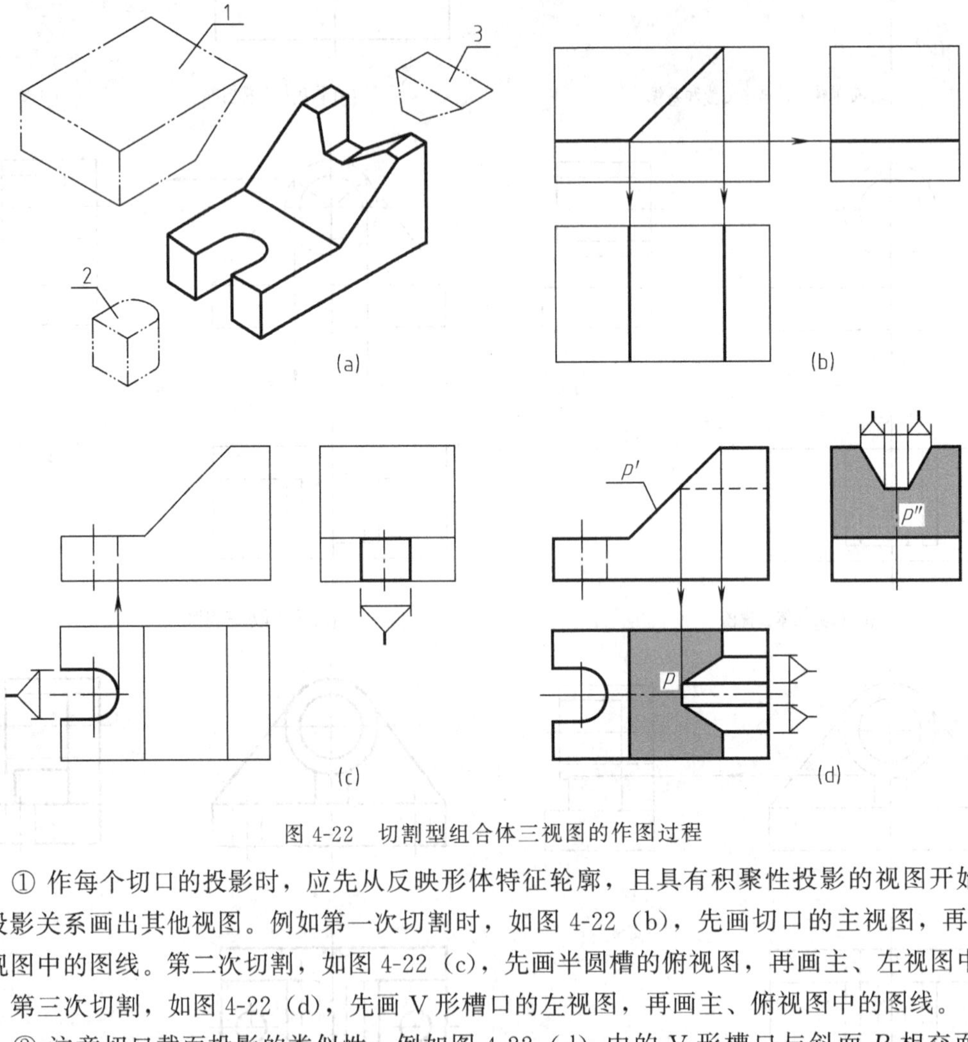

图 4-22　切割型组合体三视图的作图过程

① 作每个切口的投影时，应先从反映形体特征轮廓，且具有积聚性投影的视图开始，再按投影关系画出其他视图。例如第一次切割时，如图 4-22（b），先画切口的主视图，再画俯、左视图中的图线。第二次切割，如图 4-22（c），先画半圆槽的俯视图，再画主、左视图中的图线。第三次切割，如图 4-22（d），先画 V 形槽口的左视图，再画主、俯视图中的图线。

② 注意切口截面投影的类似性，例如图 4-22（d）中的 V 形槽口与斜面 P 相交而形成的截面形的水平投影 p 与侧面投影 p' 应为类似形。

第四节　组合体视图的识读

画组合体的视图，是将空间的三维形体按正投影法用二维图形表达出来。而读组合体的视图，则是根据二维图形，分析视图之间的投影关系，想像出三维形体的空间形状。为了能正确而迅速地读懂组合体的视图，必须掌握读图的基本要领和基本方法。

一、读图的基本要领

1．熟练掌握基本体的形体表达特征

如图4-23所示，三视图中若有两个视图的外形轮廓形状为矩形，则该基本体为柱；若为三角形，则该基本体为锥；若为梯形，则该基本体为棱台或圆台。要明确判断上述基本体是棱柱（棱锥、棱台）还是圆柱（圆锥、圆台），还必须借助第三个视图的形状。若为多边形，该基本体为棱柱（棱锥、棱台）；若为圆，则该基本体为圆柱（圆锥、圆台）。

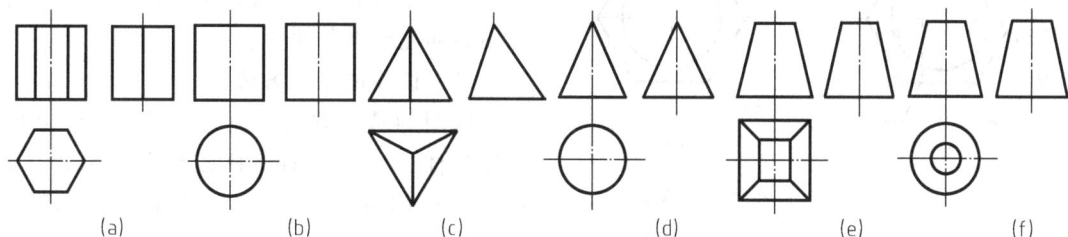

图4-23　基本体的形体特征

2．几个视图联系起来识读才能确定物体形状

在机械图样中，机件的形状一般是通过几个视图来表达的，每个视图只能反映机件一个方面的形状。因此，仅由一个或两个视图往往不能惟一地确定机件的形状。

如图4-24给出的四组图形，它们的主视图都相同，并且图（a）、（b）的主、俯视图相同，图（c）、（d）的主、左视图也相同，但实际上分别表示了四种不同形状的物体。由此可见，读图时必须将几个视图联系起来，互相对照分析，才能正确地想像出该物体的形状。

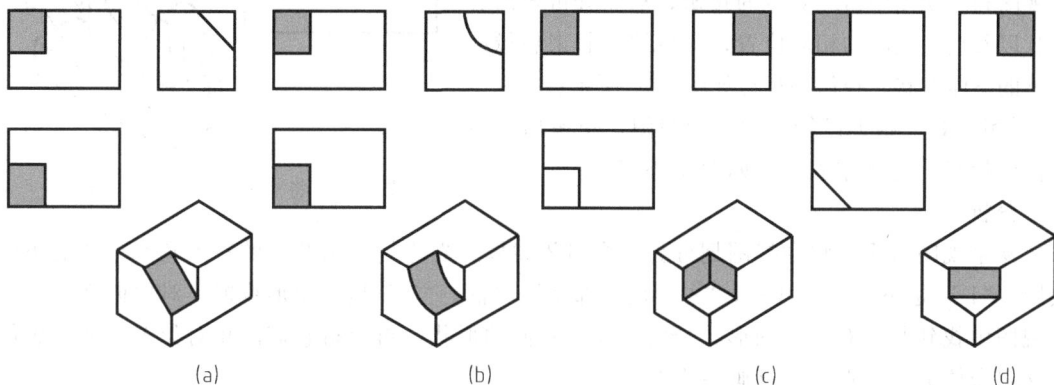

图4-24　几个视图联系起来分析才能确定物体形状

3．理解视图中线框和图线的含义

视图中的每个封闭线框，通常都是物体上一个表面（平面或曲面）的投影。如图4-25（a）所示，主视图中有四个封闭线框，对照俯视图可知，线框 a'、b'、c' 分别是六棱柱前面三个棱面的投影；线框 d' 则是圆柱体前半圆柱面的投影。

若两线框相邻或大线框中套有小线框，则表示物体上不同位置的两个表面。既然是两个表面，就会有上下、左右或前后之分，或者是两个表面相交。如图4-25（a）所示，俯视图中大线框六边形中的小线框圆，就是六棱柱顶面与圆柱顶面的投影。对照主视图分析，圆柱顶面在上，六棱柱顶面在下。主视图中的 a' 线框与左面的 b' 线框以及右面的 c' 线框是相交的

图 4-25 视图中线框和图线的含义

两个表面；a'线框与d'线框是相错的两个表面，对照俯视图，六棱柱前面的棱面A在圆柱面D之前。

视图中的每条图线，可能是立体表面有积聚性的投影，或两平面交线的投影，也可能是曲面转向轮廓线的投影。如图 4-25（b）所示，主视图中的$1'$是圆柱顶面有积聚性的投影，$2'$是A面与B面交线的投影，$3'$是圆柱面转向轮廓线的投影。

二、读图的基本方法

读图的基本方法与画图一样，主要也是运用形体分析法。对于比较复杂的组合体，在运用形体分析法读图的同时，还常用面形分析法来帮助想像和读懂不易看明白的局部形状。

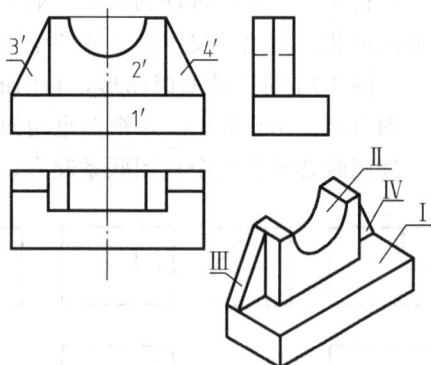

1. 用形体分析法读图

运用形体分析法读图时，应将视图中的一个封闭线框看作一个基本形体的投影，找出另外两个视图中与之对应的两个线框，将三个线框联系起来想像该形体的形状。

如图 4-26 所给出的主视图、俯视图和左视图，在反映形状特征比较明显的主视图上按线框将组合体划分为 4 个部分，然后利用投影关系，找到各线框在俯视图和左视图中与之对应的投影，从而分析各部分形状以及它们之间的相对位置，最后综合起来想像组合体的整体形状。想像的过程如图 4-27 所示。

[例 4-4]　根据已知的主、俯视图，想像出该组合体的形状，补画左视图，如图 4-28（a）。

图 4-26　将主视图划分为 4 个部分

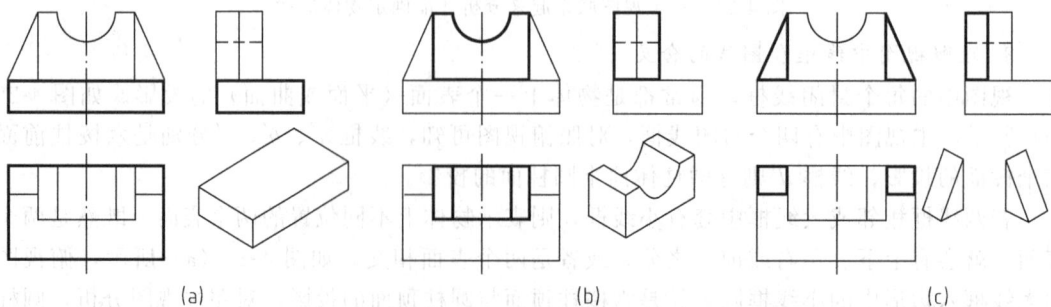

分析

从主视图入手，将主视图划分为三个封闭线框，看作构成组合体的三个基本形体的正面投影。"$1'$"是下部矩形线框，"$2'$"是上部矩形线框，"$3'$"是三角形线框。对照俯视图，在俯视图中找到与之对应的图形，分别想像出它们的形状，再分析它们的相对位置，从而想像出该组合体的整体形状，补画左视图。

图 4-27　运用形体分析法读图

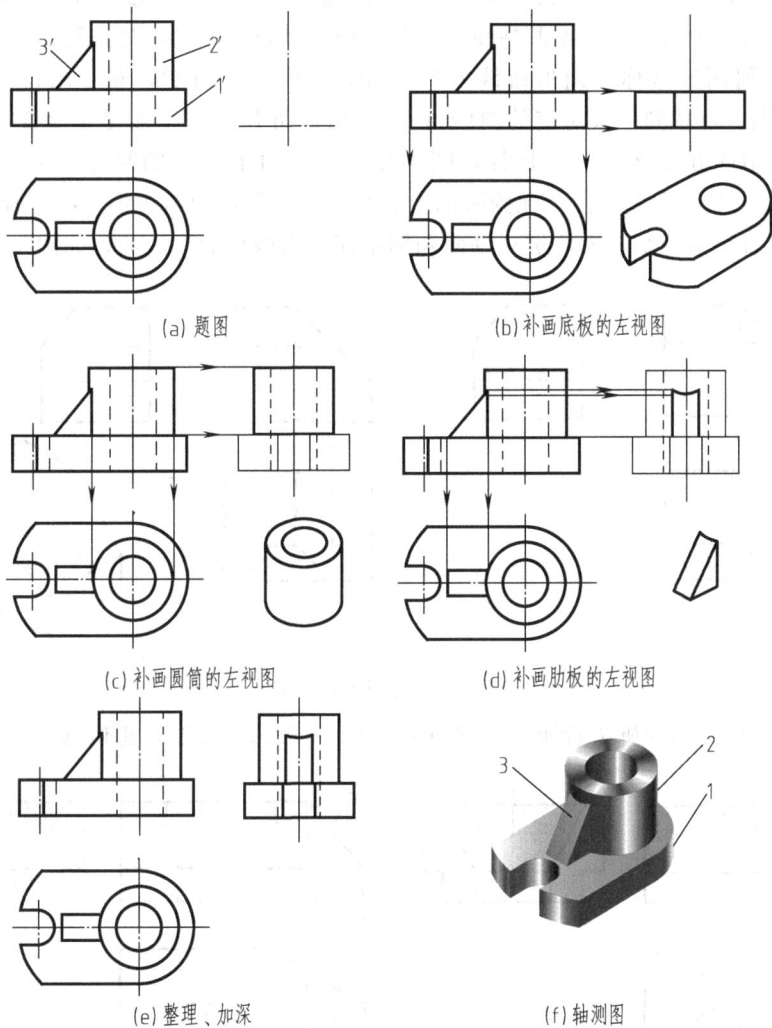

(a) 题图　　　　　　　　　(b) 补画底板的左视图

(c) 补画圆筒的左视图　　　　(d) 补画肋板的左视图

(e) 整理、加深　　　　　　(f) 轴测图

图 4-28　由两视图补画第三视图

作图

① 从主视图中分离出下部矩形线框 1′，由主、俯视图对照分析，可想像出是一块右端为半圆柱，左端为部分圆柱缺口的底板，补画出底板的左视图，如图 4-28（b）。

② 从主视图中分离出上部矩形线框 2′，从俯视图中找到对应的两个同心圆，可知这是轴线垂直于水平面的圆柱体，中间有穿通底板的通孔。补画空心圆柱体的左视图，圆柱体与底板叠合在一起，如图 4-28（c）。

③ 从主视图中分离出三角形线框 3′，对照俯视图中的矩形线框，可想像出这是一块三棱柱肋板，补画左视图。由于肋板与圆柱体相交，应画出截交线，如图 4-28（d）。

④ 根据底板、圆柱体和肋板三部分的基本形体以及它们的相对位置，综合想像组合体的整体形状，如图 4-28（e）所示。按图 4-28（f）所示轴测图校核补画的左视图。

2. 用面形分析法读图

（1）分析面形的投影特性　运用面形分析法读图时，应将视图中的一个线框看作物体上的一个面（平面或曲面）的投影，利用投影关系，在其他视图上找到对应的图形，再分析这个面的投影特性（实形性、积聚性、类似性），看懂这些面的形状，从而想像出组合体的总体形状。

构成物体的各个表面，无论其性质和形状如何，其投影如果不是具有积聚性，一般都是一个封闭的几何图形（称为面形或线框）。如图 4-29（a）所示，对于俯视图上的五边形（p），在主视图上可找到一条对应的斜线（p'），由此可判断这个面是正垂面，并且在左视图上有一个类似的五边形（p''）。同样，图 4-29（b）中主视图上的四边形（q'）对应左视图上的斜线（q''），是一个侧垂面，在俯视图上也对应一个类似的四边形（q）。通过上述分析，可想像出该组合是由一个长方体被正垂面和侧垂面切去两块而形成的，如图 4-29（c）。

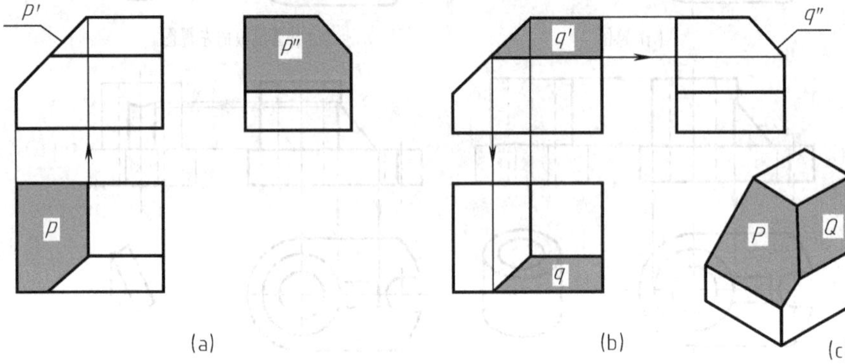

图 4-29　分析面的形状

[例 4-5]　用面形分析法看懂图 4-30（a）所示压板的三视图，想像其整体形状。

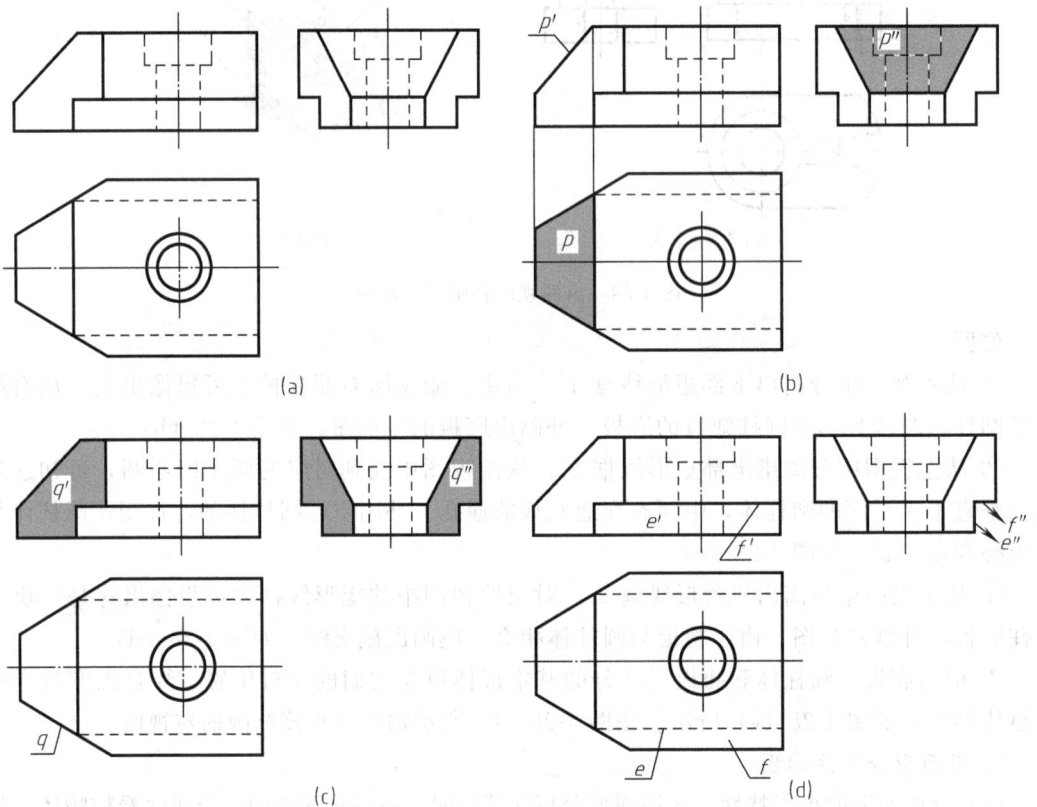

图 4-30　压板的读图过程

分析

根据视图上一个线框表示物体上一个表面的规律进行分析，并按投影对应关系，找到每个表面的三个投影。读图过程如图 4-30 所示。

① 如图 4-30（b），由俯视图中的线框 p 对应主视图上的斜线 p'，可判断 P 面是垂直于正面的梯形平面，从而想像出压板的左上方切去一角。平面 P 对水平面和侧面都倾斜，不反映实形，但其水平投影 p 和侧面投影 p'' 是类似的梯形。

② 如图 4-30（c），由主视图中的七边形 q' 对应俯视图上的斜线 q，可知平面 Q 是铅垂面，压板左端切去前后对称的两角。平面 Q 对正投影面和侧投影面都倾斜，不反映实形，但其正面和侧面投影是类似的七边形。

③ 如图 4-30（d），由主视图中的长方形 e' 对应左视图上的一条直线 e'' 和俯视图上的一条虚线 e，再从俯视图中的四边形 f 对应主、左视图上的 f'、f''，可判断它们分别是正平面和水平面，说明压板的前后被这两个平面切去对称的两块。

④ 通过对压板整体及面形的投影关系所作的详细分析（中间的阶梯孔的形状不需分析），可以对其整体及局部形状都有完整的概念，从而想像出压板的形状，参阅图 4-1（b）所示压板的轴测图。

（2）分析面与面的相对位置　如前所述，视图中一个线框表示物体上一个面的投影，相邻两线框是物体上不同位置的两个表面，必须区分它们的前后、左右、上下的相对位置。如图 4-31 所示，在给出的主视图中三个线框所表示物体上的三个面，由这三个面不同的相对位置，可以想像出四种不同的形体。通过分析俯视图中的虚线和实线，来判断各个表面之间的相对位置。

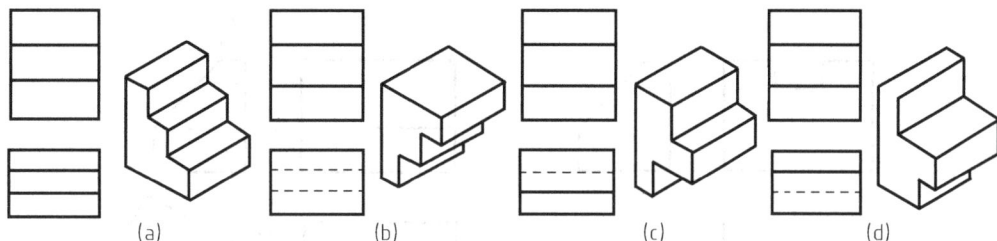

图 4-31　各个表面的相对位置

[例 4-6]　已知架体的主、俯视图，补画左视图（图 4-32）。

分析

在主视图中有 3 个线框，对照主、俯视图的投影关系可知，3 个线框分别表示架体上 3 个不同位置的表面。a' 线框是一个凹形块，处于架体的前面。c' 线框中还有一个小圆线框，与俯视图中的两条虚线对应，可想像出是半圆头竖板上穿了一个圆孔，它处于架体的后面。从主视图中可看出，b' 线框的上部有个半圆槽，在俯视图上可找到对应的两条线，它必处于 A 面和 C 面之间。由此看来，主视图中的三个线框实际上是架体的前、中、后三个面。

在补画左视图的过程中，可同时徒手画出每一步的轴测草图，逐个记录想像和构思的过程。

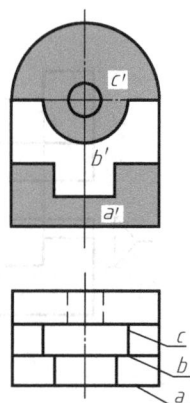

作图

① 画出左视图的轮廓，并由主、俯视图对照分析后，分出架

图 4-32　架体的主、俯视图

体三部分的前后、高低层次，如图 4-33（a）。

② 在前层切出凹形槽，补画左视图中的虚线，如图 4-33（b）。

③ 在中层切出半圆槽，补画左视图中的虚线，如图 4-33（c）。

④ 在后层挖去圆孔，补全左视图。按画出的轴测草图对照补画的左视图，检查无误后描深，如图 4-33（d）。

图 4-33　补画架体左视图

三、补画视图中的缺线

以上所举的例题是通过已知两个视图补画第三视图来培养画图和读图能力。但是，在实

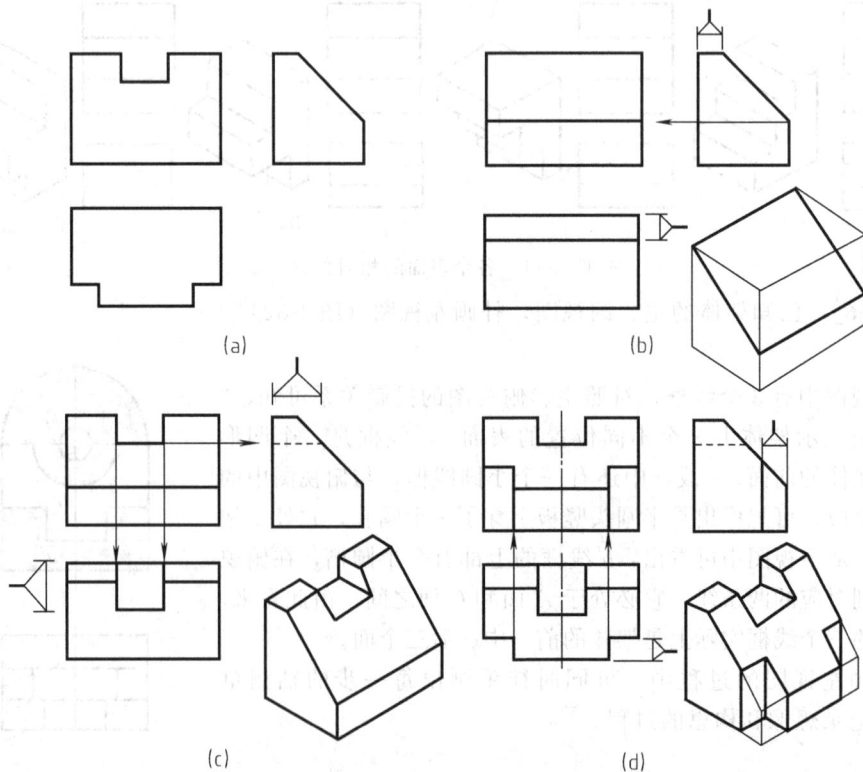

图 4-34　补画三视图中的缺线

际绘图过程中，难免会漏画某些图线。怎样检查这些遗漏的图线呢？下面通过实例加强这方面的训练。如图 4-34（a）所示，若已知某形体不完整的三视图，要求补全遗漏的图线。

分析

从已知三个视图的特征轮廓分析，该组合体是一个长方体被几个不同位置的平面切割形成的，可采用边切割、边补线的方法逐个补画三个视图中的每条缺线。在补线过程中，要充分运用"长对正、高平齐、宽相等"的投影规律。

作图

① 从左视图中的一条斜线可想像出，长方体被侧垂面切去一角。在主、俯视图上补画相应的缺线，如图 4-34（b）。

② 从主视图上的缺口可知，长方体的上部被两个侧平面及一个水平面形成一个方槽。补画俯、左视图中的缺线，如图 4-34（c）。

③ 从俯视图可看出，长方体的左、右被正平面和侧平面对称地切去一角。补全主、左视图中的缺线。按徒手画出的轴测草图对照补全缺线的三视图，检查无误后描深，作图结果如图 4-34（d）所示。

必须注意：在补缺线的过程中，可应用投影关系分析该形体的结构形状，因为视图中每个线框、每条图线都有其特定的含义，它们所表示的几何元素也都有对应的投影，在分析过程中仔细核对投影就会发现图中的缺线。

四、组合体读图的讨论与思考

1. 是否任何物体都必须画出三面视图才能完整表达其形状？

前面所述列举的图例都是通过三视图表达物体形状，实际上并不是每个物体都必须绘制三视图，例如图 4-35 中的三棱柱、六棱柱、四棱锥、圆柱、圆台等，只需两个视图就能确定它们的形状，其中一个视图（俯视图）反映物体的端面形状，另一个视图（主视图）反映物体的侧表面形状。

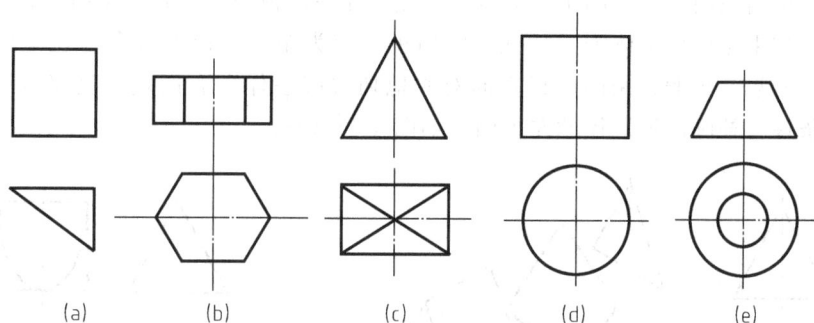

图 4-35　两个视图能确定物体形状

但是，对于某些物体，如果只画出两个视图，就不能确定其形状。例如图 4-36 所示的物体，如果仅给出主、俯视图，从左视图可看出，它们可能至少是两种不同形状的物体。

2. "一题多解"有利于发散思维和创新能力的培养

对于某些不能惟一确定物体空间形状的两视图，说明它们存在多种答案。利用这种视图表达物体的不确定性，正好为培养发散思维和创新能力提供了有利空间，为空间想像能力的

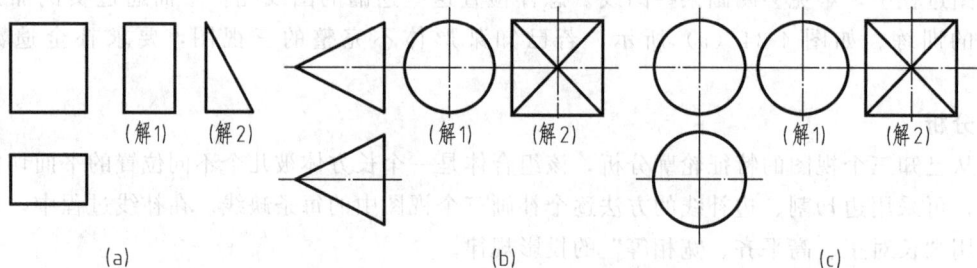

图 4-36　两个视图不能确定物体形状

培养提供了有效的训练方法。如图 4-37 给出的主、俯视图，都可以构思出两种或两种以上的不同形体。

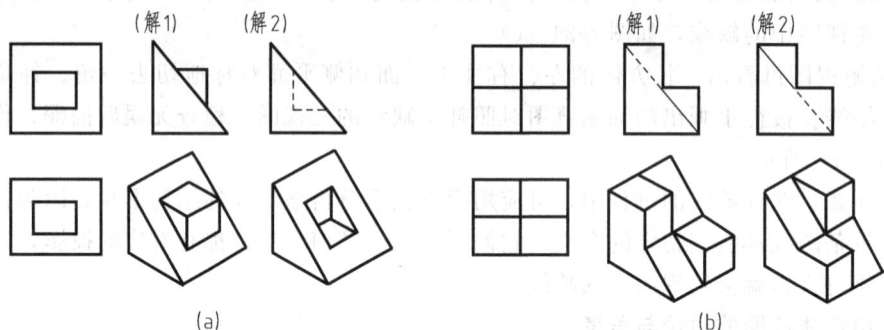

图 4-37　由两个视图构思不同形状的物体

3. 读图的思维过程中要善于分析构思物体的形状

读图的过程，就是"由图想物"的过程，也就是将"二维的平面图形"通过空间思维想像并转化为"三维立体"的过程。读图时通常从主视图入手，通过对投影先假定、后验证，边分析、边想像的方法，构思确定其形状。如图 4-38（a）所示，从给出的主视图很容易想到圆锥，但圆锥俯视图（圆）的中心应该是一点，而该俯视图中却是一条粗实线，显然该形体不是圆锥。如果假设该形体为三棱柱，则俯视图应为矩形，仍不符合题设条件，如图 4-38（b）。通过构思，再假设用两个正垂面对称地切去圆柱体左右两块，就完全符合主、俯视图的题设条件。补画出该形体的左视图，如图 4-38（c）。

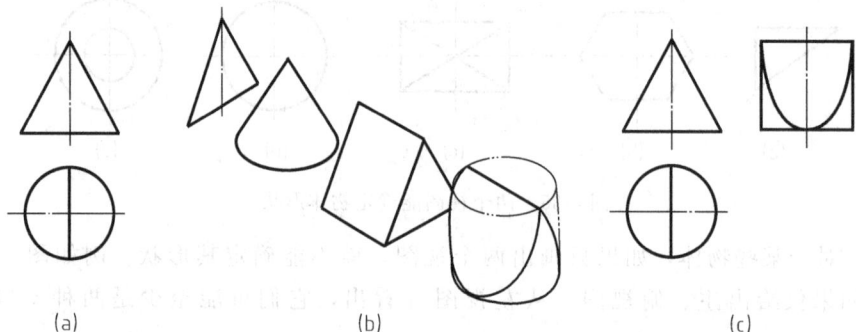

图 4-38　读图的构思过程

4. 怎样检查并发现视图中的错误

在组合体的投影作图过程中，容易出现多线或漏线的错误，其原因主要是对物体上不同

70

表面之间的连接关系以及对于经局部切割或相交后的表面产生的变化分析不清,可采用面形分析法来检查就比较容易发现问题。

如图 4-39（a）所示组合体左视图中的错误,可根据平面投影类似形的性质,分析正垂面 P 的侧面投影与水平投影应为类似形,不难发现在 P 面的侧面投影中多两段线,正确答案如图 4-39（b）。

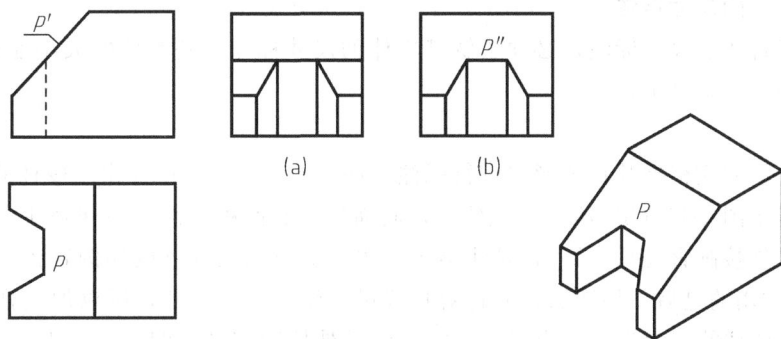

图 4-39　检查视图中的错误（一）

[**例 4-7**]　检查组合体三视图中的错漏,如图 4-40（a）。

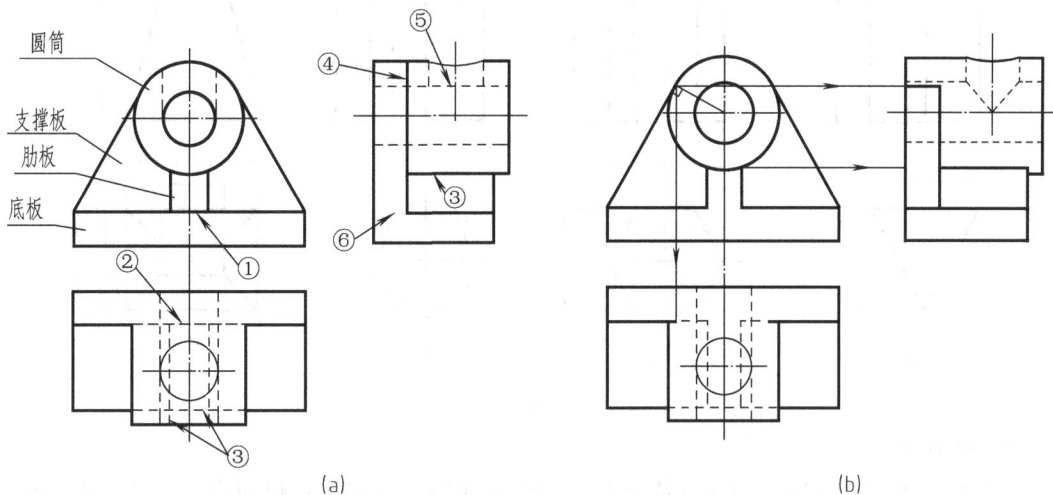

图 4-40　检查视图中的错误（二）

分析

从给出的三视图初步看出该组合体由长方形底板、圆筒、支撑板和肋板四部分组成。经过对三视图的仔细对照分析,发现共有 6 处错误。

① 肋板与底板的前端面平齐（共面）,主视图中的肋板与底板叠合处多线,俯视图中表示肋板的虚线应画到底板的前端面为止。

② 组合体是一个整体,肋板与支撑板叠合处不应画线,俯视图中多一段虚线。

③ 肋板两侧面与圆柱面相交,按投影关系改正左视图。

④ 支撑板左右两侧面与圆柱面相切,左视图和俯视图中的图线只画到切点处。

⑤ 圆筒的水平孔与竖直孔内壁的相贯线在左视图中应画出。

⑥ 支撑板与底板两侧面不共面,左视图中漏线。

71

第五节 组合体的尺寸标注

组合体尺寸标注的基本要求是：正确、齐全和清晰。正确是指符合国家标准的规定；齐全是指标注尺寸既不遗漏，也不多余；清晰是指尺寸注写布局整齐、清楚，便于读图。本节着重讨论如何使尺寸标注齐全和清晰。

一、基本体的尺寸标注

要掌握组合体的尺寸标注，必须了解基本体的尺寸标注。基本体的大小通常由长、宽、高三个方向的尺寸来确定。

1. 平面体

平面体的尺寸应根据其具体形状进行标注。如图 4-41（a），应注出三棱柱的底面尺寸和高度尺寸。对于图 4-41（b）所示的六棱柱，底面尺寸有两种注法，一种是注出正六边形的对角线尺寸（外接圆直径），另一种是注出正六边形的对边尺寸（内切圆直径，通常也称为扳手尺寸），常用的是后一种注法，而将对角线尺寸作为参考尺寸，所以加上括号。图 4-41（c）所示正五棱柱的底面为正五边形，只需标注其外接圆直径。图 4-41（d）所示四棱台必须注出上、下底的长、宽度尺寸和高度尺寸。

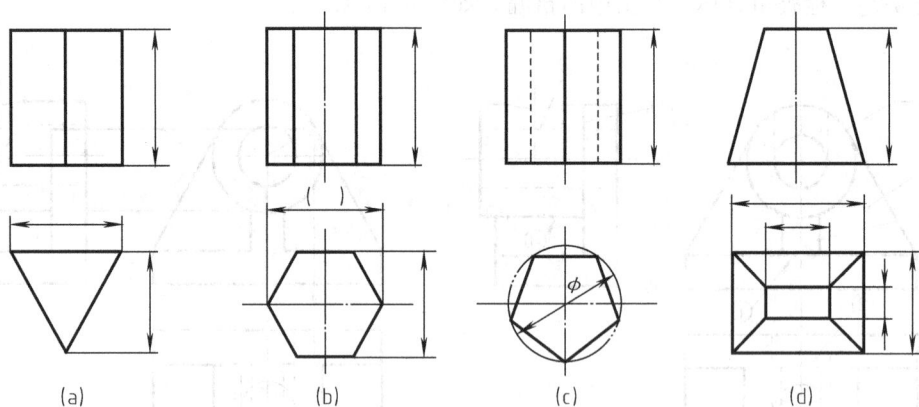

图 4-41 平面体的尺寸标注

2. 曲面体

如图 4-42（a）、（b），圆柱（或圆台）应注出底圆（顶圆）直径和高度尺寸。在标注直径尺寸时应在数字前加注"ϕ"。图 4-42（c）所示的圆环要注出母线圆及中心圆直径尺寸。值得注意的是，当完整标注了圆柱（或圆锥）、圆环的尺寸之后，只要用一个视图就能确定其形状和大小，其他视图可省略不画。图 4-42（d）所示的圆球只用一个视图加注尺寸即

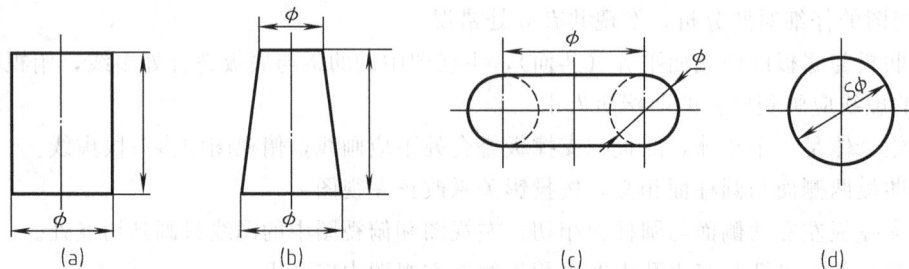

图 4-42 曲面体的尺寸标注

可，圆球在直径数字前应加注"Sϕ"。

3. 带切口形体的尺寸标注

对于带切口的形体，除了标注基本形体的尺寸外，还要注出确定切平面位置的尺寸。必须注意，由于形体与切平面的相对位置确定后，切口的交线已完全确定，因此不应在交线上标注尺寸。图 4-43 中打"×"为多余的尺寸。

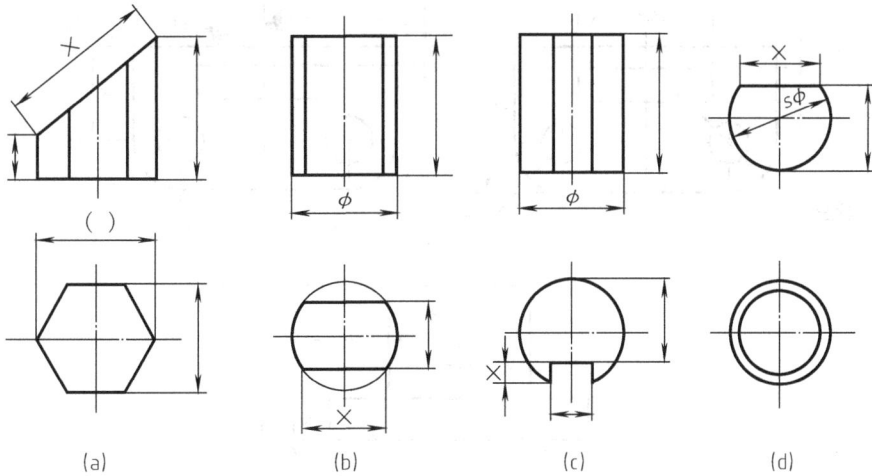

图 4-43　带切口形体的尺寸标注

二、组合体的尺寸标注

以图 4-44 所示组合体为例，说明组合体尺寸标注的基本方法。

1. 尺寸齐全

要使尺寸标注齐全，既不遗漏，也不重复，应先按形体分析的方法注出各基本形体的大小尺寸，再确定它们之间的相对位置尺寸，最后根据组合体的结构特点注出总体尺寸。

（1）定形尺寸　确定组合体中各基本形体大小的尺寸，如图 4-44（a）。

底板　长、宽、高尺寸（40、24、8），底板上圆孔和圆角尺寸（2×ϕ6、R6）。必须注意，相同的圆孔 ϕ6 要注出数量，如 2×ϕ6，但相同的圆角 R6 不注数量，两者都不必重复标注。

竖板　长、宽、高尺寸（20、7、22），圆孔直径 ϕ9。

（2）定位尺寸　确定组合体中各基本体之间相对位置的尺寸，如图 4-44（b）。

标注定位尺寸时，必须在长、宽、高三个方向分别选定尺寸基准，每个方向至少有一个尺寸基准，以便确定各基本形体在各方向上的相对位置。通常选择组合体的底面、端面或对称平面以及回转轴线等作为尺寸基准。如图 4-44（b）所示，组合体的左右对称平面为长度方向尺寸基准；底板后端面为宽度方向尺寸基准；底板的底面为高度方向尺寸基准。图中用符号"▼"表示基准的位置。

由长度方向尺寸基准注出底板上两圆孔的定位尺寸 28；由宽度方向尺寸基准注出底板上圆孔与后端面的定位尺寸 18，竖板与底板后端面的定位尺寸 5；由高度方向尺寸基准注出竖板上圆孔与底面的定位尺寸 20。

（3）总体尺寸　确定组合体在长、宽、高三个方向的总长、总宽和总高尺寸，如图 4-44（c）。

组合体的总长和总宽尺寸即底板的长 40 和宽 24，不再重复标注。总高尺寸 30 应从高度方向尺寸基准处注出。总高尺寸标注以后，原来标注的竖板高度尺寸 22 取消不注。必须

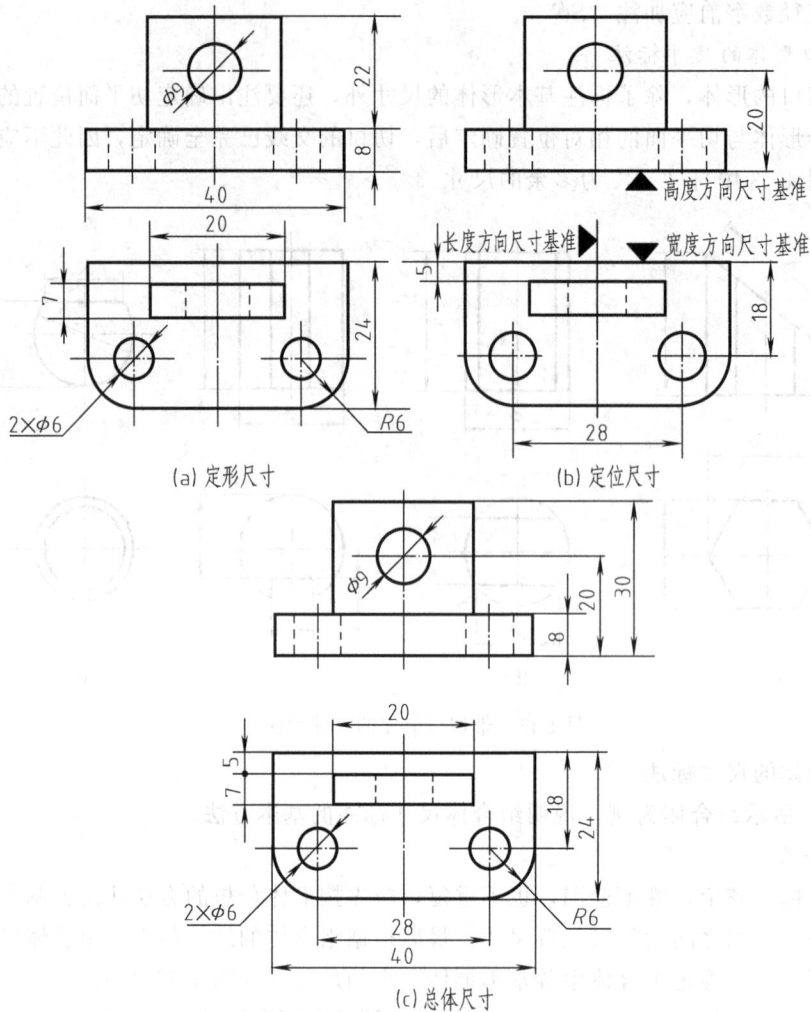

(a) 定形尺寸   (b) 定位尺寸

(c) 总体尺寸

图 4-44　组合体的尺寸标注

注意，当组合体一端为同轴圆孔的回转体时，通常仅标注孔的定位尺寸和外端圆柱面的半径，不标注总体尺寸。如图 4-45 所示为不注总高尺寸的实例。

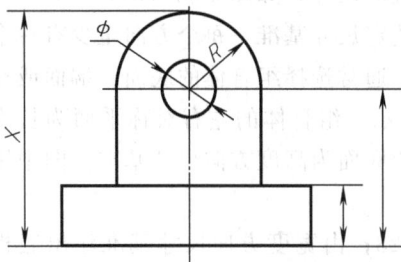

图 4-45　不注总高尺寸示例

2. 尺寸清晰

为了便于读图和查找相关尺寸，尺寸的布置必须整齐清晰，下面以尺寸已经标注齐全的组合体为例，说明尺寸布置应注意的几个方面，如图 4-44（c）。

① 突出特征　定形尺寸尽量标注在反映该部分形状特征的视图上。如底板的圆孔和圆角的尺寸应标注在俯视图上。

② 相对集中　形体某部分的定形和定位尺寸，应尽量集中标注在一个视图内，便于读图时查找。如底板的长、宽尺寸，圆孔的定形、定位尺寸集中标注在俯视图内；竖板上圆孔的定形、定位尺寸标注在主视图上。

③ 布局整齐　尺寸尽量布置在两视图之间，便于对照。同方向的平行尺寸，应使小尺

74

寸在内，大尺寸在外，间隔均匀，避免尺寸线与尺寸界线相交。同方向的竖向尺寸应排列在一直线上，既整齐，又便于画图，如主、俯视图中的 8、18 和 20、24。

④ 圆的直径最好标注在非圆的视图上，但由于虚线上应尽量避免标注尺寸，所以竖板上圆孔的尺寸标注在主视图上。圆弧的半径必须标注在投影为圆弧的视图上，如底板圆角半径 R6 标注在俯视图上。

[**例 4-8**] 标注支架尺寸，如图 4-46。

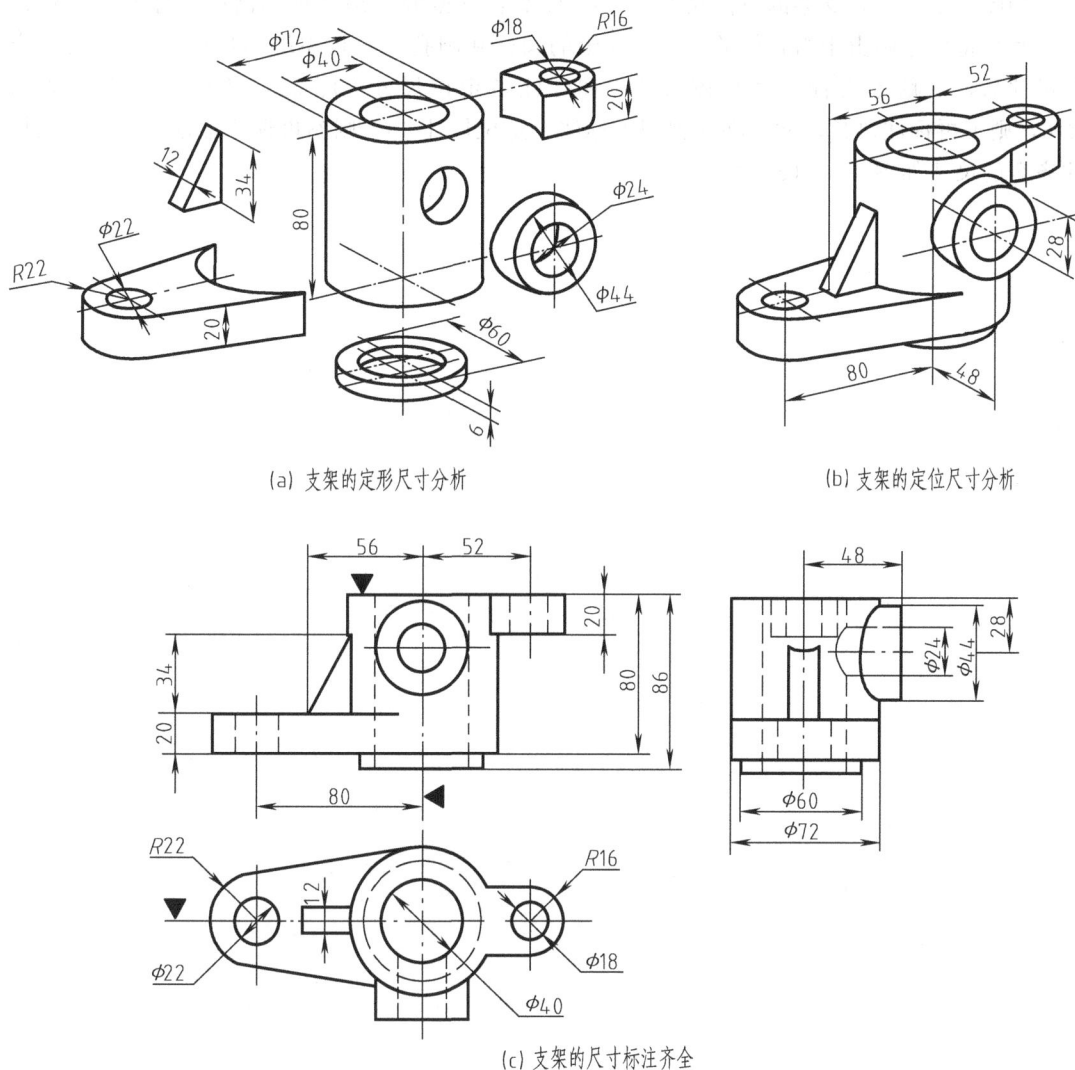

(a) 支架的定形尺寸分析　　　　　　　　　　(b) 支架的定位尺寸分析

(c) 支架的尺寸标注齐全

图 4-46　支架的尺寸标注

① 逐个注出各基本形体的定形尺寸。

将支架分解为六个基本形体，分别标注其定形尺寸。这些尺寸应标注在哪个视图上，要根据具体情况而定。如直立圆柱的尺寸 80 和 φ40 可分别标注在主、俯视图上，但 φ72 在主视图上标注不清楚，所以标注在左视图上。底板的尺寸 φ22 和 R22 标注在俯视图上最适当，而厚度尺寸 20 只能注在主视图上。其余各部分尺寸请读者对照轴测分解图自行分析。

② 标注确定各基本形体之间相对位置的定位尺寸。

如图 4-46 (b)，先选定支架长、宽、高三个方向的尺寸基准。支架长度方向的尺寸基准为直立空心圆柱的轴线；宽度方向尺寸基准为底板与直立空心圆柱的前后对称面；高度方向的尺寸基准为直立空心圆柱的上表面。标注各基本形体之间的五个定位尺寸：直立圆柱与底板圆孔长度方向上的定位尺寸 80；肋板、耳板与直立圆柱轴线之间长度方向上的定位尺寸 56、52；水平圆柱与直立圆柱在高度方向上的定位尺寸 28；宽度方向上的定位尺寸 48。

③ 总体尺寸。

如图 4-46 (c)，支架的总高尺寸为 86 (注意：支架底部扁圆柱的高度尺寸 6 应省略)。总长和总宽尺寸则由于组合体的端部为同轴的圆柱和圆孔 (底板左端和耳板右端)，有了定位尺寸后，一般不再标注其总体尺寸。如标注了定位尺寸 80、52，以及圆弧半径 R22、R16，则不再标注总长尺寸。在左视图上标注了定位尺寸 48，则不再标注总宽尺寸。支架标注齐全的尺寸如图 4-46 (c) 所示。

第五章 机械图样的基本表示法

正投影法是工程上常用的绘制技术图样的画法原理。如何运用这一画法原理来表达机件（机器零件和部件）的外形、内形和断面等各部分结构，还必须另有具体的画法和标注方法的规定。本章将介绍如何完整、清晰、准确、简便地表达各类机件的内外结构形状的基本表示法和简化表示法。

第一节 视 图

在工程制图中用正投影法并按有关规定绘出的物体的图形称为视图。在机械图样中，当用视图表达机件的结构形状时，一般仅画出可见结构，必要时才用细虚线画出不可见结构。

视图表示法，通常包括基本视图、向视图、局部视图和斜视图，可按国家标准（GB/T 17451—1998、GB/T 4458.1—2002）画出。

一、基本视图

设想将物体置于六面体中，采用正投影法向六面体的六个面（基本投影面）沿着六个基本投影方向投射，所形成的六个视图称为基本视图，如图 5-1 所示。为使六个基本视图位于同一平面内，可将六个基本投影面按图 5-1 （b）所示方法展开。

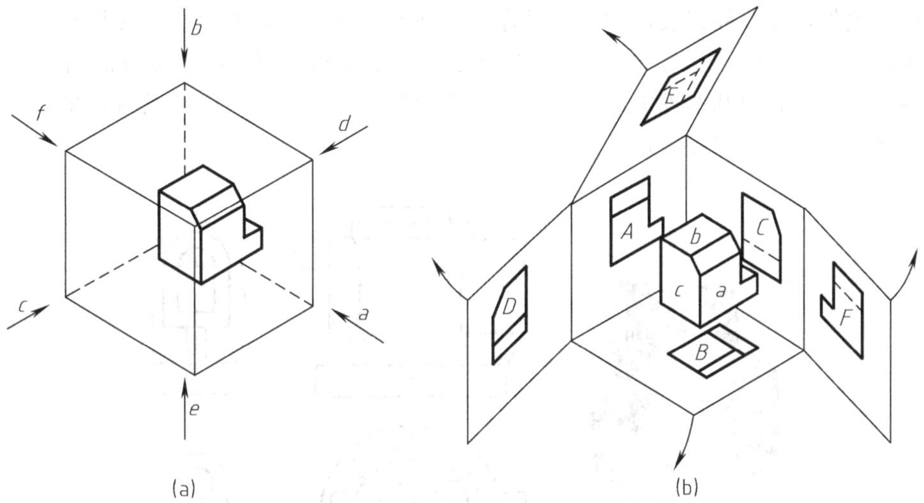

图 5-1 六个基本视图的形成

在机械图样中，六个基本视图的名称和配置关系如图 5-2 所示。符合图 5-2 的配置规定时，图样中一律不注视图的名称。

由六个基本视图的形成和配置规定可见，前面各章讲述的"三视图"，其概念、名称和配置关系与基本视图是完全一致的。因此，三视图中保持的长对正、高平齐、宽相等的"三等"投影关系，在六个基本视图之间仍应保持。

二、向视图

向视图是可以自由配置的视图。为便于读图，应在向视图上方用大写拉丁字母标注该向视图名称，并在相应视图的附近用箭头指明投射方向，注上相同的字母，如图 5-3 所示。

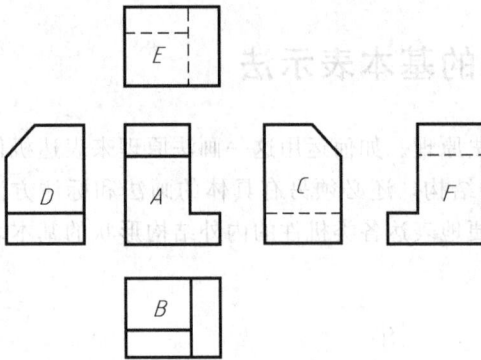

图 5-2　六个基本视图的配置
A—主视图　B—俯视图　C—左视图
D—右视图　E—仰视图　F—后视图

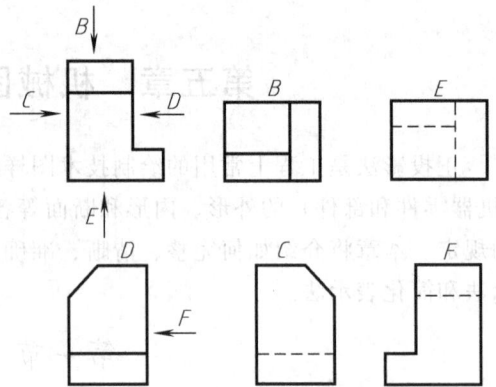

图 5-3　向视图

将图 5-3 中标有视图名称（字母）的各向视图与图 5-2 中同字母的各基本视图加以比较后可知：向视图实质上是移位配置的基本视图。为合理利用图纸幅面，机械图样中常采用向视图的配置法。

三、局部视图

分析图 5-4 所示机件，其中间部分的主体结构只用一个主视图，并借助于标注尺寸便可表达清楚。此外，需要补充表达的结构是左、右凸台。显然，为表达左、右凸台，没有必要完整地画出左、右视图，仅需如图 5-4 右边所示，局部地画出两个凸台部分的图形即可。这种将机件的某一部分向基本投影面投射所得的视图称为局部视图。局部视图的配置、标注和画法应严格遵循国标的相应规定。

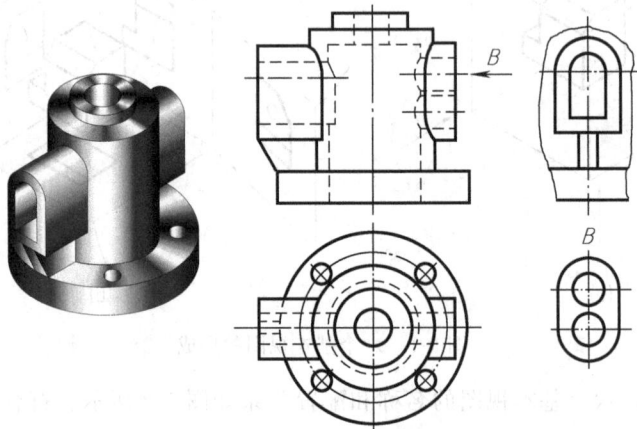

图 5-4　局部视图

1. 局部视图的配置和标注

在机械图样中，局部视图的配置可选用以下方式，并进行必要的标注：

① 按基本视图的配置形式配置，如图 5-5 中位于俯视图处的局部视图，此时不必标注。

② 按向视图的配置形式配置和标注，如图 5-4 中的 B 向局部视图。

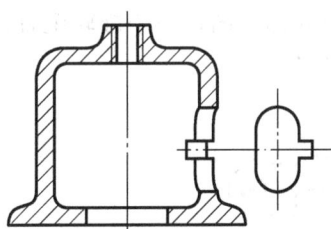

图 5-5　局部视图和斜视图

③ 按第三角画法（详见本章第五节）配置在视图上需表示的局部结构的附近，并用细点画线连接两图形，此时不需另行标注，如图 5-6 所示。

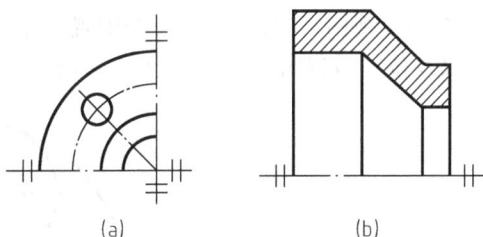

图 5-6　局部视图按第三角画法配置　　　　图 5-7　对称机件的局部视图

2. 局部视图的画法

画局部视图时，其断裂边界用波浪线（图 5-5）或双折线绘制。当所表示的局部视图的外轮廓成封闭时，则不必画出断裂边界线（如图 5-4 中的局部视图 B 及图 5-6 中的局部视图）。

为简化制图，对称机件的视图可以对称中心线为断裂边界线，只画一半或四分之一，并在对称中心线的两端画出两条与其垂直的平行细实线，如图 5-7 所示。这是局部视图的一种特殊画法。

四、斜视图

机件上与基本投影面倾斜的结构，在该投影面上的投影将失真，例如圆被投射成椭圆，如图 5-8（a）中的俯、左视图。为反映机件倾斜结构的真实外形，可假想增设一个与机件倾斜表面平行的辅助投影面，如图 5-8（b），这样，在该投影面上便可投射得到倾斜结构的实形。这种将机件向不平行于基本投影面的平面投射所得的视图称为斜视图。

斜视图主要表达机件上的倾斜结构，机件的其余部分可用波浪线断开，如图 5-5，也可用双折线断开。斜视图的配置和标注通常按向视图的相应规定，如图 5-5（a）。必要时，斜视图允许旋转配置，此时应加注旋转符号，如图 5-5（b）。旋转符号为半径等于字体高度的半圆形。表示斜视图名称的大写拉丁字母应靠近旋转符号的箭头端，也允许将旋转角度标在字母之后。

五、综合应用举例

视图的上述四种基本表示法可根据机件的结构特征按需选用。图 5-8 所示的压紧杆，若

(a)   (b)

图 5-8 压紧杆的三视图及斜视图的形成

采用图 5-9 的表达方案，就可简便而清晰地表达出压紧杆的各部分结构形状。该表达方案用了一个基本视图（主视图），一个配置在俯视图位置上的局部视图，一个旋转配置的斜视图 A，以及位于斜视图 A 上方、按第三角画法配置的局部视图。

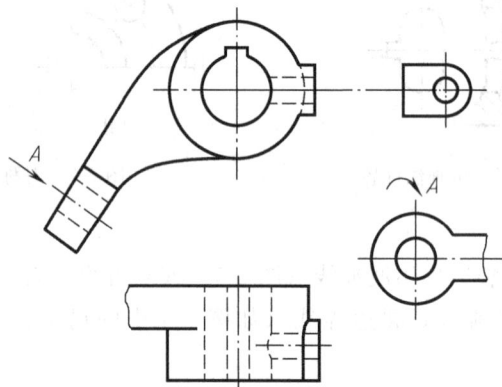

图 5-9 压紧杆的表达方案

第二节 剖 视 图

视图主要用来表达机件的外部形状。为清楚地表达机件内部的形状，可假想用剖切面将机件切开，然后按国家标准（GB/T 17452—1998 和 GB/T 4458.6—2002）的规定画出剖视图。

一、概述

1. 剖视图的概念

剖视图是假想用剖切面剖开物体，将处在观察者和剖切面之间的部分移去，而将其余部分向投影面投射所得的图形。剖视图可简称为剖视。剖视图的形成如图 5-10 所示，（d）图中的主视图即为剖视图。

2. 剖面符号（GB/T 4457.5—1984、GB/T 17450—1998）

机件被假想地剖切后，为使具有材料实体的切断面部分（即剖面区域）与其余部分（含剖切面后面的部分及原中空的部分）明显地加以区分，可在剖面区域内画出剖面符号，如图 5-10（d）中的主视图所示。国标规定的剖面符号见表 5-1。

(a) 剖切前的视图　(b) 假想用剖切平面剖开　　(c) 移去前半部分　　(d) 投射获得剖视图

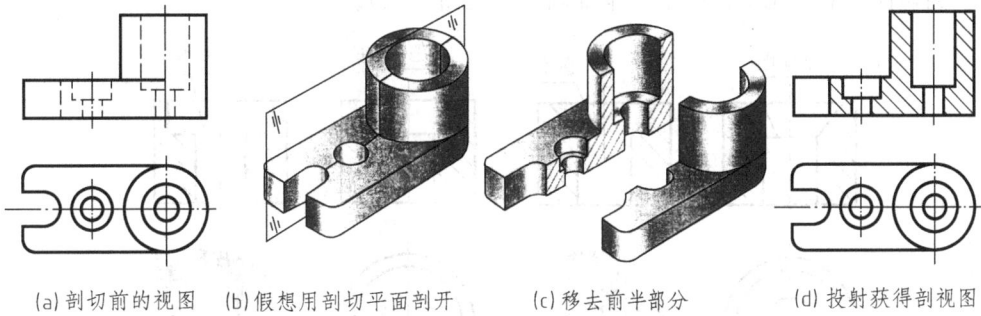

图 5-10　剖视图的形成

表 5-1　剖面符号（摘自 GB/T 4457.5—1984）

材 料 名 称	剖 面 符 号	材 料 名 称	剖 面 符 号
金属材料 （已有规定剖面符号者除外）		线圈绕组元件	
非金属材料 （已有规定剖面符号者除外）		转子、变压器等的迭钢片	
型砂、粉末冶金、陶瓷、硬质合金等		玻璃及其他透明材料	
木质胶合板 （不分层数）		格　网 （筛网、过滤网等）	
木　材　纵 剖 面		液　体	
横 剖 面			

注：1. 剖面符号仅表示材料的类别，材料的名称和代号必须另行注明。

　　2. 迭钢片的剖面线方向，应与束装中迭钢片的方向一致。

　　3. 液面用细实线绘制。

在机械设计中，金属材料使用最多，为此，国标规定用简明易画的平行细实线作为剖面符号，且特称为剖面线。绘制剖面线时，同一机械图样中的同一零件的剖面线应方向相同、间隔相等。剖面线的间隔应按剖面区域的大小选定。剖面线的方向最好与主要轮廓或剖面区域的对称线成 45°角，如图 5-11。

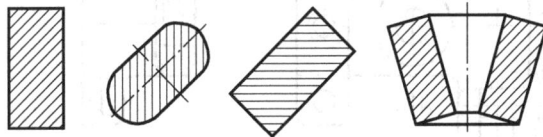

图 5-11　剖面线的方向

3. 剖视图画法的注意点

① 剖切机件的剖切面必须垂直于相应的投影面。

② 机件的一个视图画成剖视后，其他视图的完整性不应受其影响，例如图 5-10（d）的主视图画成剖视图后，俯视图一般仍应完整画出。

③ 剖切面后的可见结构一般应全部画出（见图5-12）。

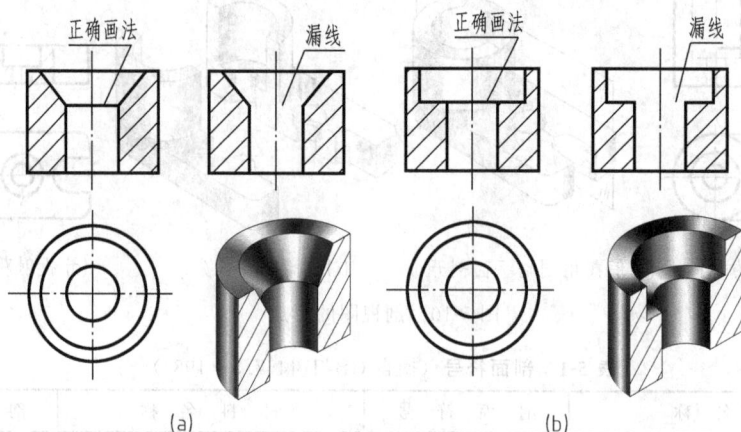

正确画法　漏线　正确画法　漏线

(a)　(b)

图 5-12　剖视图画法的常见错误

④ 一般情况下，应避免用细虚线表示机件上不可见的结构。

4. 剖视图的标注

为便于读图，剖视图一般应进行标注，以标明剖切位置和指示视图间的投影关系。剖视图的标注有三个要素，即

（1）剖切线　指示剖切面位置的线，用细点画线表示，剖视图中通常省略不画此线；

（2）剖切符号　指示剖切面起、讫和转折位置（用粗实线的短画表示）及投射方向（用箭头表示）的符号；

（3）字母　表示剖视图的名称，用大写拉丁字母注写在剖视图的上方。

剖视图的标注方法可分为三种情况，即全标、不标和省标。

（1）全标　是指上述三要素全部标出，这是基本规定，如图5-13中 A—A。

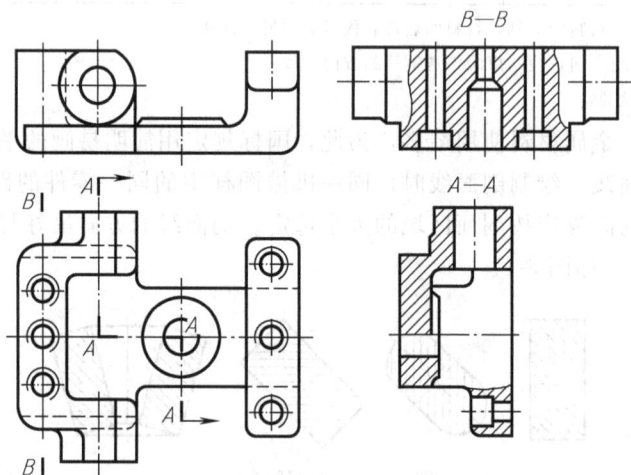

图 5-13　剖视图的配置和标注

（2）不标　是指上述三要素均不必标注。但是，必须同时满足三个条件方可不标，即：单一剖切平面通过机件的对称平面或基本对称平面剖切；剖视图按投影关系配置；剖视图与相应视图间没有其他图形隔开。图5-10（d）同时满足了三个不标条件，故未加任何标注。

（3）省标　是指仅满足不标条件中的后两个条件，则可省略表示投射方向的箭头，如图5-13中的 B—B。

5．剖视图的配置

剖视图应首先考虑配置在基本视图的方位，如图5-13中的 B—B；当难以按基本视图的方位配置时，也可按投影关系配置在相应位置上，如图5-13中的 A—A；必要时才考虑配置在其他适当位置。

二、剖视图的表示法及其应用

剖视图可分为全剖视图、半剖视图和局部剖视图三种。上述的剖视图画法和标注规定，是对三种剖视图均适用的基本规定。现分别对三种剖视图的表示法及其应用作进一步的补充说明。

1．全剖视图

全剖视图是用剖切面完全地剖开机件后投影所获得的剖视图。它一般用于表达外形简单的机件内部形状，如图5-10（d）。当机件的外形复杂、但其外形已由其他视图表达清楚时，也可采用全剖视来表达其内形。

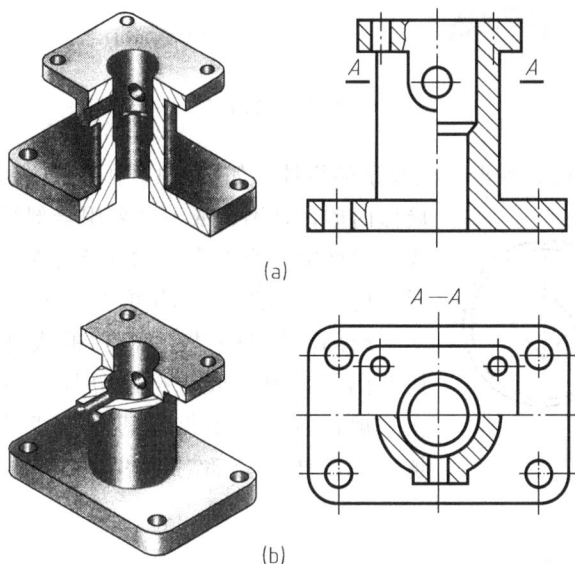

(a)

(b)

图 5-14　半剖视图（一）

2．半剖视图

当机件具有对称平面时，向垂直于对称平面的投影面上投射所得的图形，可以以对称中心线（细点画线）为界，一半画成剖视图，另一半画成视图，这种剖视图称为半剖视图。例如，图5-14所示机件的左右及前后方向均对称，因此，它的主视图和俯视图分别采用了半剖视的表示法，同时兼顾了左右及前后方向的内形和外形的表达。

半剖视图通常用于内外形状均需表达的对称机件；当机件的形状接近对称，且不对称部分另由其他图形表达清楚时，也可画成半剖视图，如图5-15。

绘制半剖视图时，在未剖开的一半的图形上一般不再画出表示其内形的细虚线，因为这半边机件的内形已可由另半边剖开的图形

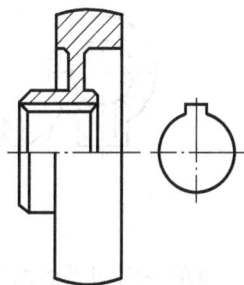

图 5-15　半剖视图（二）

对称地想像出来。

3. 局部剖视图

局部剖视图是用剖切面局部地剖开机件所得的剖视图，如图 5-16。

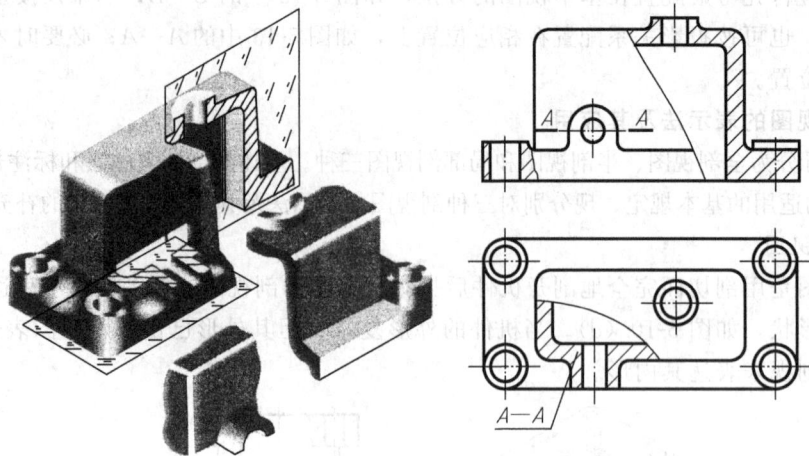

图 5-16　局部剖视图（一）

局部剖视图常用于内、外形均较复杂的机件，如图 5-13 中的 B—B；当仅需表达机件的局部内形，且不宜或不必采用全剖视的场合，如图 5-16；或当对称中心线上有轮廓线而不宜采用半剖视表达其内形的场合，如图 5-17 均可采用局部剖视。

局部剖视图可根据机件的表达需要灵活取剖，剖切范围用波浪线或双折线分界。波浪线或双折线应画在一般位置上，不得与其他图线重合。波浪线不得超越材料实体。局部剖视图中波浪线画法的常见错误如图 5-18 所示。

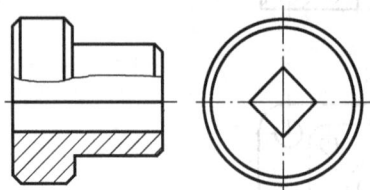

图 5-17　局部剖视图（二）

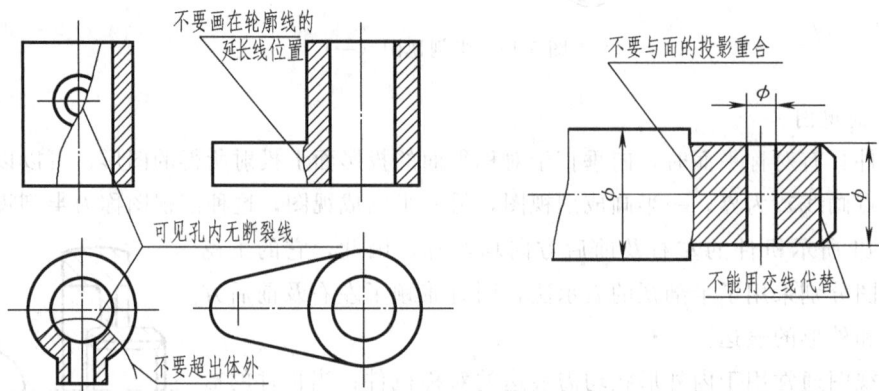

图 5-18　局部剖视图中的波浪线画法

当单一剖切平面的剖切位置明确时，局部剖视图不必标注，如图 5-16 中的主视图；否则应按前面所述的剖视图标注规定进行标注，如图 5-13 中的 B—B 及图 5-16 中的 A—A。

84

三、剖切面的选用

为满足机件的各种内部结构及其不同分布状况的表达需要，GB/T 17452 规定了可选用三种剖切面剖开机件以获得剖视图。三种剖切面是：单一剖切面，几个平行的剖切平面和几个相交的剖切面。选用时，三种剖视图中的任一种均可根据机件结构特征选取三种剖切面中的任意一种。

1. 单一剖切面

当机件的内部结构位于同一剖切面上时，可选用单一剖切面剖切获得剖视图。单一剖切面有几种，应用最多的是单一剖切平面。单一剖切平面一般为投影面平行面。本节列举的以上图例（图 5-13 中 A—A 除外）中采用的剖切面均为单一剖切平面。必要时，也可采用单一的投影面垂直面或圆柱面作为剖切面。

2. 几个平行的剖切平面

当机件的内部结构位于几个平行平面上时，可采用几个平行的剖切平面来剖切以获得剖视图。例如，图 5-19 所示零件采用了两个平行的剖切平面来剖切，便充分地表达了它的内部结构。

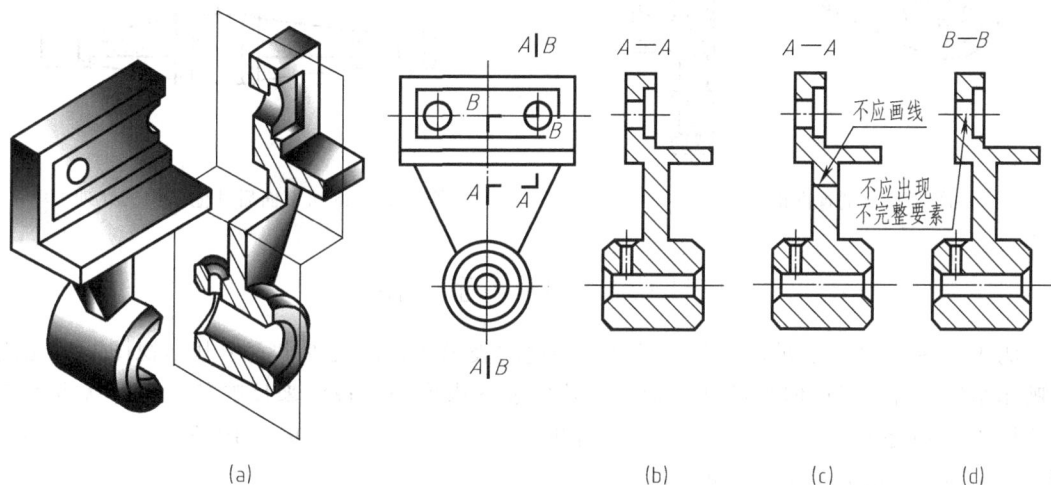

图 5-19　用两个平行的剖切平面获得的剖视图

采用这种剖切面获得剖视图时应注意下列几点。

① 剖切平面的转折处，在剖视图中不应画线，如图 5-19（c）。

② 在剖视图中不应出现不完整要素，如图 5-19（d），仅当两个要素在图形上具有公共对称中心线或轴线时，方可各画一半，如图 5-13 中的 A—A。

③ 剖切平面的起讫和转折处应画出剖切符号，并注写同一字母。

3. 几个相交的剖切面（交线垂直于某一投影面）

当机件的内部结构所处的位置无法用上述两种剖切面来剖切时，可用几个相交的剖切面

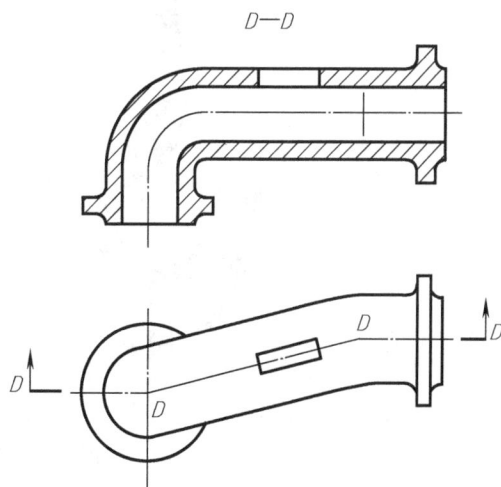

图 5-20　用三个相交的剖切平面获得的剖视图

剖切以获得剖视图，如图 5-20，但必须保证剖切面的交线垂直于某一投影面。

当采用这种组合的剖切面假想地剖开机件后，应将被剖开的结构及其有关部分旋转到与选定的同一投影面平行后再进行投射，如图 5-20 中的长方孔，或采用展开画法，如图 5-21 画出剖视图。剖切平面后的其他结构，一般仍按原来位置投射，如图 5-22 中部的小孔。

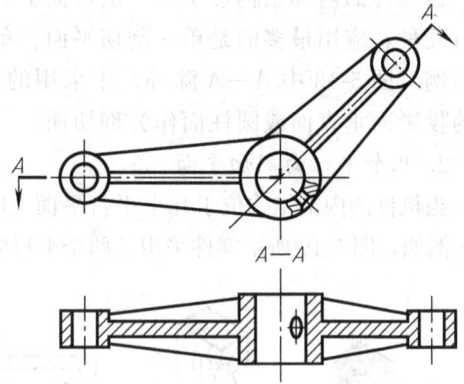

图 5-21　剖视图的展开画法　　　　　图 5-22　剖切平面后其他结构的处理

第三节　断　面　图

为表达图 5-23 所示吊钩，若采用前面讲过的表示法，即便画出六个基本视图，也无法反映出吊钩各部分时圆时扁的断面形状。若用表达内形的剖视图来反映其断面形状也不恰当，因为吊钩是实心零件。为此，国家标准（GB/T 17452—1998、GB/T 4458.6—2002）规定了断面形状的表示法——断面图。

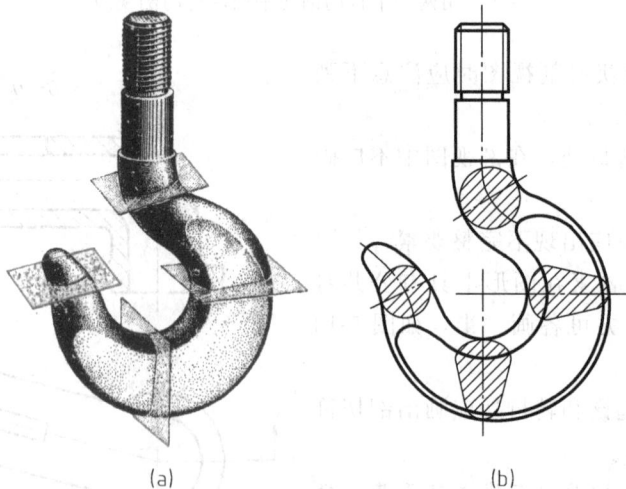

(a)　　　　　　　　　　　　　　(b)

图 5-23　吊钩的断面图

一、断面图的概念

假想用剖切面将机件的某处切断，仅画出该剖切面与机件接触部分的图形称为断面图，

86

图 5-24　断面图与剖视图的比较

简称断面，如图 5-23（b）。

　　断面图与剖视图是两种不同的表示法，两者虽然都是先假想剖开机件后再投射，但是，剖视图不仅要画出被剖切面切到的部分，一般还应画出剖切面后的可见部分，如图 5-24（d），而断面图则仅画出被剖切面切断的断面形状，如图 5-24（c）。

二、移出断面图

　　画在视图之外的断面图称为移出断面图。移出断面图的轮廓线用粗实线绘制。由两个或多个相交的剖切平面获得的移出断面，中间一般应断开，如图 5-25。

　　当剖切平面通过回转面形成的孔或凹坑的轴线，如图 5-26（a），或通过非圆孔会导致出现完全分离的断面时，如图 5-26（b），则这些结构按剖视图要求绘制。

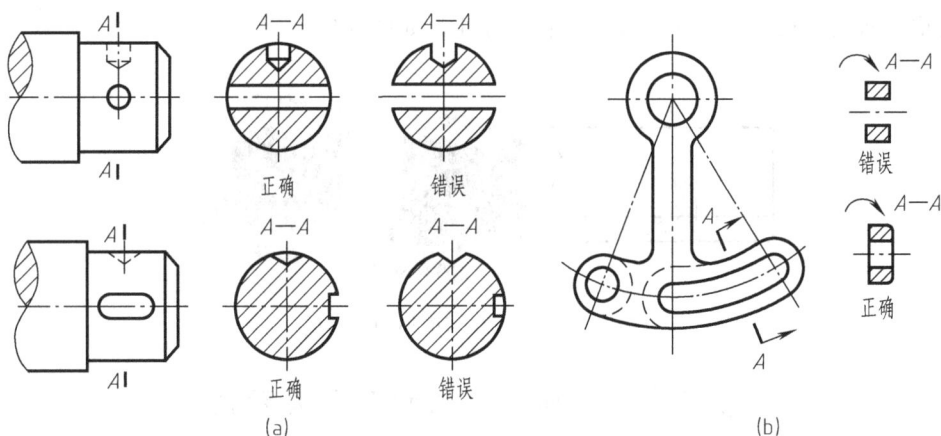

图 5-25　由两个相交的剖切平面获得的移出断面

图 5-26　断面图的特殊画法

　　画出移出断面图后应按国标规定进行标注。剖视图标注的三要素同样适用于移出断面图。移出断面图的配置及标注方法如表 5-2 所示。

三、重合断面

　　将断面图形画在视图之内的断面图称为重合断面图，如图 5-23（b）。重合断面的轮廓线用细实线。当视图中的轮廓线与重合断面的图形重叠时，视图中的轮廓线仍应连续画出，

87

表 5-2　移出断面图的配置与标注

配　置	对称的移出断面	不对称的移出断面
配置在剖切线或剖切符号延长线上	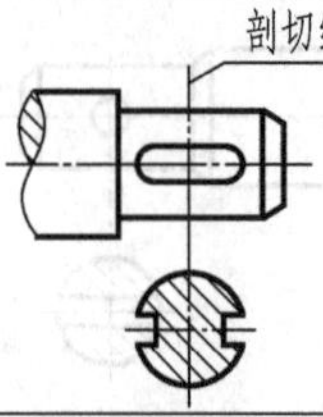 剖切线(细点画线)	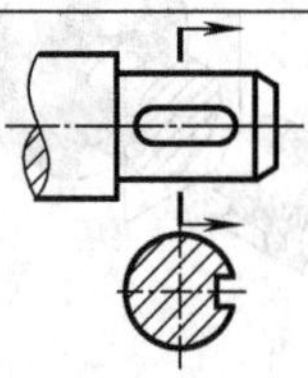
	不必标出字母和剖切符号	不必标注字母
按投影关系配置	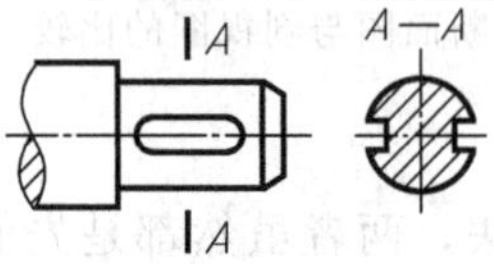 A　$A-A$	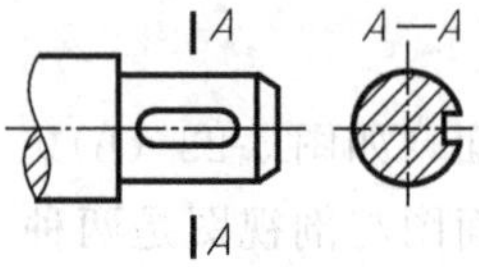 A　$A-A$
	不必标注箭头	不必标注箭头
配置在其他位置	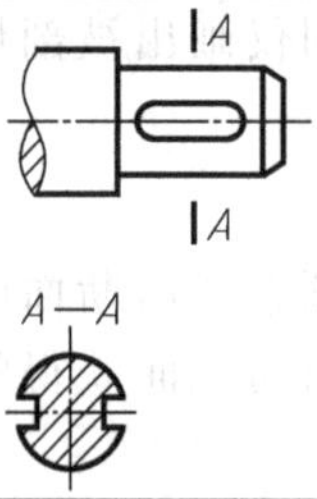 A　$A-A$	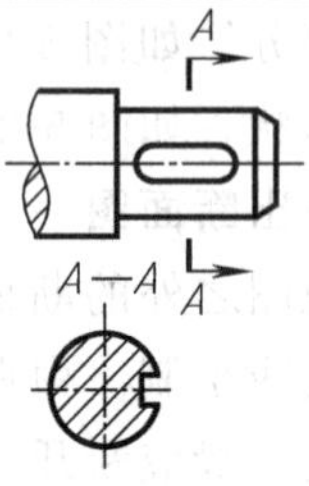 A　$A-A$
	不必标注箭头	应标注剖切符号(含箭头)和字母

不可间断，如图 5-27。

重合断面的标注规定不同于移出断面。对称的重合断面不必标注，如图 5-23（b）；不对称的重合断面，在不致引起误解时可省略标注，如图 5-27。

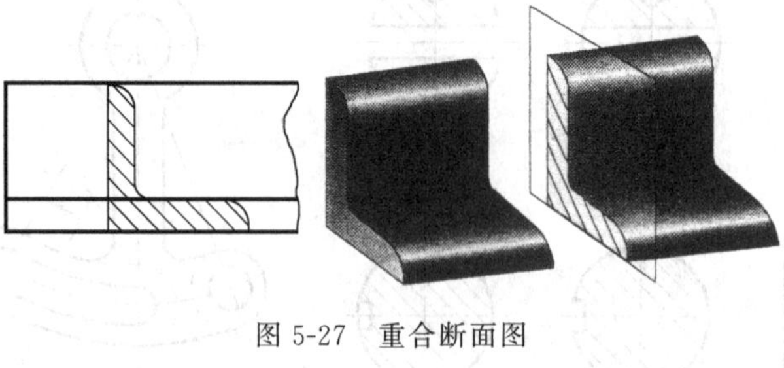

图 5-27　重合断面图

第四节　局部放大图和简化表示法

一、局部放大图（GB/T 4458.1—2002）

当按一定比例画出机件的视图时，其上的细小结构常常会表达不清，且难以标注尺寸。此时可局部地另行画出这些结构的放大图，如图 5-28。这种将机件的部分结构，用大于原图形所采用的比例画出的图形称为局部放大图。局部放大图可画成视图，也可画成剖视图或断面图，它与被放大部分的表示法无关。

局部放大图应尽量配置在被放大部位的附近。绘制局部放大图时，除螺纹牙型、齿轮和

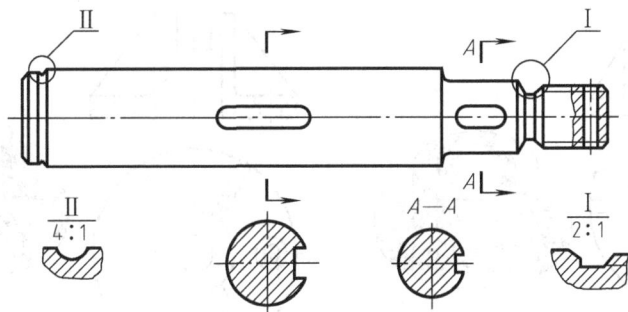

图 5-28 局部放大图

链轮的齿形外，应用细实线圈出被放大部位，如图 5-28 所示。当同一机件上有几处被放大时，应用罗马数字编号，并在局部放大图上方标注出相应的罗马数字和所采用的比例，如图 5-28，当仅有一处被放大时，只需标注所采用的比例。

二、简化画法（GB/T 16675.1—1996、GB/T 4458.1—2002）

为提高设计制图的效率和图样的清晰度，绘图时可采用国标规定的简化表示法。现介绍几种常用的简化画法。

① 较长的机件（轴、杆、型材等）沿长度方向的形状一致或按一定规律变化时，可采用断裂画法，其断裂边界可用波浪线、双折线或细双点画线绘制，如图 5-29。

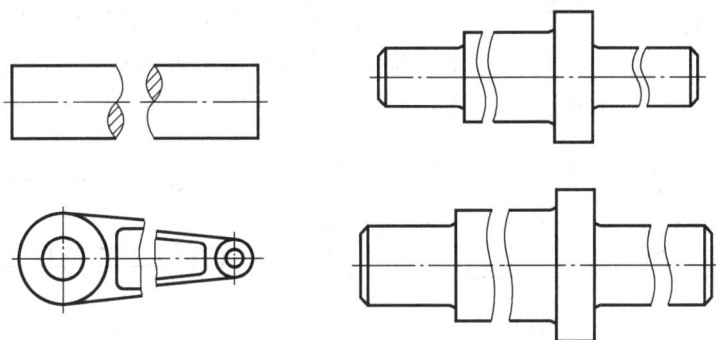

图 5-29 断裂画法

② 为减少视图数，可用细实线画出对角线来表示回转体零件上的平面，如图 5-30。

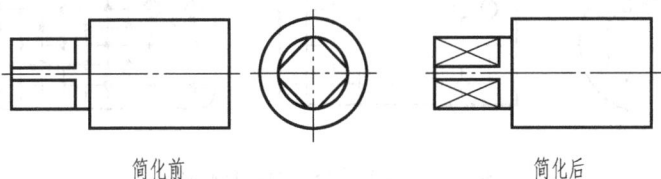

简化前   简化后

图 5-30 回转体上平面的简化画法

③ 纵向剖切机件上的肋、轮辐及薄壁等结构时，这些结构都不画剖面符号，而用粗实线将它与其邻接部分分开。当回转体机件上均匀分布的肋、轮辐和孔等结构不处于剖切平面上时，可将这些结构旋转到剖切平面上画出，如图 5-31。

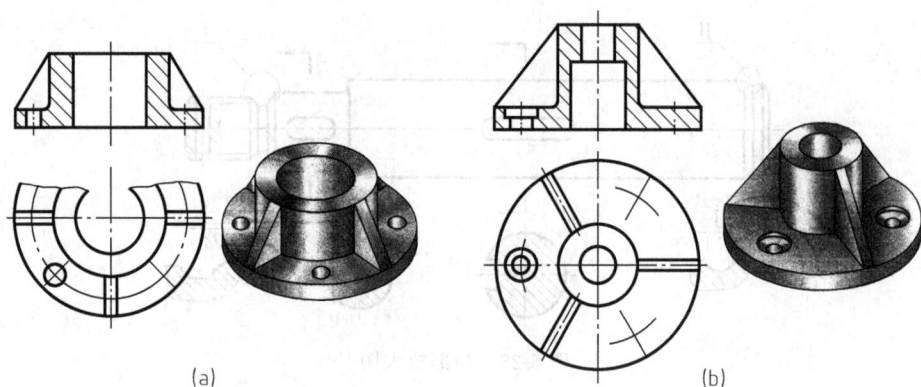

(a)　　　　　　　　　　　　　(b)

图 5-31　肋、孔结构均布时的画法

④ 在不致引起误解的情况下，剖面区域内的剖面符号可省略不画，如图 5-32。

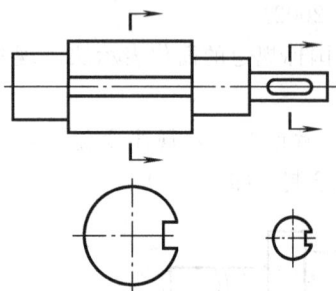

图 5-32　省略剖面符号的画法

⑤ 机件上成规律分布的重复结构，允许只绘出其中一个或几个完整结构，并反映其分布情况。除已有规定者（如齿轮等）外，对称的重复结构用细点画线表示其位置，如图 5-33（a），不对称的重复结构则用相连的细实线表示，如图 5-33（b）。

⑥ 若干直径相同且成规律分布的孔，可仅画出一个或几个，其余只需用细点画线或小圆表示其中心位置，如图 5-34。

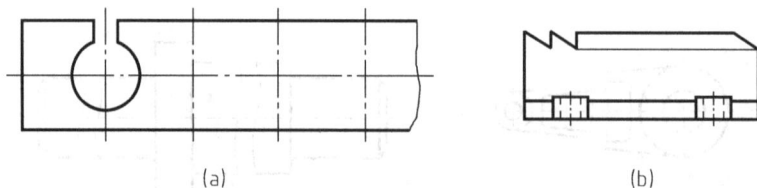

(a)　　　　　　　　　　　　　(b)

图 5-33　重复结构的简化画法

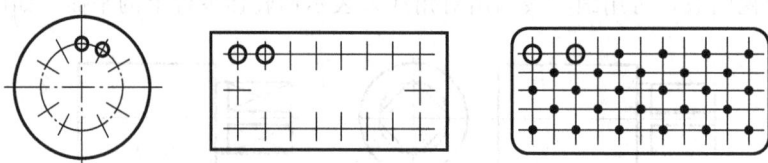

图 5-34　多个等径孔的简化画法

⑦ 在不致引起误解时，图形中用细实线绘制的过渡线，如图 5-35（a）和用粗实线绘制的相贯线，如图 5-35（b）可以用圆弧或直线代替非圆曲线，也可用模糊画法表示相贯线，如图 5-35（c）。

⑧ 滚花等网状结构可用粗实线局部地表示，也可省略不画，如图 5-36。

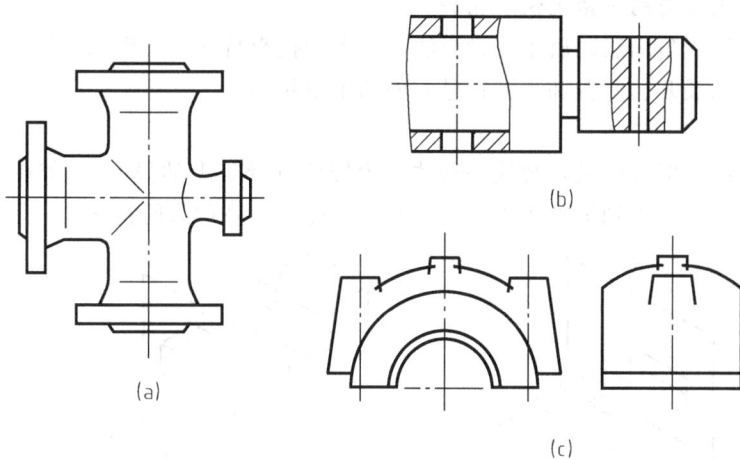

图 5-35　过渡线和相贯线的简化画法

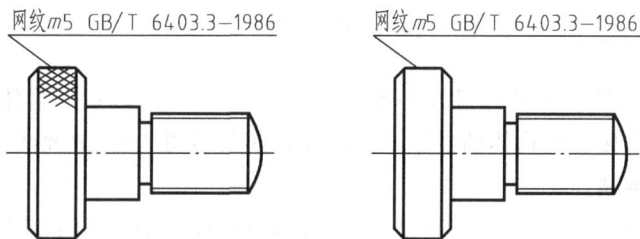

图 5-36　网状结构的简化表示法

第五节　第三角画法（第三角投影）

一、概述

用水平和铅垂的两个投影面，可将空间分成如图 5-37 所示的四个区域，即四个分角。将物体置于第一分角内投射后获得的多面正投影称为第一角投影，又称第一角画法。世界上多数国家（如中、俄、德、英、法等国）采用第一角画法绘制技术图样。

将物体置于第三分角内而获得的多面正投影称为第三角投影，又称第三角画法。美、日、加、澳等国便是采用第三角画法绘制技术图样的。

统一地采用第一角画法绘制机械图样，在中国已实施了半个世纪。考虑到国际上第一、第三角两种画法并存，为便于与国外进行技术交流和合作，中国于 1998 年在 GB/T 17451 中规定："技术图样应采用正投影法绘制，并优先采用第一角画法。"采用第一角画法既被规定为优先方案，当然就不排除其他分角的画法，因此，早在 1993 年的 GB/T 14692 中就曾规定：必要时（如按合同规定等），允许使用第三角画法。将两项标准中的上述规定联系起来，恰好反映了中国现行的投影体制。

第三角画法与第一角画法一样均可投射获得六个基本视图，且在各自的基本视图之间均保持着"长对正，高平齐，宽相等"的投影关系。

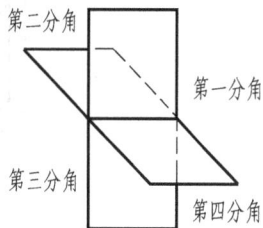

图 5-37　分角及其编号

二、第三角画法与第一角画法的比较

由于第一、第三角画法同属于正投影法，两者的投影特性是一致的。但是，两者在投影顺序、基本视图的展开、配置和识别符号方面却不尽相同。

1. 投射顺序

第一角画法的投射顺序是：视线→物体→投影面（及其上的投影），如图 5-38（a）。此时，人的视线不能直接看到被物体挡住的投影，故此法又被称为间接法。

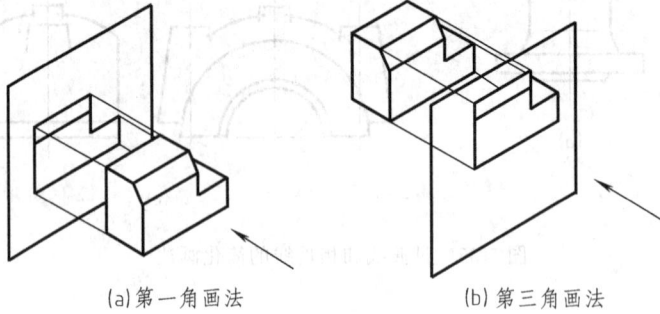

(a)第一角画法　　　　　　(b)第三角画法

图 5-38　第一、第三角画法的投射顺序

第三角画法的投射顺序是：视线→投影面（及其上的投影）→物体，如图 5-38（b）。此时，人的视线可直接看到物体的投影（假设投影面是透明的），故此法又被称为直接法。

2. 基本视图的展开

由于第三角画法采用了与第一角画法不同的投射顺序，因此，六个基本投影面及其上的六个基本视图的展开方法也有别于第一角画法。第三角画法的基本投影面的展开方法如图 5-39 所示。

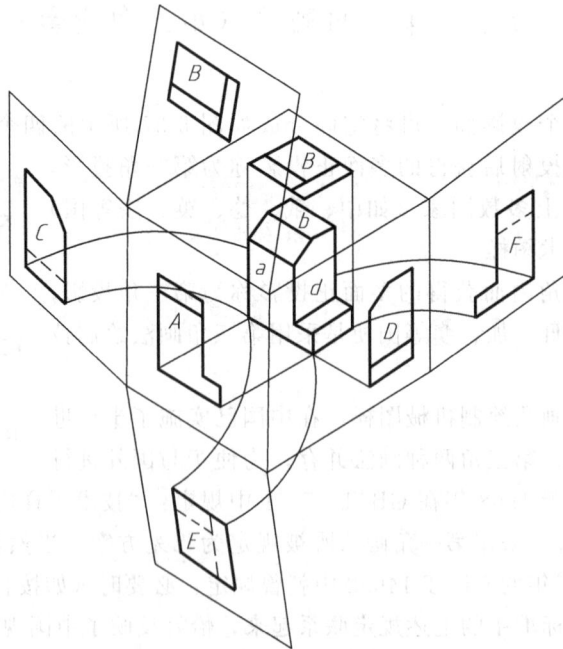

图 5-39　第三角画法的基本投影面展开方法

3. 基本视图的配置

第三角画法的六个基本视图展开后的配置规定与第一角画法的对比如图 5-40 所示。按照国标（GB/T 13361）的规定，第三角与第一角画法的六个基本视图的名称是完全一致的。图 5-40 的（a）、（b）两组视图中，相同名称的视图是用同一字母表示的。

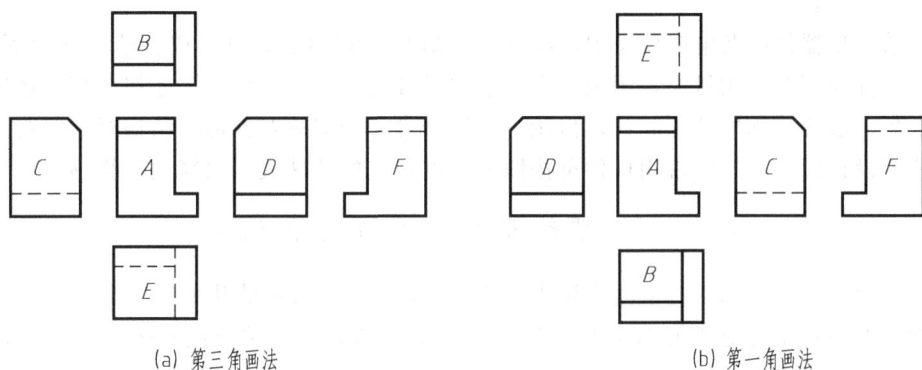

(a) 第三角画法   (b) 第一角画法

图 5-40　第三角、第一角画法的基本视图配置规定

比较图 5-40 中的（a）、（b）两组基本视图不难发现：两种画法的主视图（A）和后视图（F）的图形及其配置方位完全相同，其余各对相同字母表示的视图，则图形相同，互易其位，围绕着主视图（A），恰好是上下易位，左右对调。

4. 识别符号

为便于读图时识别该图样采用第几角画法，国标（GB/T 14692）规定：必要时，可在图样中画出第一角画法的识别符号，如图 5-41（b）；但当采用第三角画法时，则必须在图样中画出第三角画法的识别符号，如图 5-41（a）。

(a) 第三角   (b) 第一角

图 5-41　第三角和第一角画法的识别符号

第六章 机械图样中的特殊表示法

在机械、仪器仪表及电气设备中，经常使用螺栓、螺钉、螺母、键、销、轴承等零件。由于这些零件应用广、用量大，国家标准对这些零件的结构、规格和尺寸作了统一规定，实行了标准化，故统称标准件。此外，齿轮等常用机件，国家只对其部分结构要素实行了标准化。为缩短设计周期，这些常用机件可按国家标准规定的特殊表示法简化地绘制。

第一节 螺纹及螺纹紧固件表示法

螺纹作为机件上的结构要素其应用十分广泛。图 6-1 是常用的几种借助螺纹起连接作用的紧固件。本节将主要地依据 GB/T 4459.1—1995 的规定，介绍螺纹及螺纹紧固件在机械图样中的表示法。

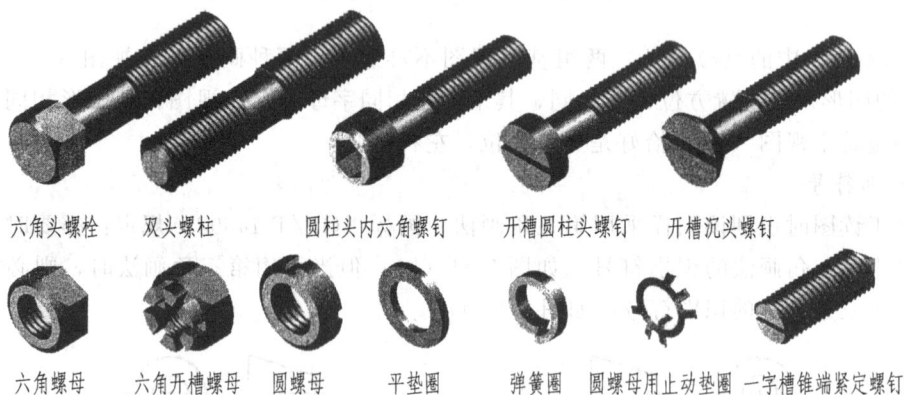

| 六角头螺栓 | 双头螺柱 | 圆柱头内六角螺钉 | 开槽圆柱头螺钉 | 开槽沉头螺钉 |

| 六角螺母 | 六角开槽螺母 | 圆螺母 | 平垫圈 | 弹簧圈 | 圆螺母用止动垫圈 | 一字槽锥端紧定螺钉 |

图 6-1 常用的螺纹紧固件

一、概述

1. 螺纹的形成

螺纹是在圆柱或圆锥表面上，沿着螺旋线所形成的具有规定牙型的连续凸起。当螺纹是在圆柱或圆锥的外表面上形成时，则为外螺纹；反之，在内表面上形成的螺纹则为内螺纹。

形成螺纹的加工方法很多，图 6-2 是常用的几种加工方法。

2. 螺纹要素

为保证一对内外螺纹能正常地旋合，必须使内外螺纹的以下五个要素保持一致。

（1）牙型 是指通过螺纹轴线的断面上的螺纹轮廓形状。螺纹的牙型常见的有三角形、梯形、锯齿形、矩形和圆形，其中矩形螺纹尚未标准化，其余牙型的螺纹一般均为标准螺纹。

（2）直径 与牙型部分有关的螺纹的直径有公称直径、大径、小径、中径、顶径和底径，如图 6-3。

公称直径——是代表螺纹尺寸的直径。内、外螺纹的公称直径分别用字母 D、d 表示。

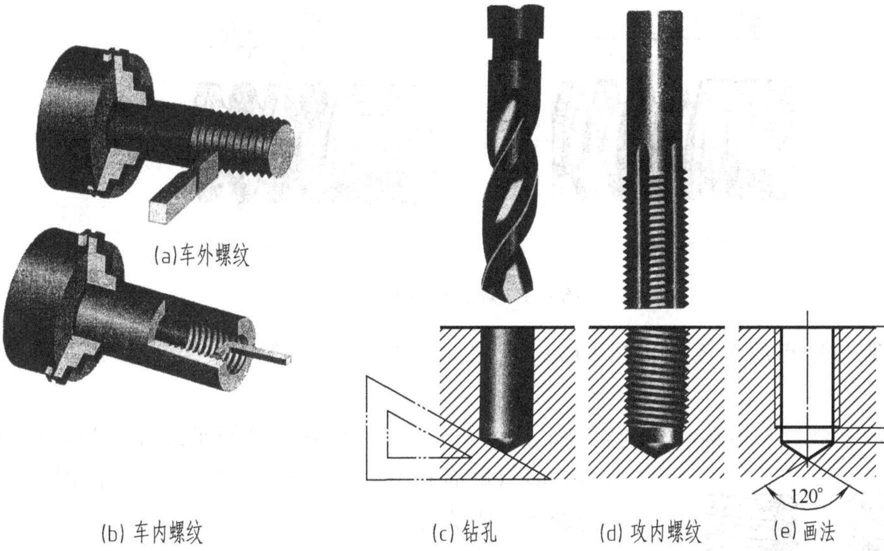

(a)车外螺纹

(b) 车内螺纹　　　　(c) 钻孔　　　　(d) 攻内螺纹　　　　(e) 画法

图 6-2　螺纹的加工方法

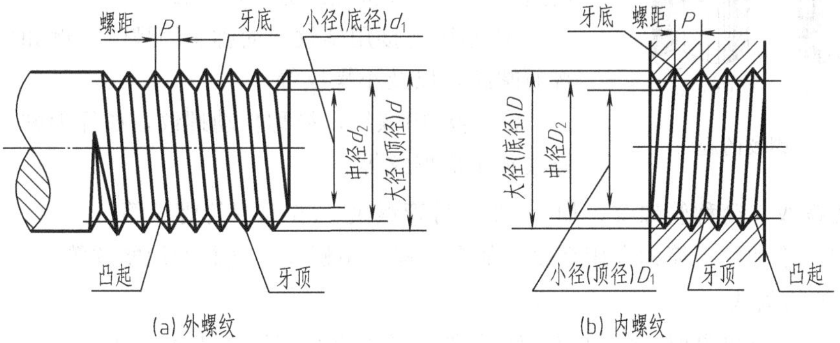

(a) 外螺纹　　　　　　　　　　　(b) 内螺纹

图 6-3　螺纹的直径

大径——是指与外螺纹牙顶或内螺纹牙底相切的假想圆柱或圆锥面的直径。公称直径一般指大径的基本尺寸，故在 GB/T 197—2003 中，将普通螺纹的公称直径又称为基本大径。基本尺寸是设计时选定的。

小径——是指与外螺纹牙底或内螺纹牙顶相切的假想圆柱或圆锥面的直径。普通螺纹中，内、外螺纹的基本小径分别用字母 D_1、d_1 表示。

中径——一个母线通过牙型上沟槽和凸起宽度相等处的假想圆柱或圆锥面的直径。普通螺纹中，内、外螺纹的基本中径分别用字母 D_2、d_2 表示。

此外，外螺纹的大径及内螺纹的小径又可统称为顶径；外螺纹的小径及内螺纹的大径又可统称为底径。

（3）线数　当螺纹是沿一条螺旋线形成时，则该螺纹属单线螺纹；当螺纹是沿两条或两条以上螺旋线形成时，则该螺纹被称为多线螺纹，如双线螺纹、三线螺纹等，如图 6-4。螺旋线的条数称为线数。线数用字母 n 表示。

（4）螺距和导程　螺纹上相邻两牙在中径线上对应两点间的轴向距离 P 称为螺距。在形成螺纹的同一条螺旋线上的相邻两牙在中径线上对应两点间的轴向距离 Ph 称为导程（见

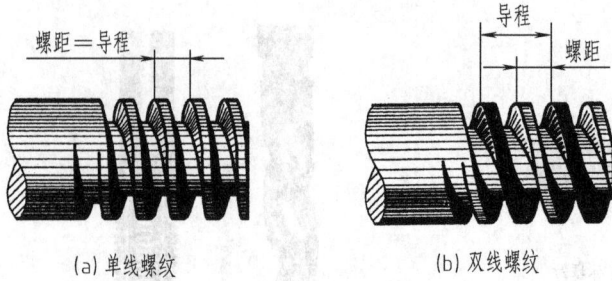

（a）单线螺纹　　　　　（b）双线螺纹

图 6-4　螺纹的线数

图 6-4）。螺距与导程的关系为：$P=Ph/n$。因此，对于单线螺纹（$n=1$），螺距即为导程（$P=Ph$）。

（5）旋向　螺纹有右旋和左旋之分，如图 6-5 所示，将螺纹件铅垂放置，若盘旋的螺纹右边高时（顺时针方向旋入）为右旋，左边高时（逆时针方向旋入）则为左旋。

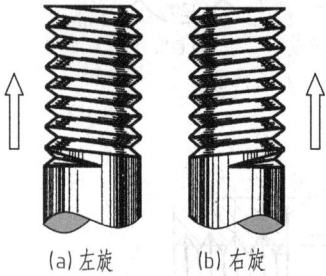

（a）左旋　（b）右旋

图 6-5　螺纹的旋向

3.螺纹分类

螺纹可从各种不同角度对其进行分类，当其按螺纹的用途分类时，可将螺纹分为以下四类。

① 紧固连接用螺纹，简称紧固螺纹，例如应用最广的普通螺纹，以及小螺纹等。

② 传动用螺纹，简称传动螺纹，如梯形螺纹、锯齿形螺纹和矩形螺纹等。

③ 管用螺纹，简称管螺纹，如 55°非密封管螺纹、55°密封管螺纹等。

④ 专门用途螺纹，简称专用螺纹，如自攻螺钉用螺纹、气瓶专用螺纹等。

二、螺纹的画法

① 内、外螺纹可见时，牙顶和牙底分别用粗实线和细实线表示。在平行于螺纹轴线的视图中，表示牙底的细实线应画入倒角或倒圆部分。在垂直于螺纹轴线的视图中，表示牙底的细实线圆只画约 3/4 圈。此时，螺杆或螺孔上的倒角圆不应画出。内、外螺纹的上述画法

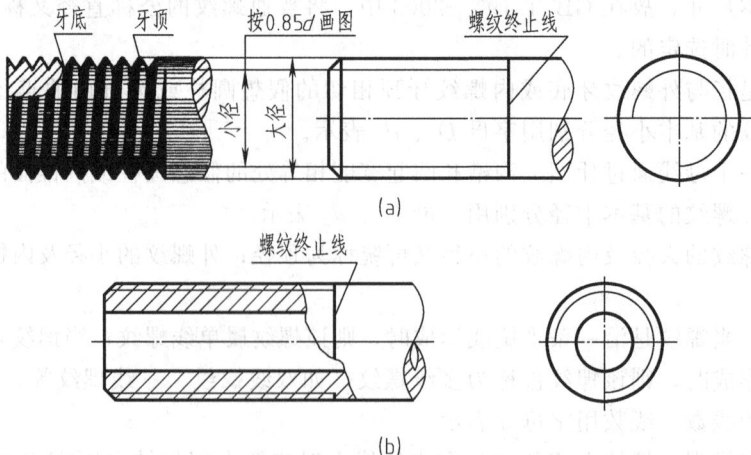

（a）

（b）

图 6-6　外螺纹的画法

规定如图 6-6 和图 6-7。

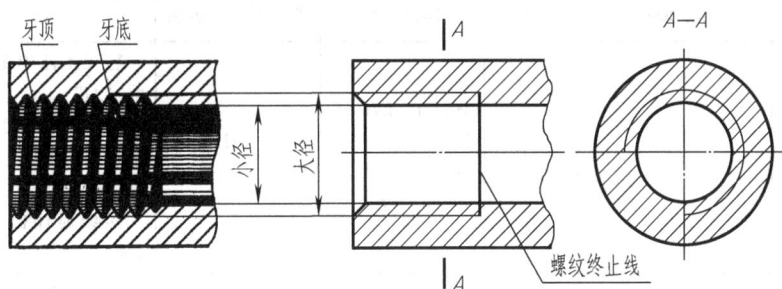

图 6-7　内螺纹的画法

② 不包括螺尾在内的有效螺纹的终止线（简称螺纹终止线）用粗实线表示，如图 6-6 和图 6-7 所示。

③ 不可见螺纹的所有图线均用细虚线绘制，见图 6-8。

④ 在剖视图或断面图中，内、外螺纹的剖面线应画到粗实线，如图 6-6、图 6-7 和图 6-9。

⑤ 绘制不穿通的螺孔时，一般应将钻孔深度与螺纹部分的深度（有效螺纹长度）分别画出，如图 6-2(e)（图中 H 与 b 之差为螺纹公称直径之半）。

图 6-8　不可见螺纹的画法

⑥ 以剖视图表示内外螺纹的连接时，其旋合部分应按外螺纹的画法绘制，其余部分仍按各自的画法表示，如图 6-9 所示。

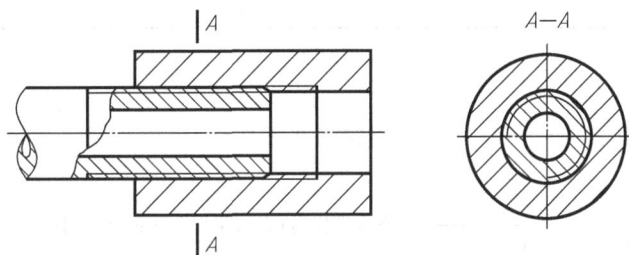

图 6-9　螺纹连接的画法

三、螺纹的标注方法

螺纹按上述画法画出后，对螺纹的具体要求还不明确，因此，还必须将反映螺纹种类、大小等的规定标记在图样中进行标注，并注出螺纹长度。

1. 螺纹的标记规定

螺纹的标记规定如表 6-1。表中，序号 1、2 为紧固螺纹，序号 3 为传动螺纹，序号 4、5 为管螺纹。由表可见，根据各自的螺纹标准规定的各种螺纹的标记方法是不尽相同的。现仅介绍应用最广的普通螺纹的标记规定。

根据 GB/T 197—2003 规定，普通螺纹的完整标记由螺纹特征代号、尺寸代号、公差带代号、旋合长度代号和旋向代号组成。现以一多线的左旋普通螺纹为例，说明其标记中各部分代号的含义及注写规定。

表 6-1　常用标准螺纹的标记方法

序号	螺纹类别		标准编号	特征代号	标记示例	螺纹副标记示例	附　注
1	普通螺纹		GB/T 197—2003	M	$M8\times1$—LH $M8$ $M16\times Ph6P2$ —$5g6g$—L	$M20$—$6H/5g6g$ $M6$	粗牙不注螺距,左旋时尾加"—LH" 中等公差精度(如 6H、6g)不注公差带代号 中等旋合长度不注 N(下同) 多线时注出 Ph(导程)、P(螺距)
2	小螺纹		GB/T 15054.4—1994	S	$S0.8\ 4H5$ $S1.2LH\ 5h3$	$S0.9\ 4H5/5h3$	标记中末位的 5 和 3 为顶径公差等级。顶径公差带位置仅一种,故只注等级不注位置
3	梯形螺纹		GB/T 3796.4—1986	Tr	$Tr40\times7$—$7H$ $Tr40\times14(P7)$ LH—$7e$	$Tr36\times6$ —$7H/7c$	
4	55°非密封管螺纹		GB/T 7307—2001	G	$G1½A$ $G1/2$—LH	$G1½A$	外螺纹公差等级分 A 级和 B 级两种;内螺纹公差等级只有一种。表示螺纹副时,仅需标注外螺纹的标记
5	55°密封管螺纹	圆锥外螺纹	GB/T 7306.1~7306.2—2000	R_1	$R_1 3$	$R_c/R_2 3/4$ $R_P/R_1 3$	R_1:表示与圆柱内螺纹相配合的圆锥外螺纹 R_2:表示与圆锥内螺纹相配合的圆锥外螺纹 内、外螺纹均只有一种公差带,故省略不注。表示螺纹副时,尺寸代号只注写一次
				R_2	$R_2 3/4$		
		圆锥内螺纹		R_C	$R_c1½$—LH		
		圆柱内螺纹		R_P	$R_P½$		

普通螺纹标记示例:

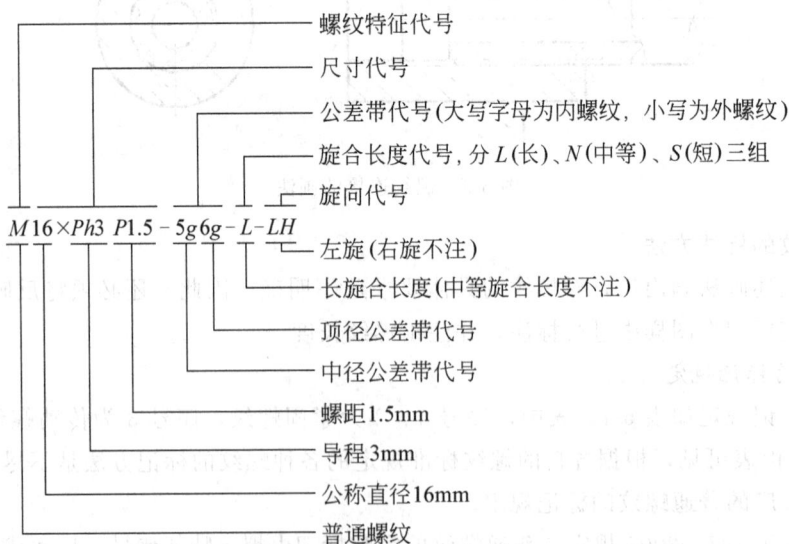

- 螺纹特征代号
- 尺寸代号
- 公差带代号(大写字母为内螺纹,小写为外螺纹)
- 旋合长度代号,分 L(长)、N(中等)、S(短)三组
- 旋向代号

$M16\times Ph3\ P1.5 - 5g6g - L - LH$

- 左旋(右旋不注)
- 长旋合长度(中等旋合长度不注)
- 顶径公差带代号
- 中径公差带代号
- 螺距1.5mm
- 导程3mm
- 公称直径16mm
- 普通螺纹

上述示例是普通螺纹的完整标记,当遇有以下情况时,其标记可以简化。

① 螺纹为单线时,尺寸代号为"公称直径×螺距",此时不必注写 Ph 和 P;当为粗牙

时不注螺距。

② 中径与顶径的公差带代号相同时，只注写一个公差带代号。

③ 最常用的中等公差精度螺纹（公称直径≤1.4mm 的 5H、6h 和公称直径≥1.6mm 的 6H 和 6g）不标注公差带代号。

例如，公称直径为 8mm，细牙，螺距为 1mm，中径和顶径公差带均为 6H 的单线右旋普通螺纹，其标记为 M8×1；若该螺纹为粗牙（P=1.25mm）时，则标记为 M8。

普通螺纹的上述简化标记规定，同样适用于内外螺纹配合（即螺纹副）的标记，示例见表 6-1。

理解表 6-1 的标记规定时，还需注意以下两点。

① 无论何种螺纹，旋向为左旋时均应在规定位置注写"LH"字样；未注"LH"者均指右旋螺纹。

② 各种螺纹标记中，紧随螺纹特征代号之后的数值分两种情况：

序号 1～3 中的该数值是指螺纹的公称直径，单位为 mm；

序号 4～5 中的该数值是螺纹的尺寸代号，无单位，不得称为"公称直径"。

2. 螺纹标记的图样标注

标准螺纹的上述标记，在图样上进行标注时必须遵循 GB/T 4459.1 的规定。

① 公称直径以 mm 为单位的螺纹，其标记应直接注写在大径的尺寸线上，如图 6-10 (a)，或其引出线上如图 6-10(b)、(c)。

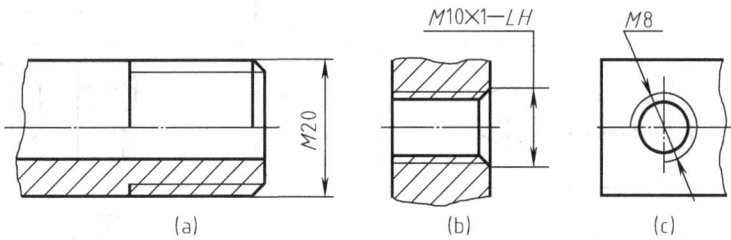

图 6-10　螺纹标记的图样标注（一）

② 管螺纹的标记一律注在引出线上，引出线应由大径处引出，如图 6-11，或由对称中心处引出。

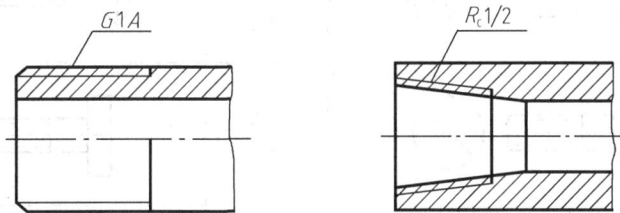

图 6-11　螺纹标记的图样标注（二）

3. 螺纹长度的图样标注

图样中标注的螺纹长度，均指不包括螺尾在内的有效螺纹长度，如图 6-12 中的尺寸 25 和 30。

四、螺纹紧固件在装配图中的画法

螺纹紧固件一般为标准件。由于设计制图时无需绘制标准件的零件图，因此，这里所要

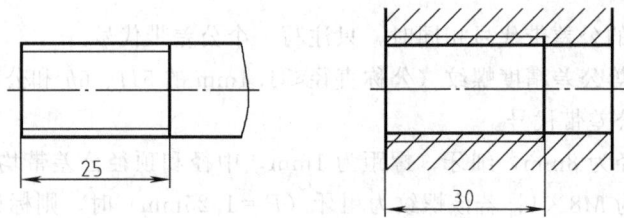

图 6-12 螺纹长度的图样标注

介绍的紧固件画法主要是指它们在装配图中的画法。

1. 画法的基本规定

① 在装配图中，当剖切平面通过螺杆的轴线时，对于螺栓、螺钉、螺母及垫圈等均按未剖切绘制，如图 6-13 和图 6-15。

② 在装配图中，不穿通的螺纹孔可不画出钻孔深度，仅按有效螺纹部分的深度画出，如图 6-15(a)、(c)。

③ 在装配图中，螺纹紧固件的工艺结构，如倒角、退刀槽等均可省略不画，如图 6-13(c) 和图 6-15。

④ 在装配图中，螺栓、螺钉的头部及螺母等可采用表 6-2 中的简化画法。

表 6-2　装配图中螺纹紧固件的简化画法

形　式	简化画法	形　式	简化画法
六角头 （螺栓）		六角开槽 （螺母）	
圆柱头内六角 （螺钉）		蝶形 （螺母）	
无头开槽 （螺钉）		半沉头 十字槽 （螺钉）	
半沉头开槽 （螺钉）		方头 （螺栓）	
盘头开槽 （螺钉）		无头内六角 （螺钉）	
六角 （螺母）		沉头开槽 （螺钉）	

形 式	简 化 画 法	形 式	简 化 画 法
圆柱头开槽 （螺钉）		六角法兰面 （螺母）	
沉头开槽 （自攻螺钉）		沉头十字槽 （螺钉）	
方头 （螺母）			

2. 螺纹紧固件连接的比例画法

在装配体中，零件与零件或部件与部件间常常用螺纹紧固件进行连接，典型的连接形式有三种，即：螺栓连接、螺柱连接和螺钉连接。这里仅介绍螺栓连接和螺钉连接两种连接形式。由于装配图主要是反映零部件之间的装配关系，因此，装配图中的螺纹紧固件不仅可按上述的画法基本规定简化地表示，而且图形中的各部分尺寸也可简便地按比例画法绘制。

（1）螺栓连接　螺栓，配以螺母和垫圈，通常用来连接两个不太厚、且可钻成通孔的零件。图 6-13 是螺栓连接画法。图（a）是连接前的情况；连接画法及其注意点如图（b）所

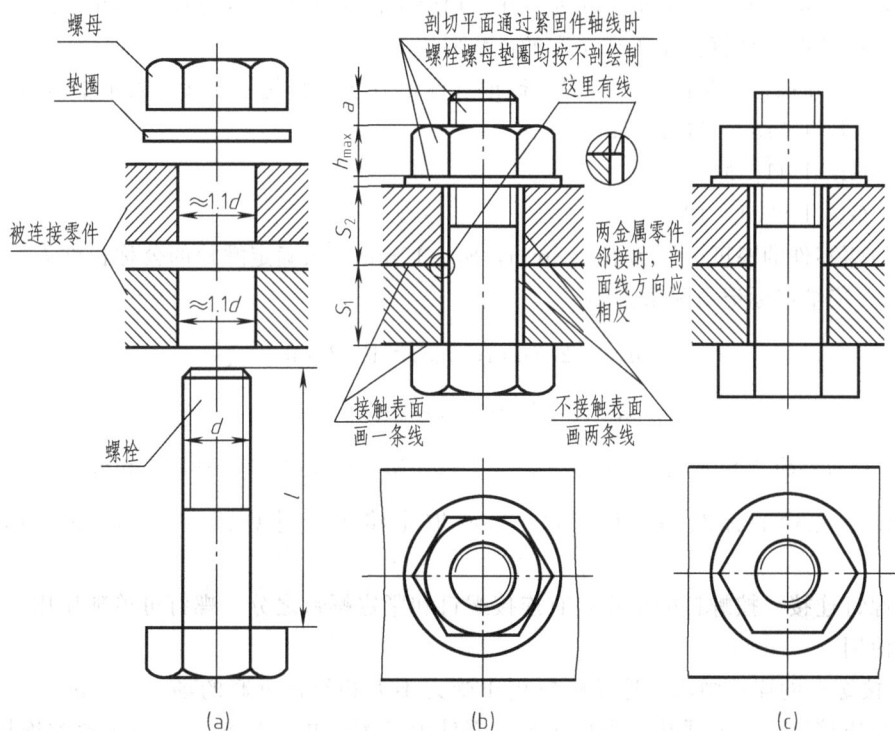

图 6-13　螺栓连接画法

示；图（c）则是按画法基本规定简化地绘制的螺栓连接图。

在绘制螺栓连接图时，螺栓、螺母和垫圈可按图 6-14 绘制。这种画法不仅适用于装配图，必要时也适用于需绘制其零件图的场合。

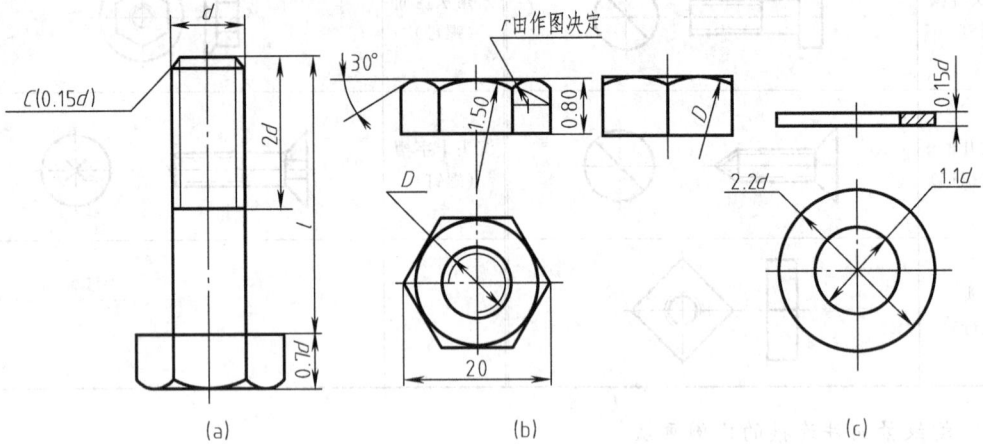

图 6-14　螺栓、螺母和垫圈的比例画法

图 6-13 和图 6-14 的画法均以螺纹的公称直径为主参数，并分别按一定系数的比例画出的，故称为比例画法。比例画法中的主参数 D 或 d 是经受力分析后计算选定的。螺栓的公称长度 l 可按图 6-13(b) 由下式计算：

$$l = S_1 + S_2 + h_{max} + m_{max} + a$$

式中，a 一般可取 $0.3d$，h_{max} 和 m_{max} 可从相应标准中查取。这样计算得出 l 值后，尚需由相应标准中选取与计算值相等或略大的 l 系列值。

[例]　　已知螺栓连接的有关紧固件标记（标记方法及其代号含义见附录中示例）如下：

螺栓　GB/T 5782　$M12 \times l$；

螺母　GB/T 41　$M12$；

垫圈　GB/T 97.1　12。

若被连接的两零件的厚度分别为 $S_1 = 8mm$，$S_2 = 12mm$，试确定螺栓的公称长度 l。

[解]　　按给定标记由附录查知：

$$h_{max} = 2.7mm；\quad m_{max} = 12.2mm$$

并取　　　　　　　　　　$a = 0.3d = 0.3 \times 12 = 3.6mm$

则　　　　$l \geqslant S_1 + S_2 + h_{max} + m_{max} + a = 8 + 12 + 2.7 + 12.2 + 3.6 = 38.5mm$

由附录中螺栓的标准 GB/T 5782—2000 取定略大于计算值 38.5mm 的公称长度 l 为 40mm。

（2）螺钉连接　按螺钉的用途，有连接螺钉和紧定螺钉之分。螺钉可单独使用，也可与垫圈一起使用。

① 连接螺钉的连接画法　连接螺钉用于受力不大和经常拆卸的场合。装配时，将螺钉直接穿过被连接零件上的通孔，再拧入基体零件上的螺孔中，靠螺钉头部压紧被连接零件。图 6-15 是采用比例画法简化地画出的几种常用连接螺钉的连接图。

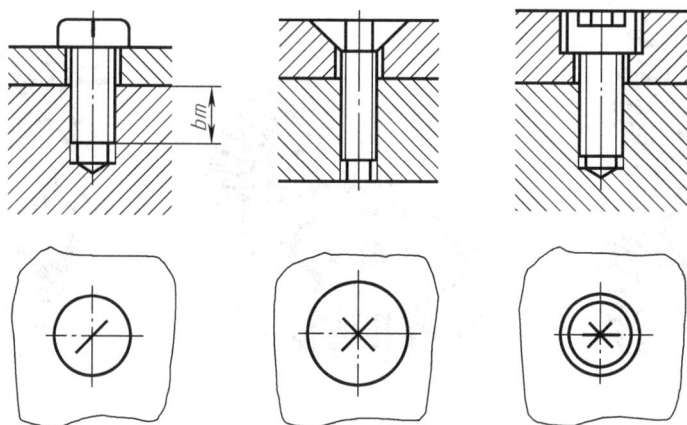

(a) 开槽盘头螺钉连接　　(b) 十字槽沉头螺钉连接　　(c) 内六角圆柱头螺钉连接

图 6-15　连接螺钉的连接画法

在确定螺钉的公称长度 l 时，需先确定螺钉旋入深度 bm。bm 的取值与基体材料有关：当旋入钢或青铜时，$bm=d$；旋入铸铁时，$bm=(1.25\sim1.5)d$；旋入铅合金时，$bm=2d$。

② 紧定螺钉的连接画法　紧定螺钉通常起固定位置的作用，使一零件相对另一零件不致产生位移或脱落现象。图 6-16 中，齿轮在轴上的位置便是用一个锥端紧定螺钉固定的。绘图时，紧定螺钉的上端面一般与旋入处的螺孔口画成齐平。

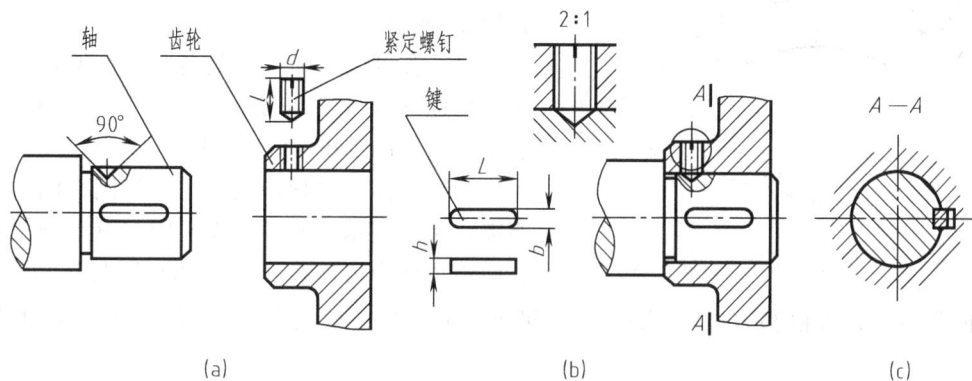

图 6-16　紧定螺钉的连接画法

需要说明的是，图 6-16(b) 所示的装配结构中，紧定螺钉主要是防止齿轮从轴的右端脱落。欲使轴与齿轮能同时负载转动，尚需借助键来传递扭矩。键联结是在轴颈和轮毂上加工出键槽、再装入键来实现的，如图 6-16(c) 所示为普通平键联结普通平键及其键槽的尺寸可由 GB/T 1095～1096—2003 中查取。

第二节　齿轮表示法

齿轮在机电设备及仪器仪表中的应用十分广泛。它除了被用于传递动力外，还可用来变速、换向及计数。图 6-17 是齿轮传动中常见的三种类型。

齿轮的齿廓曲线有多种，应用最广的齿廓曲线为渐开线。图 6-17 所示的三种类型的齿轮传动中，应用较多的是圆柱齿轮。圆柱齿轮又可分为直齿、斜齿和人字齿三种齿轮。本节

(a) 圆柱齿轮　　　　　　　　(b) 锥齿轮　　　　　　　　(c) 蜗杆与蜗轮

图 6-17　常见的齿轮传动

主要根据 GB/T 4459.2—2003 的规定，介绍直齿渐开线圆柱齿轮的画法。

一、圆柱齿轮的几何要素及其尺寸关系

现以标准的直齿渐开线圆柱齿轮为例来说明其各部分的几何要素，如图 6-18 及其尺寸关系。

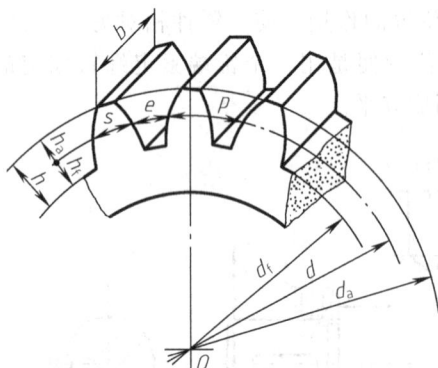

图 6-18　齿轮各部分的名称及代号

（1）齿顶圆　是指通过轮齿顶部的圆，其直径用 d_a 表示。

（2）齿根圆　是指通过轮齿根部的圆，其直径用 d_f 表示。

（3）分度圆　是一个约定的假想圆，在该圆上，齿厚（s）等于齿槽宽（e）。分度圆直径用 d 表示。这里的 s 和 e 均指弧长。

（4）齿高　是指齿顶圆与齿根圆之间的径向距离，用 h 表示。其中，齿顶圆与分度圆之间的径向距离称为齿顶高（h_a），齿根圆与分度圆之间的径向距离称为齿根高（h_f）。由图 6-18 可见，h 与 h_a、h_f 之间显然有 $h = h_a + h_f$ 的尺寸关系。

（5）齿距　是指两个相邻而同侧的齿廓之间的分度圆弧长。齿距用 P 表示。

（6）模数　设齿轮的齿数为 z，显然，分度圆的周长 $\pi d = ZP$，则 $d = \dfrac{P}{\pi} Z$。为方便计算和测量，令 $m = \dfrac{P}{\pi}$，并使其标准化，如表 6-3 所示。这里的 m 称为模数。于是，$d = mz$。

表 6-3　渐开线圆柱齿轮模数系列（GB/T 1357—1987）　　　　　　　　　　mm

第一系列	1　1.25　1.5　2　2.5　3　4　5　6　8　10　12　16　20　25　32　40　50
第二系列	1.75　2.25　2.75　(3.25)　3.5　(3.75)　4.5　5.5　(6.5)　7　9　(11)　14　18　22　28　36　45

注：选用模数时，应优先选用第一系列，括号内的模数尽可能不用。

模数是齿轮设计、加工中十分重要的参数，对齿数 z 相同的齿轮模数大，轮齿就大，则齿轮的承载能力就增大。

104

（7）齿形角　是指通过齿廓曲线上与分度圆的交点所作的切线与径向所夹的锐角，如图 6-19 中的 α 角。根据 GB/T 1356—2001 的规定，中国采用的标准齿形角 α 为 20°。

一对相配齿轮的模数 m 和齿形角 α 相等，则两者才能正确啮合。

渐开线圆柱齿轮各几何要素之间的尺寸关系按表 6-4 计算。

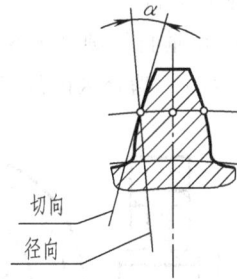

图 6-19　齿形角

二、单个圆柱齿轮的画法

齿轮上的轮齿是多次重复出现的结构要素，为简化制图，可按 GB/T 4459.2—2003 的规定绘制。该标准主要是对齿轮轮齿部分的画法规定，轮齿以外的轮辐、轮毂部分则仍按第五章介绍的基本表示法绘制。

表 6-4　渐开线直齿圆柱齿轮各几何要素的尺寸计算

名　称	代　号	计　算　公　式
齿顶高	h_a	$h_a = m$
齿根高	h_f	$h_f = 1.25m$
齿高	h	$h = 2.25m$
分度圆直径	d	$d = mz$
齿顶圆直径	d_a	$d_a = m(z+2)$
齿根圆直径	d_f	$d_f = m(z-2.5)$
中心距	a	$a = \dfrac{1}{2}(d_1 + d_2) = \dfrac{1}{2}m(z_1 + z_2)$

如图 6-20，单个圆柱齿轮画法的具体规定如下。

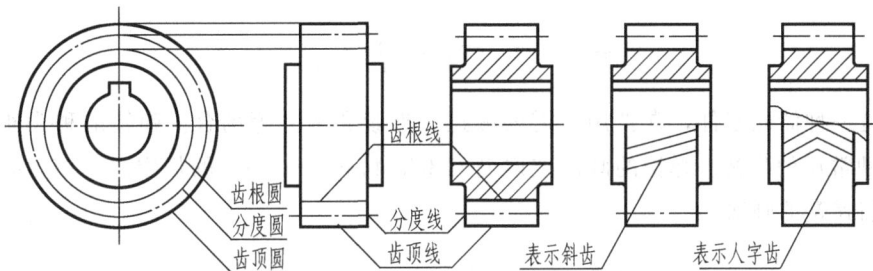

图 6-20　圆柱齿轮的画法

① 齿顶圆和齿顶线用粗实线绘制。

② 分度圆和分度线用细点画线绘制。

③ 齿根圆和齿根线用细实线绘制，可省略不画；在剖视图中，齿根线用粗实线绘制。

④ 在剖视图中，无论齿数为奇数或偶数，轮齿部分一律按不剖处理。

⑤ 斜齿和人字齿的圆柱齿轮，可用三条与齿线一致的细实线表示。齿线是指分度圆柱面与齿面的交线。

三、齿轮副的啮合画法

组成齿轮副的两个齿轮的啮合画法，关键是啮合区的画法，其余部分则仍按单个齿轮的画法规定绘制。

① 在垂直于圆柱齿轮轴线的投影面的视图中，啮合区内的齿顶圆均用粗实线绘制，如图 6-21(a)。啮合区内的齿顶圆也可省略不画，如图 6-21(b)。

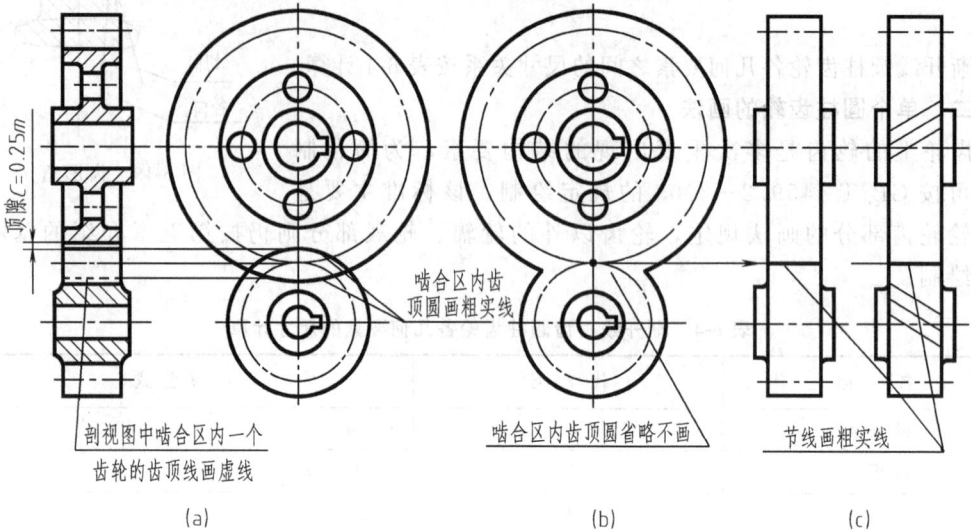

图 6-21　圆柱齿轮的啮合画法

② 在平行于圆柱齿轮轴线的投影面的外形视图中，啮合区的齿顶线不需画出，只需在两分度圆柱面相切处画一条粗实线，如图 6-21(c)。

③ 当剖切平面通过两啮合齿轮的轴线时，在啮合区内，将一个齿轮的轮齿用粗实线绘制，另一个齿轮的轮齿被遮挡的部分用细虚线绘制如图 6-21(a)，该细虚线也可省略不画。

第三节　弹簧表示法

弹簧是一种储能零件，常被用于需要减振、夹紧和测力等场合。弹簧的种类很多，图 6-22 是几种常用的弹簧。弹簧的画法应遵循 GB/T 4459.4—2003 的规定。本节主要介绍圆柱螺旋压缩弹簧的画法。

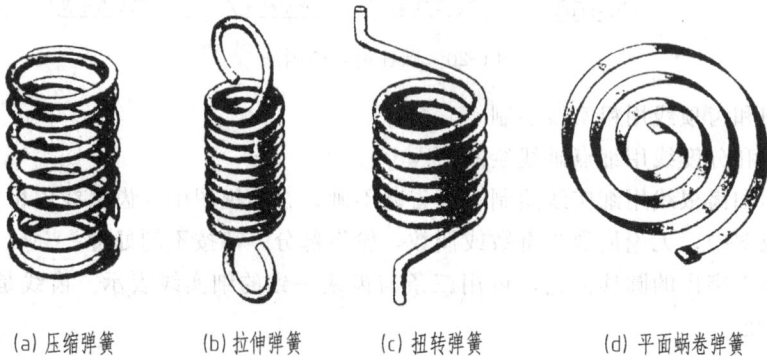

(a) 压缩弹簧　　(b) 拉伸弹簧　　(c) 扭转弹簧　　(d) 平面蜗卷弹簧

图 6-22　常用弹簧

一、弹簧的画法规定

圆柱螺旋压缩弹簧的画法见图 6-23，具体规定如下。

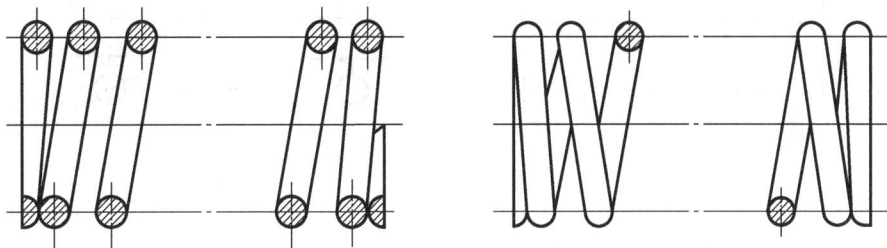

图 6-23　圆柱螺旋压缩弹簧的画法

① 在平行于弹簧轴线的视图中，各圈的轮廓应画成直线。

② 左旋和右旋弹簧均可画成右旋，但必须保证的旋向要求应在"技术要求"中注明。

③ 有效圈数在四圈以上的弹簧，其中间部分可省略，并允许适当缩短其图形的长度。

二、装配图中的弹簧画法规定

在装配图中，圆柱螺旋压缩弹簧的画法，可根据钢丝直径的大小及装配体内的结构情况选择下列不同的画法：

① 被弹簧挡住的结构一般不画出，可见部分与被挡住部分可以钢丝中心线为界，如图 6-24(a) 所示。

② 弹簧的钢丝直径在图形上小于等于 2mm、且被剖切时，可用涂黑表示，如图 6-24(b)；也允许用图 6-24(c) 和（d）所示的示意图形式表示，其中图（d）一般用于弹簧内部有零件的场合。

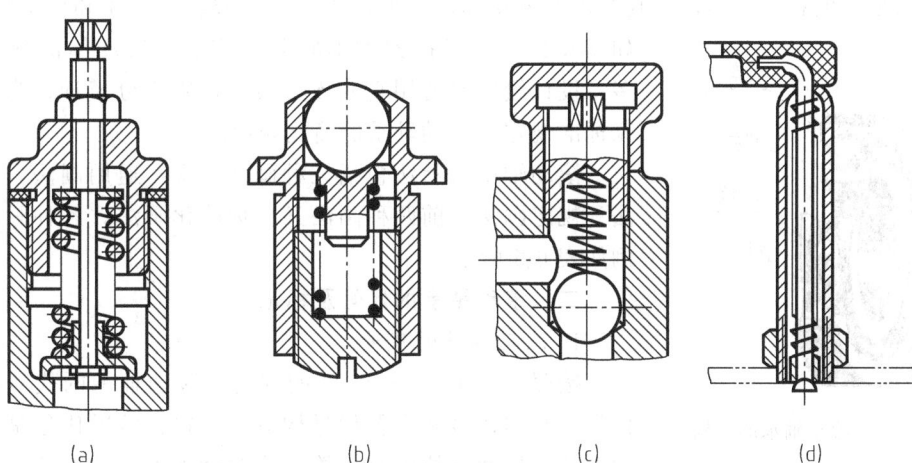

(a)　　　　　　(b)　　　　　　(c)　　　　　　(d)

图 6-24　装配图中的弹簧画法

三、弹簧的画法步骤

对于两端并紧且磨平的螺旋压缩弹簧，不论其两端并紧时形成的支承圈的圈数（N_z）是多少，均可按图 6-23 的形式绘制，其画法步骤如图 6-25 所示，图中（d）为弹簧中径，H。为自由高度（长度），t 为节距。

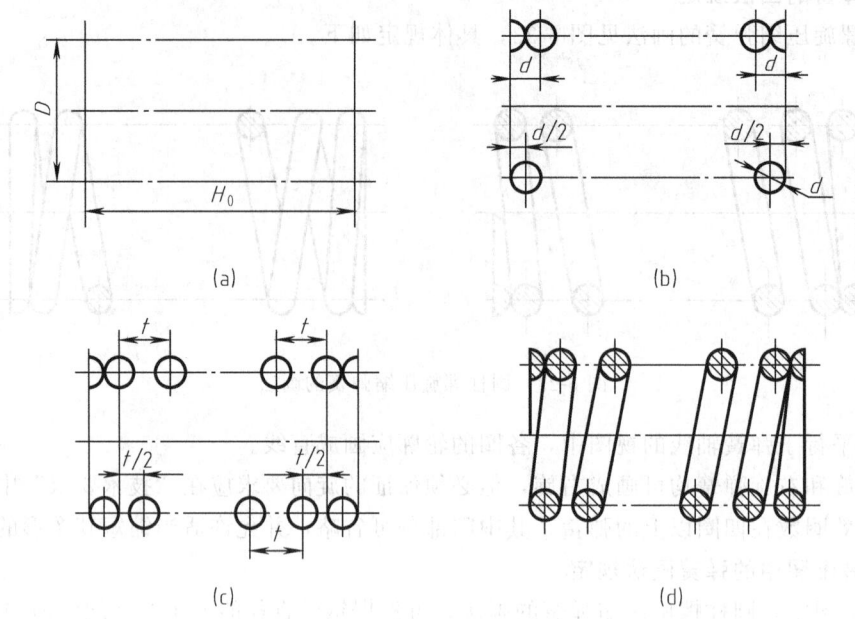

(a)

(b)

(c)

(d)

图 6-25　圆柱螺旋压缩弹簧的画图步骤

第四节　滚动轴承表示法

在机器中，滚动轴承是用来支承轴的标准部件。由于它可以极大地减少轴与孔相对旋转时的摩擦力，具有机械效率高、结构紧凑等优点，因此，它的应用极为广泛。

一、滚动轴承表示法（GB/T 4459.7—1998）

滚动轴承的种类繁多，但其结构大体相同，一般由外圈、内圈、滚动体和保持架组成，

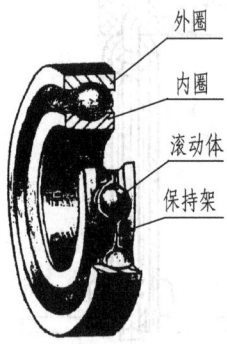

外圈

内圈

滚动体

保持架

图 6-26　滚动轴承的结构

如图 6-26。因保持架的形状复杂多变，滚动体的数量又较多，设计绘图时若用真实投影表示，则十分繁琐，为此，国家标准规定了滚动轴承的简化表示法。

滚动轴承表示法包括三种画法，即：通用画法，特征画法和规定画法。前两种画法又合称简化画法，各种画法的示例如表 6-5 所示。

二、滚动轴承的代号及标记

1. 滚动轴承的代号

按照 GB/T 273—1993 的规定，滚动轴承的代号由前置代号、基本代号和后置代号构成。前置、后置代号是轴承结构形状、尺寸和技术要求等有改变时添加的补充代号。补充代号的规定可由该国标中查知。

轴承的基本代号由类型代号、尺寸系列代号和内径代号组成。基本代号最左边的一位数字（或字母）为类型代号，如表 6-6；接着是尺寸系列代号，它由宽度和直径系列代号组成，具体可由 GB/T 272 中查取；最后是内径代号，当内径≥20mm 时，则该代号为公称内径除以 5 的商数，其商为个位时，则十位上应注写"0"；当内径＜20mm 时，则内径代号另有规定。

表 6-5　常用滚动轴承的表示法

轴承类型	结构型式	通用画法	特征画法	规定画法	承载特性
		（均指滚动轴承在所属装配图的剖视图中的画法）			
深沟球轴承 （GB/T 276 —1994） 60000 型	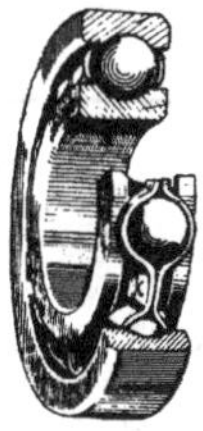		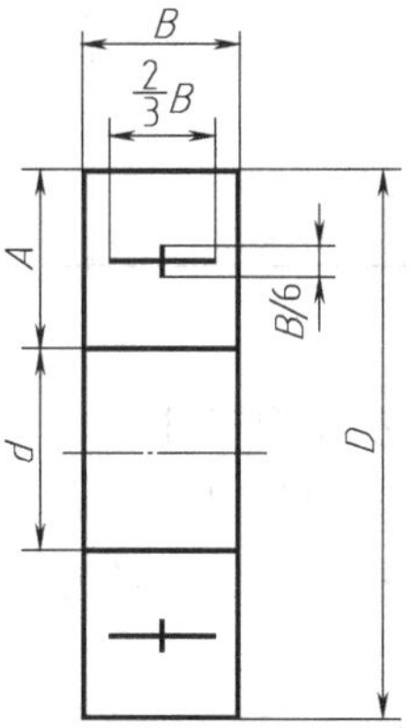	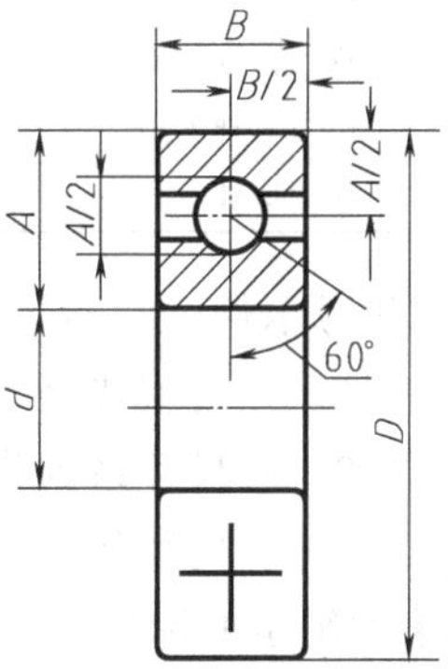	主要承受径向载荷
圆锥滚子轴承 （GB/T 297 —1994） 30000 型	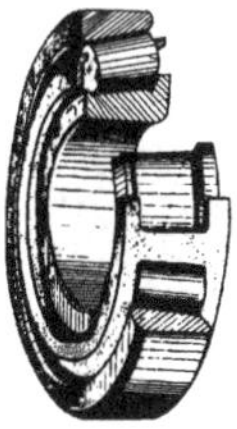	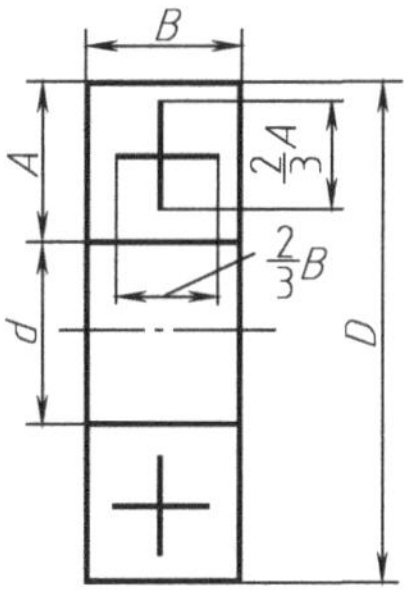	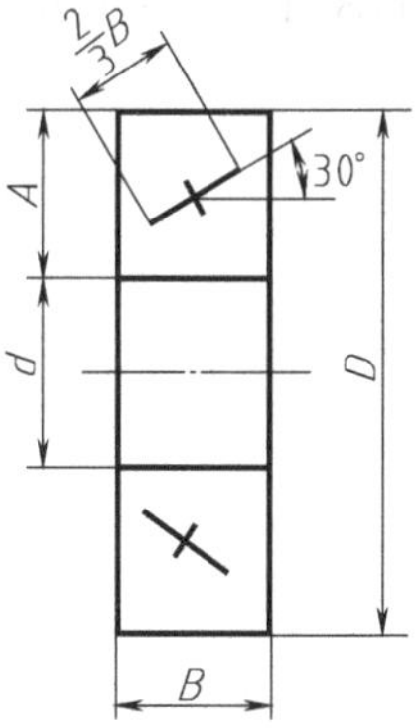	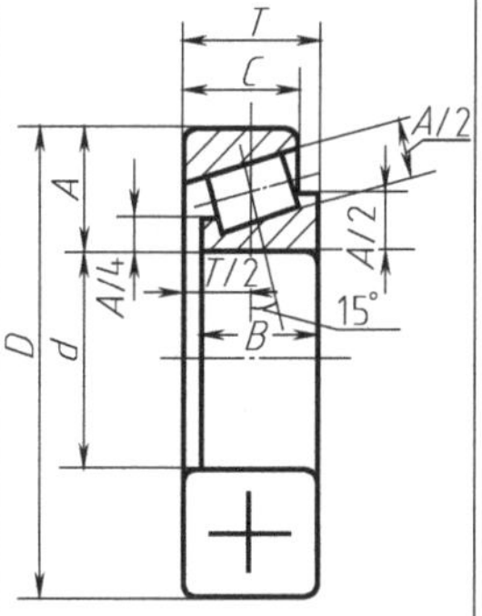	可同时承受径向和轴向载荷
推力球轴承 （GB/T 301 —1995） 51000 型	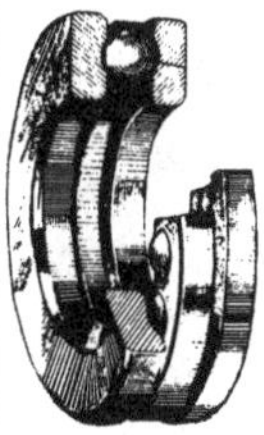		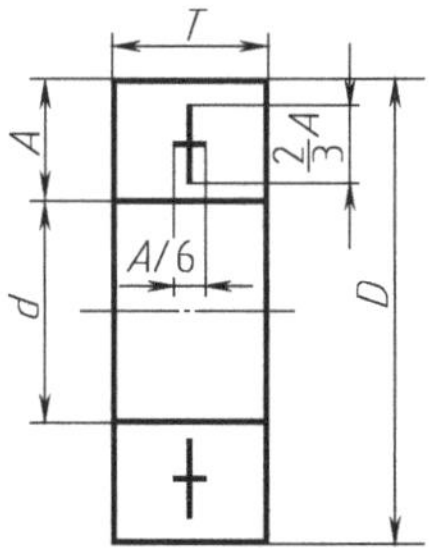	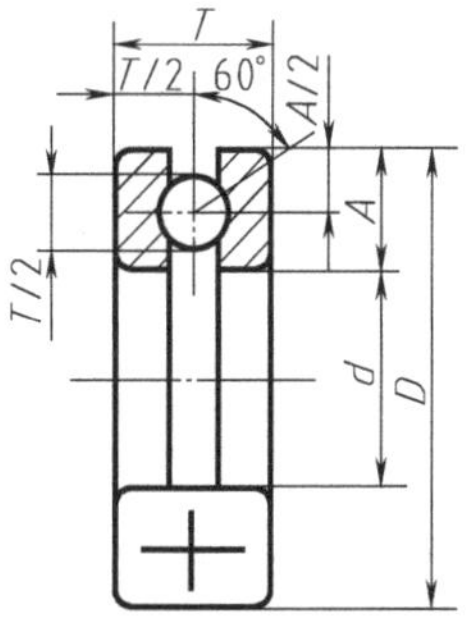	承受单方向的轴向载荷
三种画法的选用		当不需要确切地表示滚动轴承的外形轮廓、承载特性和结构特征时采用	当需要较形象地表示滚动轴承的结构特征时采用	滚动轴承的产品图样、产品样本、产品标准和产品使用说明书中采用	

109

表 6-6　滚动轴承类型代号（摘自 GB/T 272—1993）

代　号	轴　承　类　型	代　号	轴　承　类　型
0	双列角接触球轴承	7	角接触球轴承
1	调心球轴承	8	推力圆柱滚子轴承
2	调心滚子轴承和推力调心滚子轴承	N	圆柱滚子轴承
3	圆锥滚子轴承		双列或多列用字母 NN 表示
4	双列深沟球轴承	U	外球面球轴承
5	推力球轴承	QJ	四点接触球轴承
6	深沟球轴承		

基本代号示例：6204

其中：6——类型代号，表示深沟球轴承

2——尺寸系列代号"02"，"0"为宽度系列代号，可省略，"2"为直径系列代号

04——内径代号，表示该轴承内径为 $4 \times 5 = 20$mm "0"仅用作补齐十位的位数

2. 滚动轴承的标记

根据各类轴承的相应标准规定，轴承的标记由三部分组成，即

滚动轴承标记：　| 轴承名称 |　| 轴承代号 |　| 标准编号 |

标记示例：滚动轴承 6210 GB/T 276—1994

第七章 零 件 图

表达零件结构形状、大小及技术要求的图样，叫做零件图，它是加工制造，检验零件是否合格的依据。

一张完整的零件图，一般应当包括以下几项内容，如图 7-1 所示。

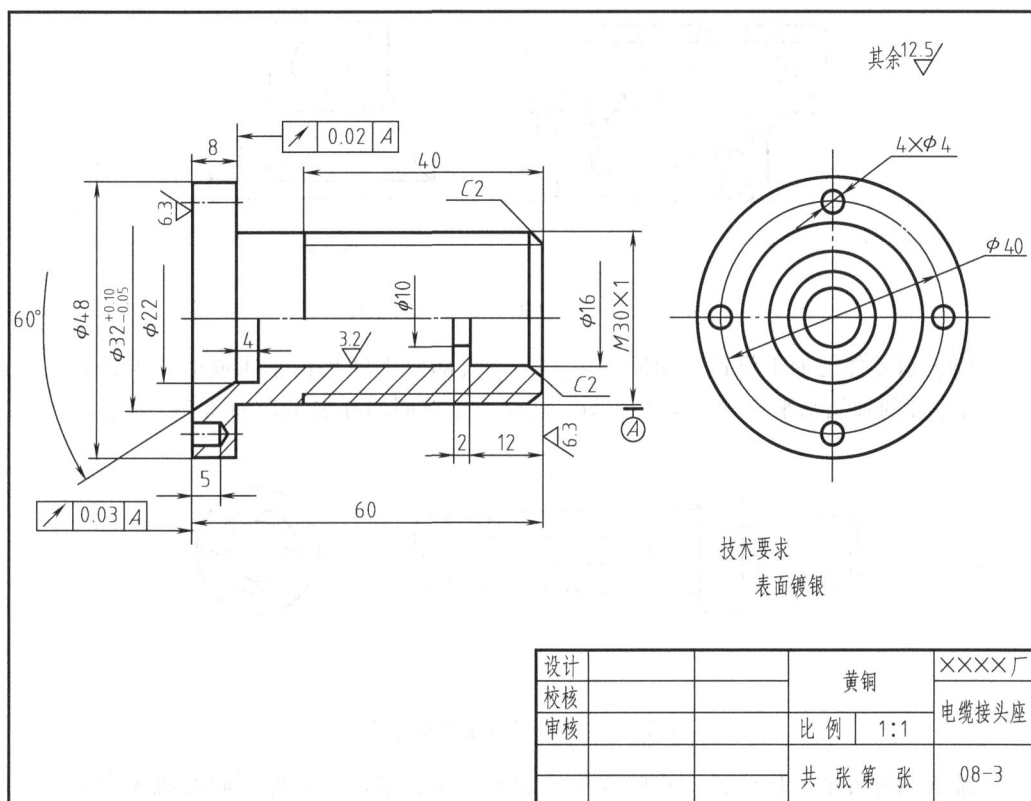

图 7-1 电缆接头座的零件图

（1）图形 用适当的表示法，将零件各部分结构和形状完整而清晰地表达出来的一组图形。

（2）尺寸 能够确定零件形状、结构大小和相对位置的全部尺寸。

（3）技术要求 用规定代号或文字注写零件在制造、检验和使用时应达到的各项技术指标。

（4）标题栏 说明零件名称、材料、图样代号、比例、日期以及必要的签署等内容。

第一节 零件图的视图选择及表达方案

绘制技术图样时，应首先考虑读图方便。根据零件的结构特点，选用适当的表示法。在完整、清晰地表示零件形状的前提下，力求制图简便。要达到这些要求，关键在于分析零件的结构特点，选择好主视图，并进而确定一个较好的表达方案。

一、主视图的选择

主视图是表达零件最主要的一个视图，它将影响其他视图的配置和数量，并关系到画图、读图是否方便等问题，所以主视图的选择一定要慎重。具体地说，一般应从以下三个方面来考虑。

① 能表示零件的结构形状特征。选择主视图时，应将最能显示零件各组成部分的形状和相对位置特征的方向作为主视图投射方向。如图 7-2 所示的机床尾架，以图（a）作为主视图，其表达效果明显要比以图（b）作为主视图好。

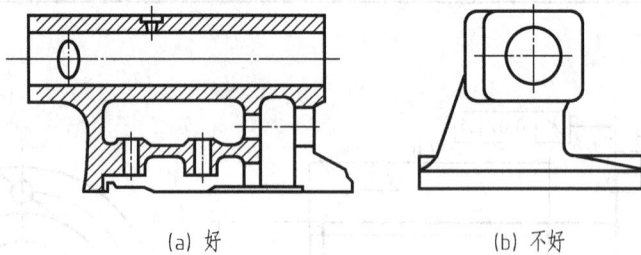

|(a) 好|(b) 不好|

图 7-2　确定主视图投射方向的比较

② 能表示零件的加工位置。如回转体类零件大部分工序是在车床或磨床上进行，因此通常应将零件的轴线水平放置来画主观图，这样便于对照图样加工，如图 7-3 所示。

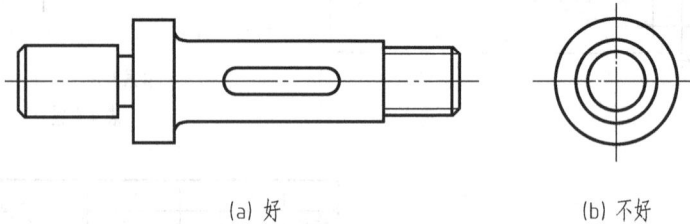

|(a) 好|(b) 不好|

图 7-3　轴类零件的主视图选择

③ 能表示零件的工作位置。有些零件的加工工序较多，在各种不同的机床上加工，装夹位置经常变化。对于这类零件可选择零件在机器中的工作位置作为主视图的投射方向。如图 7-4 所示。

二、其他视图的选择

主视图确定后，选择其他视图要力求"少而精"。即用较少的视图，反映主视图尚未表达清楚的结构形状。具体选择时，应注意以下几点。

① 零件的主要组成部分，应优先考虑选用基本视图以及在基本视图上作剖视。

② 根据零件的复杂程度和内外结构，全面地考虑所需要的视图数量，使每个视图各有其表达的重点。

③ 尽量少用虚线来表达零件的结构形状。只有

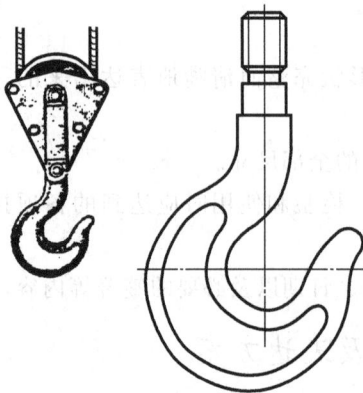

图 7-4　吊钩的工作位置

当不影响视图清晰又能减少视图数量时，才可以用少量细虚线。

三、零件图的表达方案

零件在机器中的作用不同，其结构形状也各不相同。因此，零件图的表达方案也必须随之而变。现将零件大致地分为回转类、非回转类和特殊类型三种情况，分析其表达方案的特点。

1. 回转类零件

回转体类零件包括轴、套、轮、盘等。这类零件的主要结构是由回转体构成，根据其作用不同，其上还有一些其他结构，如肋、轮辐、键槽、销孔、螺纹等结构要素。这类零件的加工，主要是在车床、磨床上进行，所以，这类零件的主视图通常将其轴线水平放置，加工时便于操作者读图。根据其结构不同，可选用剖视图、断面图、局部视图和局部放大图等表示。如图 7-5 所示为轴的零件图。

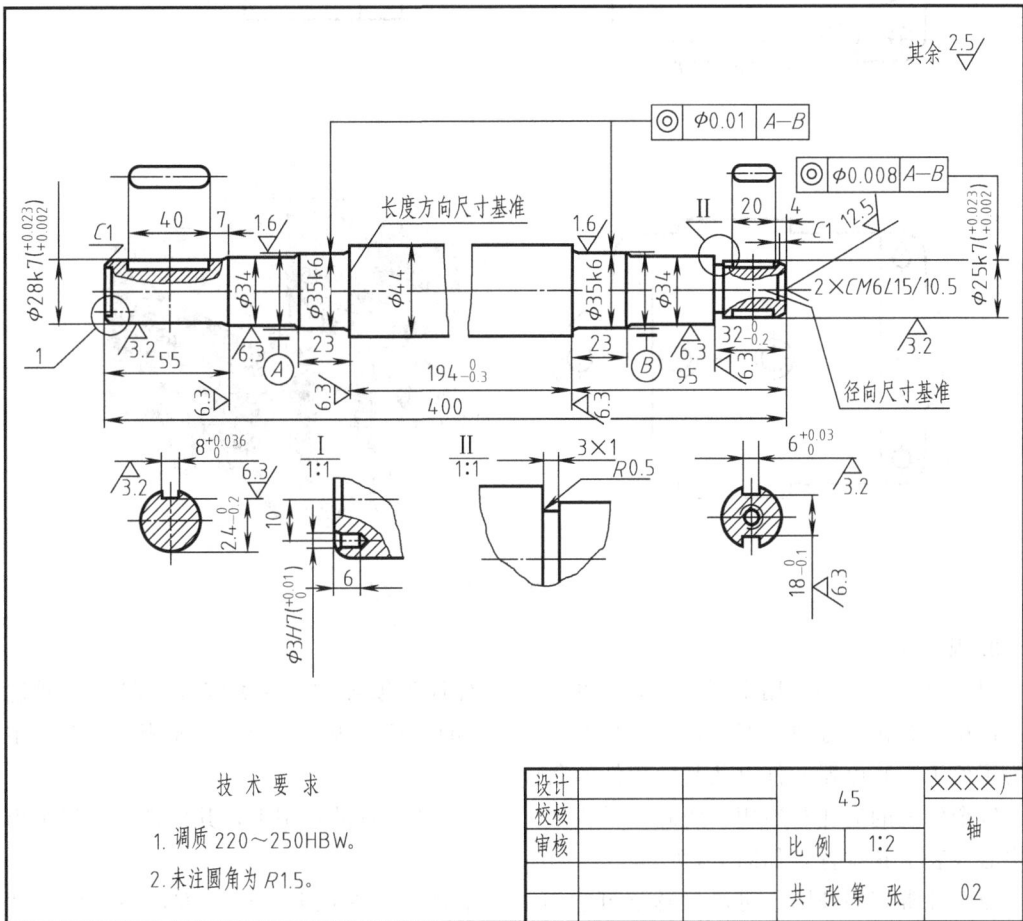

图 7-5　铣刀头中阶梯轴的零件图

2. 非回转类零件

这类零件种类繁多，包括叉架、箱体等。它们的结构形状一般都比较复杂，很不规则。这类零件的加工位置多变，因此，在选择主视图时，主要考虑形状特征或工作位置。如图7-6 所示。

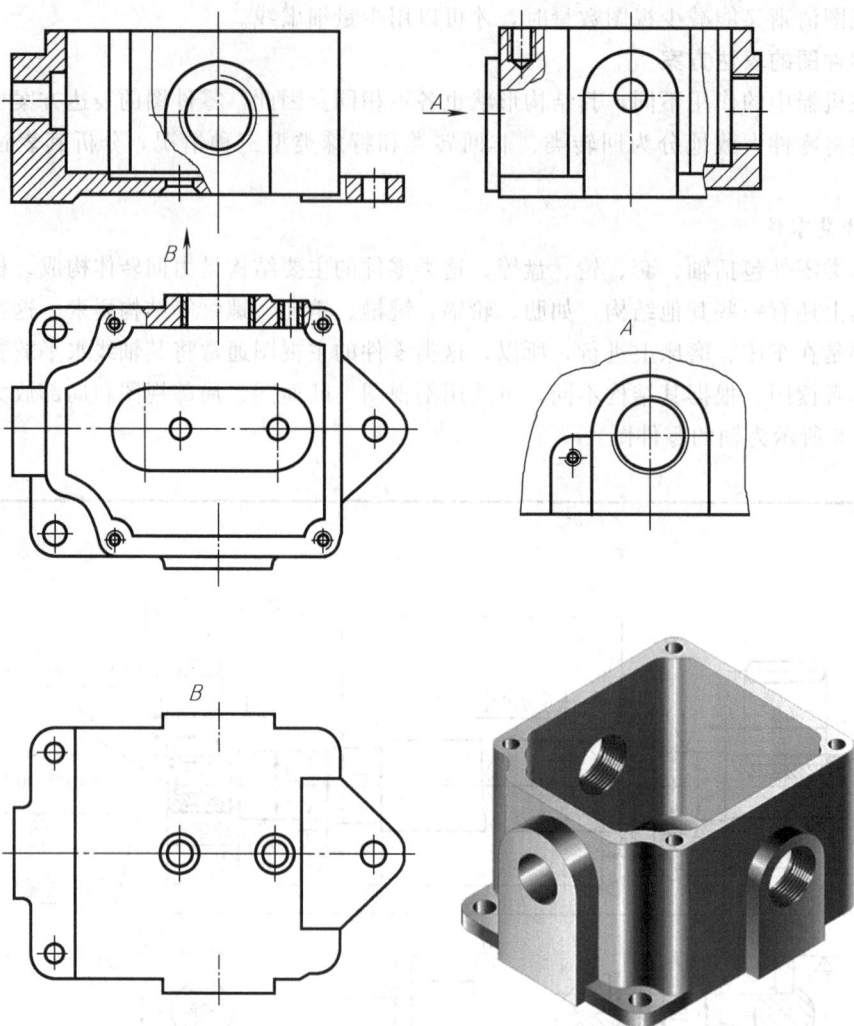

图 7-6　行程开关箱的表达方案

3. 特殊类零件

（1）钣金类零件　用金属薄板制成的零件，统称为钣金件。这类零件一般都是通过剪裁、冲压、焊接等方法成型。弯折处都有一定半径的圆角，板面的通孔、通槽比较多，主要是为了便于安装电器元件以及其他零件的联接。

钣金件上的通孔和通槽一般画在反映其真实形状和位置的视图上，其他视图上仅画出孔的中心线表示其位置，如图 7-7 所示。

钣金件常用展开图，可画整体展开也可画局部展开，在展开图的上方，必须标注"展开"字样，在展开图中弯折线用细实线表示。若零件形状简单，展开图可以与基本视图结合起来，如图 7-8 所示。

（2）塑料金属嵌件　为了延长塑料零件使用寿命，提高零件强度或满足一些特殊要求，在经常拆卸或有特殊要求的部位镶嵌金属零件。这类零件的表达特点如图 7-9 所示。图中塑料件的剖面符号用网格表示。

为使金属嵌件在使用中不从塑料基体内松脱，对不承受扭矩的圆柱形、圆筒形金属嵌

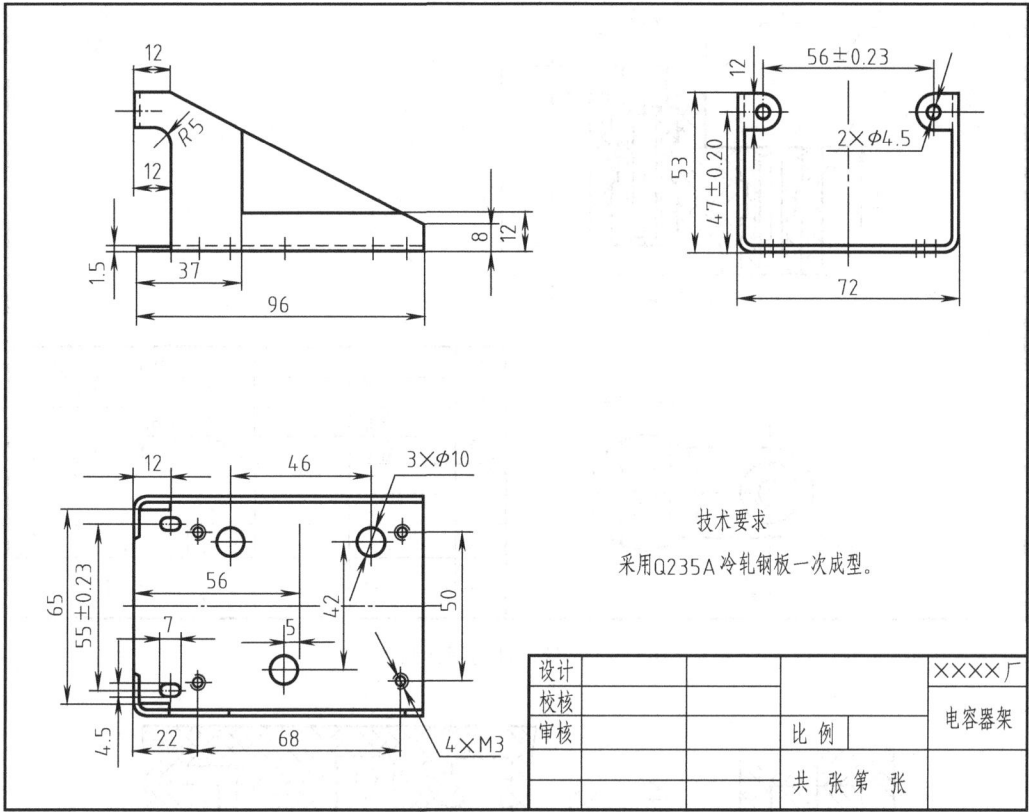

图 7-7 薄板冲压类零件的零件图

技术要求

采用Q235A冷轧钢板一次成型。

设计				××××厂
校核				
审核			比 例	电容器架
			共 张 第 张	

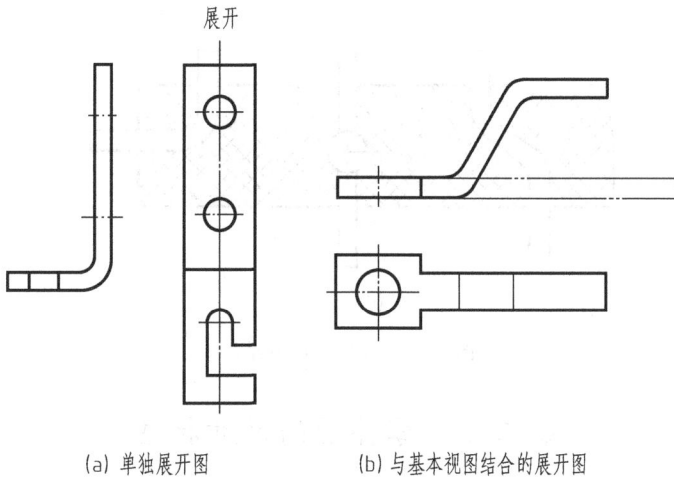

(a) 单独展开图　　　　　(b) 与基本视图结合的展开图

图 7-8　钣金件的展开画法

件，在其外部应设置环形槽如图 7-10（a）；对承受扭矩的圆柱形、圆筒形金属嵌件，除设置环形槽外，还应设置直纹的滚花，如图 7-10（b）；对片状嵌件，应设置凹槽、孔或弯头，如图 7-10（c）；对细杆状嵌件应设计弯头、凸梗或弯曲等形状，如图 7 -10（d）。

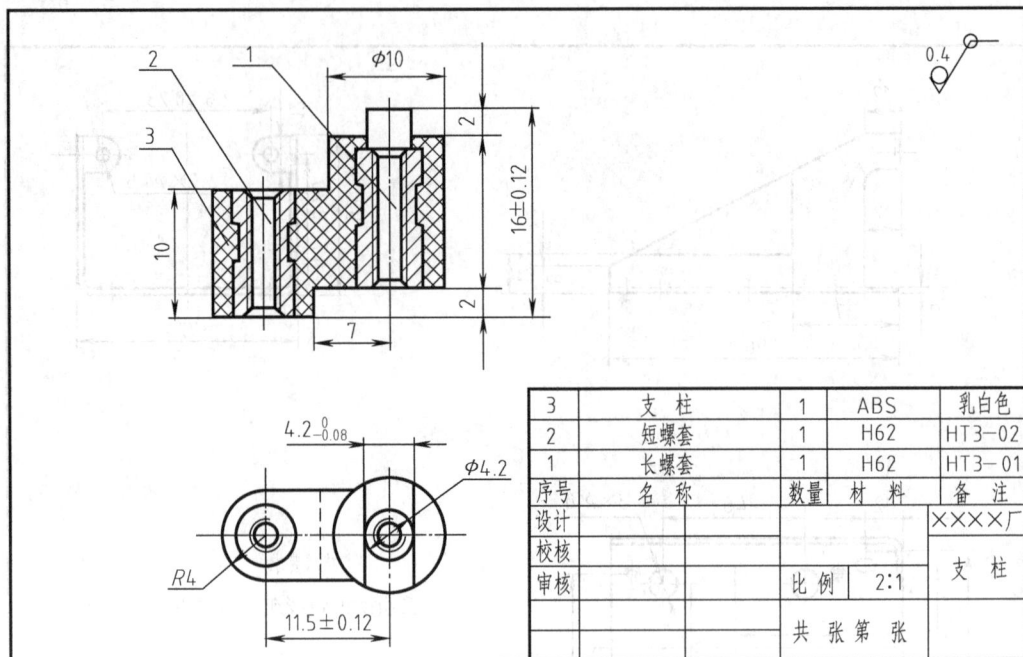

图 7-9 带镶嵌件的图样画法

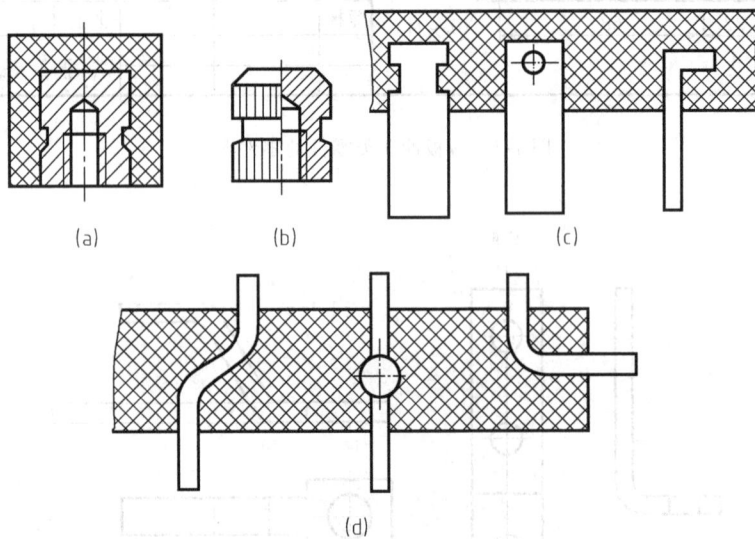

图 7-10 常见的镶嵌结构

第二节 零件图的尺寸标注

零件图中的尺寸是零件加工和检验的重要依据，因此在零件图上标注尺寸必须做到正确、完整、清晰、合理，从而满足设计、加工、检验、装配和使用的要求。本节主要介绍合理标注尺寸中的几点基本要求。

一、尺寸基准

所谓尺寸基准就是标注尺寸的起点，这个起点是根据零件的设计要求或工艺要求所决定的。为能合理标注尺寸，必须选好尺寸基准。

1. 设计基准

零件在使用中能据此确定某些结构位置的一些面、线称为设计基准。如图 7-11 的泵座、其底面、对称面及背面 B，都是确定零件位置的面，均是设计基准。又如图 7-5 的轴在 $\phi 44$ 圆柱左端台阶处及轴心线处分别为该零件在长度方向及径向的设计基准。

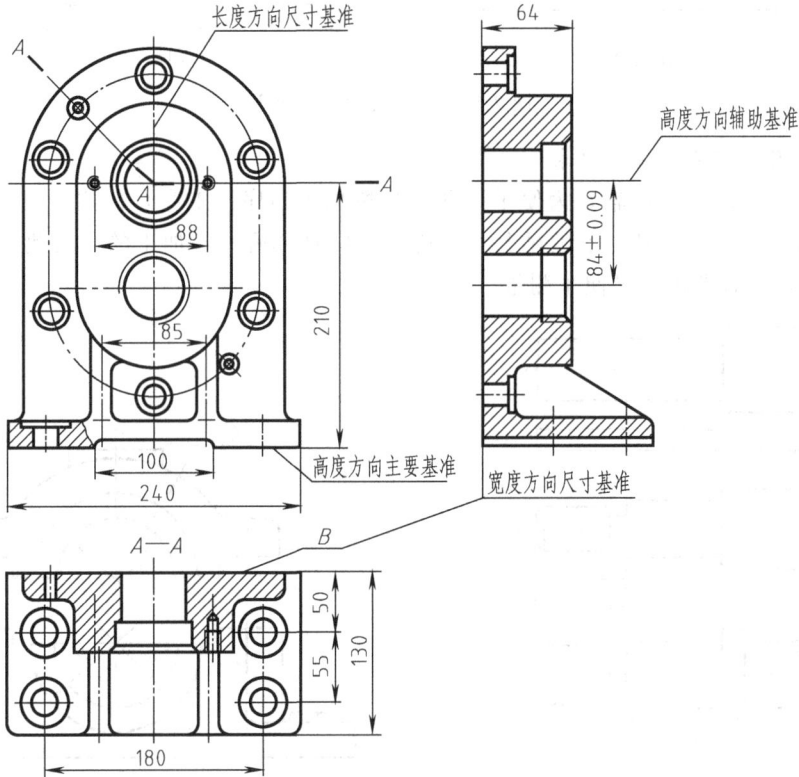

图 7-11 泵座的尺寸基准选择

2. 工艺基准

零件在加工或测量时所依据的面、线称为工艺基准。如图 7-1 的电缆接头座中的孔 $\phi 10$，内凸缘长度为 2，若以 $\phi 48$ 的端面（设计基准）为基准标注长度方向的定位尺寸，则既不容易测量又不易加工。为此，如图采用 $M30 \times 1$ 的右端面作基准，标出尺寸 12。此时的右端面即为工艺基准。

为了减少加工中的误差，在设计时，应尽量考虑使设计基准与工艺基准相重合。若两者难以统一时，应选择工艺基准为辅助基准，如图 7-11 所示，零件底面为高度方向的主要基准，而高为 210 的孔中心线便是辅助基准。

二、合理标注尺寸应注意的几个问题

1. 重要尺寸应直接注出

凡属设计中的重要尺寸，它们都将直接影响零件的装配精度和使用性能。因此，必须直接注出，如图 7-12 中的尺寸"K"和"a"。

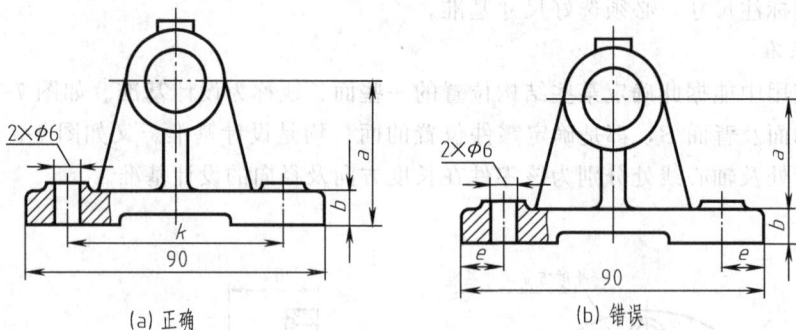

(a) 正确　　　　　　　　　　　(b) 错误

图 7-12　重要尺寸直接标注

2. 标注尺寸应满足工艺要求

例如，图 7-13 所示的轴，为便于读图，是按加工顺序（工序）标注的尺寸。又如图 7-14 所示的轴承座，考虑到上下轴衬上的半孔是两件对合后一起加工的，因此宜标注直径 ϕ。这样既能保证设计要求，又便于测量。

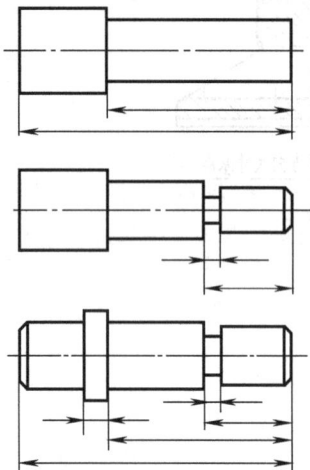

图 7-13　按工序标注尺寸

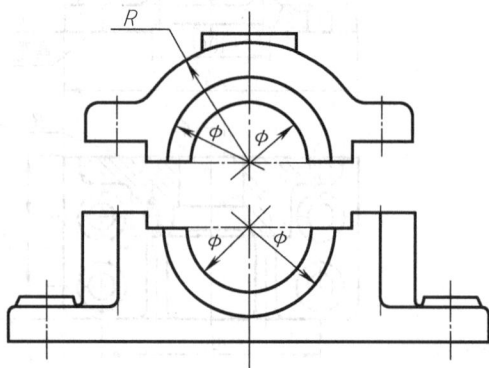

图 7-14　按加工方法标注尺寸

3. 应避免注成封闭尺寸链

封闭尺寸链是由头尾相接，绕成一整圈的一组尺寸，如图 7-15（a）所示，其中每一个尺寸称为尺寸链中的一环。

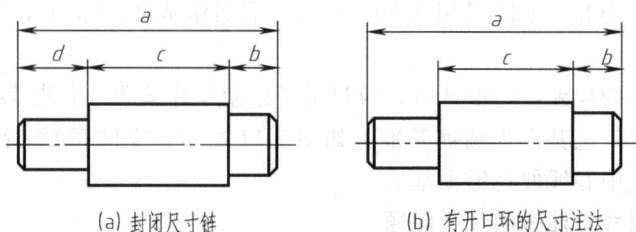

(a) 封闭尺寸链　　　　　　　(b) 有开口环的尺寸注法

图 7-15　应避免注成封闭尺寸链

为了保证必需的尺寸精度，通常对尺寸精度要求最低的一环不注尺寸，这样既保证了设计要求，又可降低加工成本，如图 7-15（b）所示。

118

三、电子产品零件图中常用的尺寸注法

① 同一图形中，若干孔、槽等相同结构要素的尺寸要尽量集中标注在一个要素上并注出数量，如图 7-16 所示。

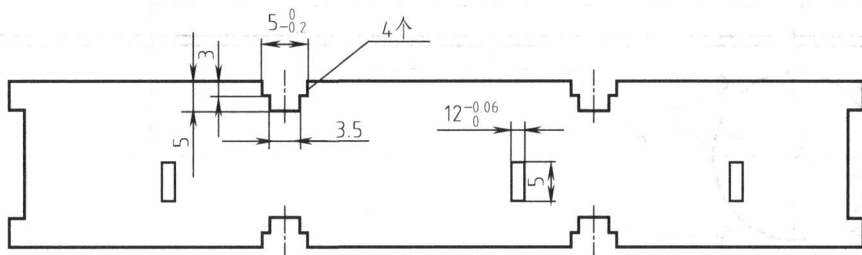

图 7-16　同一结构的尺寸集中标注

② 在同一图形中，如有几种尺寸数值相近的重复要素（如孔）时，可采用涂色标记，以示区别，如图 7-17 所示。

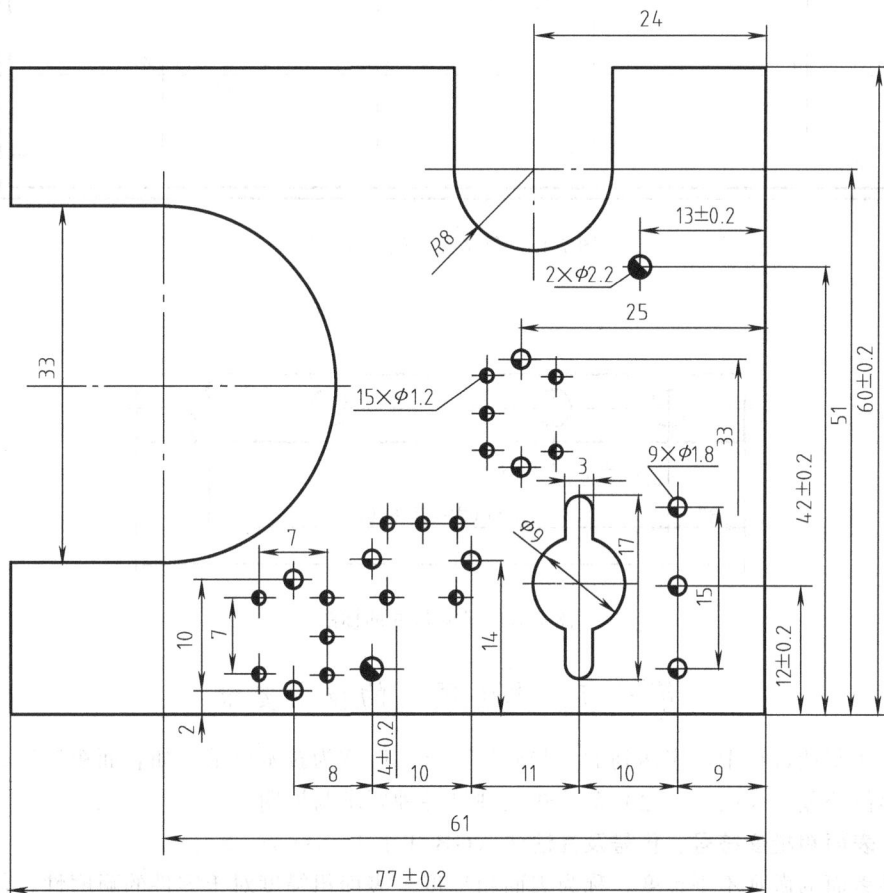

图 7-17　用涂色标记标注重复要素

③ 在同一图形中，对具有不同形式的复杂孔组，可仅详细地绘出一处，并注上尺寸和组数，其余可用中心线示出其位置，为便于区分，可在中心位置处注上字母，如图 7-18

所示。

④ 间隔相等的链式尺寸可按图 7-19 的方式进行标注。

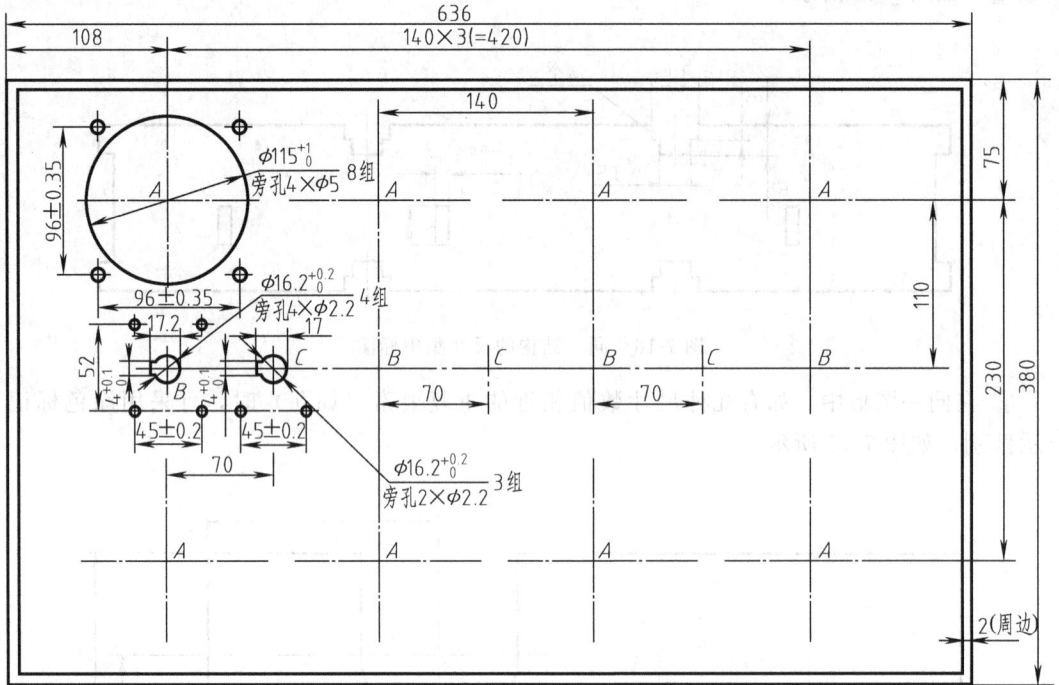

图 7-18　复杂孔组的尺寸标注

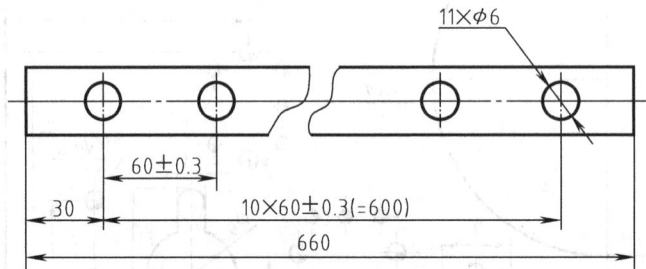

图 7-19　链式尺寸的标注

第三节　零件图上的技术要求

零件在制造过程中，应达到的一些质量要求一般称为技术要求。如表面粗糙度、极限与配合、形位公差、表面镀（涂）覆及热处理等各种要求与说明。

一、表面粗糙度符号、代号及其注法（GB/T 131—1993）

零件表面的微观不平程度，称为表面粗糙度。表面粗糙度对于零件的耐磨性、使用寿命等都有很大的影响。它是评定零件表面质量的重要技术指标之一，零件表面粗糙度要求越高（即表面粗糙度参数值越小），则其加工成本也越高。因此，在满足零件表面功能要求的前提下，应合理选用表面粗糙度参数值。

（1）评定表面粗糙度的参数

评定表面粗糙度的参数中最常用的是轮廓算术平均偏差，用 R_a 表示。

（2）表面粗糙度符号和代号

GB/T 131—1993 规定了表面粗糙度的符号、代号及其注法。表面粗糙度符号上注写所要求的表面特征参数 R_a 后，即构成表面粗糙度代号。表面粗糙度的符号、代号及其意义见表 7-1。

表 7-1　表面粗糙度符号、代号及其意义

符　号　与　代　号		意　义　及　说　明
符号	 √	基本符号，表示表面可用任何方法获得。当不加注粗糙度参数值或有关说明时，仅适用于简化代号标注
	 ∇	基本符号加一短划，表示表面是用去除材料的方法获得。例如：车、铣、钻、磨、剪切、抛光、腐蚀、电火花加工、气割等。亦可称其为加工符号
	 ⊽	基本符号加一小圆，表示表面是用不去除材料的方法获得。例如：铸、锻、冲压变形、热轧、冷轧、粉末冶金等；或者是用于保持原供应状况的表面（包括保持上道工序的状况）
	 ⌐√　⌐∇　⌐⊽	在三种类别符号的长边上均可加一横线，用于标注有关参数和说明
	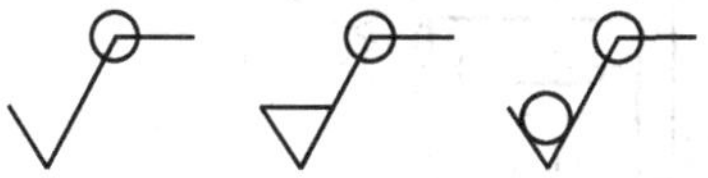 ⌐○√　⌐○∇　⌐○⊽	在上述三种符号上均可加一小圆，表示所有表面具有相同的粗糙度要求
代号	 3.2∇	用任何方法获得的表面粗糙度，R_a 的上限值为 $3.2\mu m$
	 3.2∇	用去除材料的方法获得的表面粗糙度，R_a 的上限值为 $3.2\mu m$
	 3.2⊽	用不去除材料的方法获得的表面粗糙度，R_a 的上限值为 $3.2\mu m$
	 6.3max∇	用去除材料的方法获得的表面粗糙度，R_a 的最大值为 $6.3\mu m$

（3）表面粗糙度的标注方法

表面粗糙度符号、代号一般标注在零件的可见轮廓线、尺寸界线、引出线或它们的延长线上。符号的尖端必须从材料外指向表面。在同一图样上，每一表面一般只标注一次代号，并尽可能靠近有关尺寸线。当位置狭小或不便标注时，可以引出标注。

表面粗糙度代号中的数字及符号的方向如图 7-20 所示。

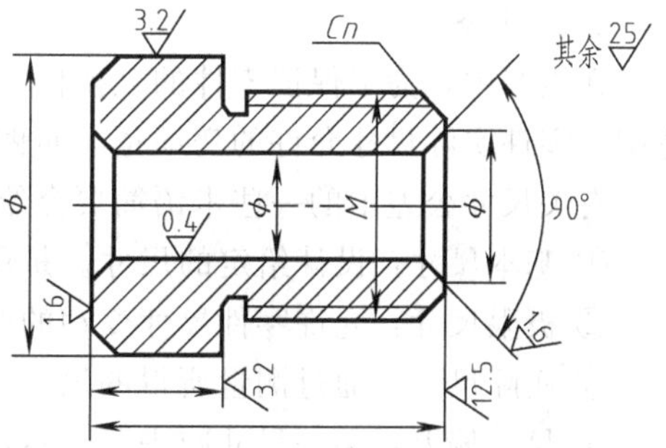

图 7-20　表面粗糙度标注示例

121

表面粗糙度在图样上的标注方法如表 7-2 所示。

表 7-2 表面粗糙度的标注方法示例

图 例	说 明	图 例	说 明
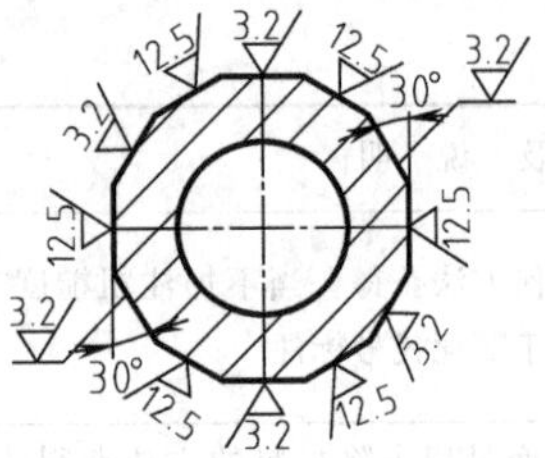	在倾斜表面标注时,符号的尖端必须从材料外指向表面。如在图中 30°区域内须引出标注	抛光 1.6	零件上连续表面及重复要素(孔、槽、齿等)的表面,只标注一次
		6.3 φ 0.8	同一表面上有不同的粗糙度要求时,须用细实线画出其分界线并注出相应的代号
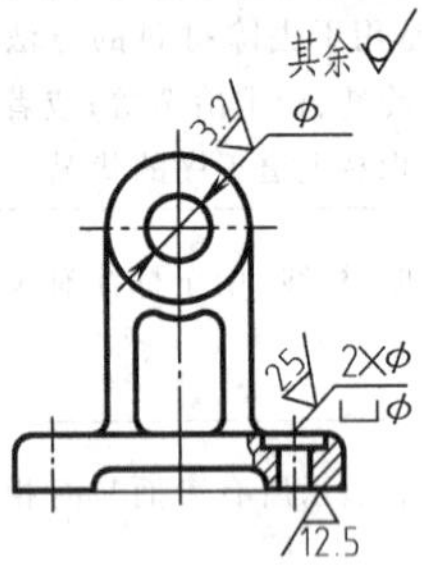 其余 3.2 2×φ □ φ 12.5	孔的粗糙度代号也可标注在引出线上 用细线相连的表面可标注一次	A—A 6.3 6.3 A 12.5 2×B3.15/10 A C2 25 R1.5	中心孔的工作面、键槽工作面、倒角、圆角的表面粗糙度可以简化标注
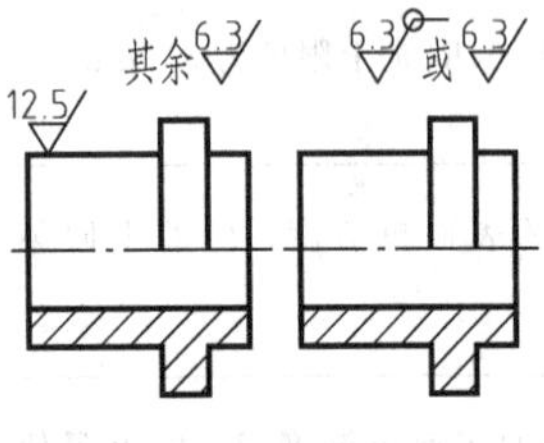 其余 6.3 6.3 或 6.3 12.5	对零件中使用最多的一种代(符)号可以统一标注在图样右上角,并加注"其余"两字。当零件所有表面具有相同的表面粗糙度要求时,其代(符)号可在图样的右上角统一标注	M8×1 1.6	没有画出牙型时,螺纹工作面的粗糙度注在尺寸线的延长线上

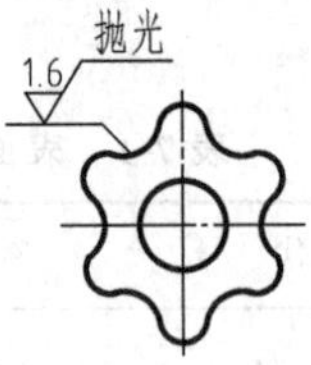

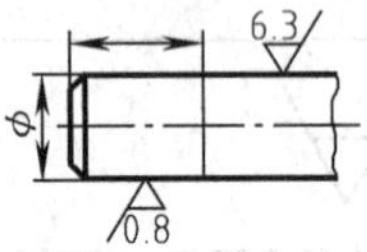

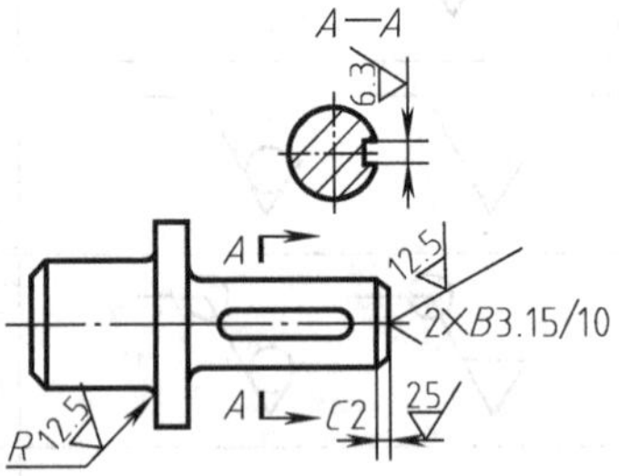

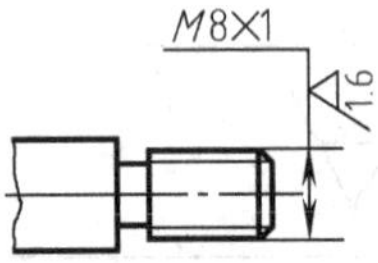

二、极限与配合(GB/T 1800.1—1997、GB/T 1800.2—1998)

1. 互换性

在成批或大量生产中,要求在同一批零件中,任意取其中一个零件,无需修配就能顺利地进行装配,并达到规定的技术要求,这种性质叫做互换性。

2. 尺寸公差

在生产中,为了保证零件的互换性,必须对零件加工后的实际尺寸规定一个允许的变动范围。零件实际尺寸允许的变动量,叫做尺寸公差,简称公差。

有关尺寸公差中的一些术语简要介绍如下,如图 7-21。

① 基本尺寸:设计给定的尺寸。是用来决定极限尺寸和偏差的一个基准尺寸。

② 极限尺寸:允许零件尺寸变动的两个界限值。

③ 实际尺寸:通过测量所得的尺寸。

④ 尺寸偏差:某一尺寸减去其基本尺寸所得的代数差。

⑤ 极限偏差:即上偏差和下偏差的统称。最大极限尺寸减其基本尺寸所得的代数差就

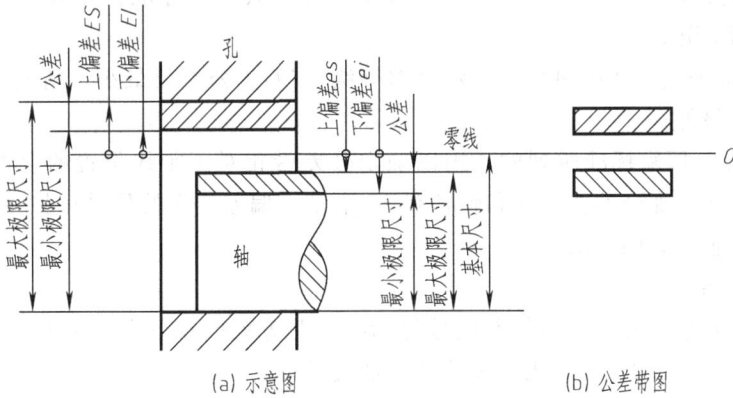

图 7-21　尺寸偏差与公差

是上偏差；最小极限尺寸减其基本尺寸所得的代数差为下偏差。

⑥ 尺寸公差：允许尺寸的变动量。即最大极限尺寸减最小极限尺寸之差，也等于上偏差减下偏差之差。尺寸公差简称公差，是一个没有符号的绝对值。公差不能为零。

⑦ 零线：在极限与配合图解中，表示基本尺寸的一条直线，以其为基准确定偏差和公差。

⑧ 公差带：在公差带图中，由代表上、下偏差的两条直线所限定的一个区域。即限制加工尺寸变动量的区域。

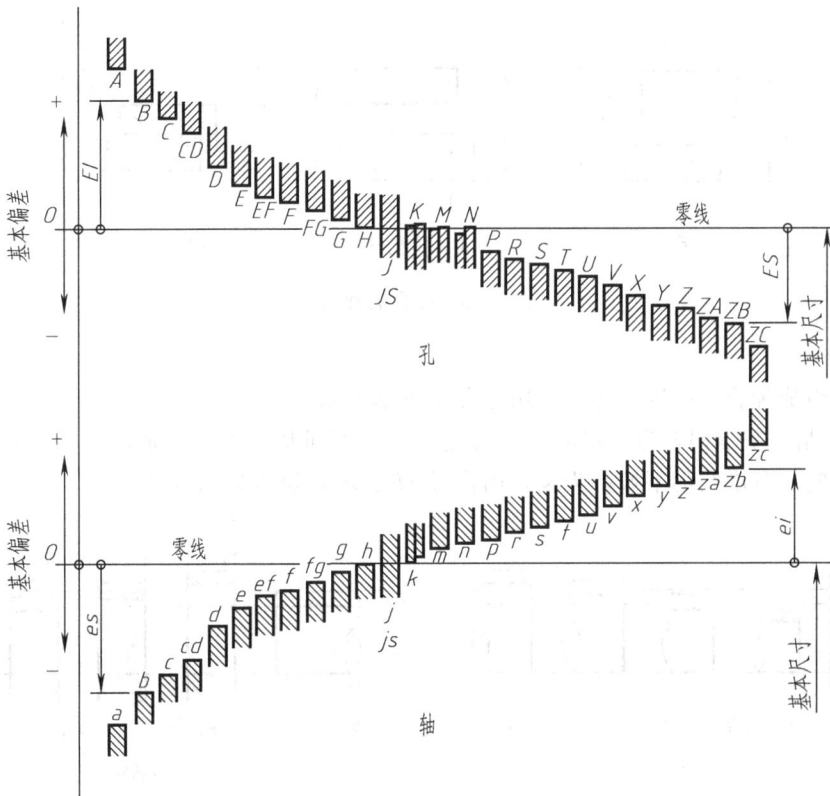

图 7-22　基本偏差系列

⑨ 标准公差：标准公差是国家标准所规定的任一公差。标准公差分为 20 个等级，即 $IT01$、$IT0$、$IT1$ 至 $IT18$。

IT 表示标准公差，阿拉伯数字表示公差等级。$IT01$ 公差值最小，精度最高，$IT18$ 公差值最大，精度最低。

⑩ 基本偏差：国家标准所列的，用以确定公差带相对于零线位置的上偏差或下偏差，一般是指靠近零线的那个偏差。孔和轴各有 28 个基本偏差，它的代号用拉丁字母表示，大写为孔、小写为轴，如图 7-22。

3. 公差带代号

孔、轴的公差带代号用基本偏差代号与标准公差等级代号组成。如 $H6$、$F8$、$K7$ 表示孔的公差带代号，$h6$、$f8$、$P7$ 表示轴的公差带代号。

4. 配合

基本尺寸相同的，相互结合的孔和轴公差带之间的关系称为配合。根据配合的松紧程度，国家标准将其分为三类：

① 间隙配合：具有间隙（包括最小间隙等于零）的配合。此时，孔的公差带在轴的公差带之上，如图 7-23 （a）。

② 过盈配合：具有过盈（包括最小过盈等于零）的配合。此时，孔的公差带在轴的公差带之下，如图 7-23 （b）。

③ 过渡配合：可能具有间隙或过盈的配合，此时，孔的公差带与轴的公差带相互交叠，如图 7-23 （c）。

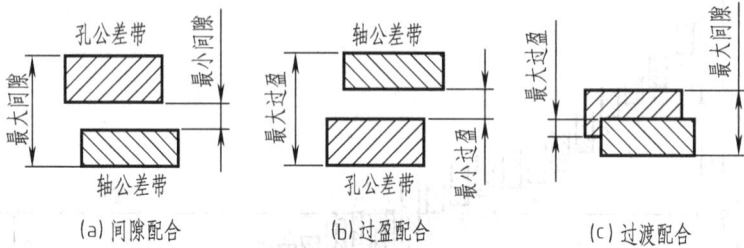

图 7-23 配合的种类

5. 配合制

孔和轴组成配合的制度，通常采用基孔制或基轴制。

① 基孔制：基本偏差为一定的孔的公差带，与不同基本偏差的轴的公差带形成各种配合的一种制度。基准孔的下偏差为零，用代号 H 表示，如图 7-24 （a）。

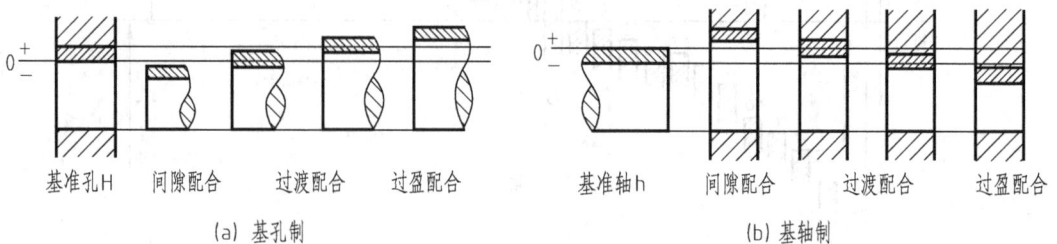

图 7-24 配合制

② 基轴制：基本偏差为一定的轴的公差带，与不同基本偏差的孔的公差带形成各种配合的一种制度。基准轴的上偏差为零，用代号 h 表示，如图 7-24（b）。

6. 公差与配合在图样上的标注（GB/T 4458.5—2003）

在图样上，对于有配合要求的尺寸，除了注出基本尺寸之外，还要注出公差与配合的要求。

① 装配图上的注法　在装配图上标注线性尺寸的配合代号时，必须在基本尺寸的后面用分数形式注出，分子为孔的公差带代号，分母为轴的公差带代号，如图 7-25（a）。当与标准件相配时，可视标准件上的孔或轴为基准件，仅标注与其相配的配合件的公差带。

② 在零件图上的注法　在零件图上线性尺寸的公差标注，共有三种形式——在基本尺寸后面只注公差带代号，如图 7-25（b），或只注极限偏差，如图 7-25（c），或代号和偏差兼注，如图 7-25（d）。

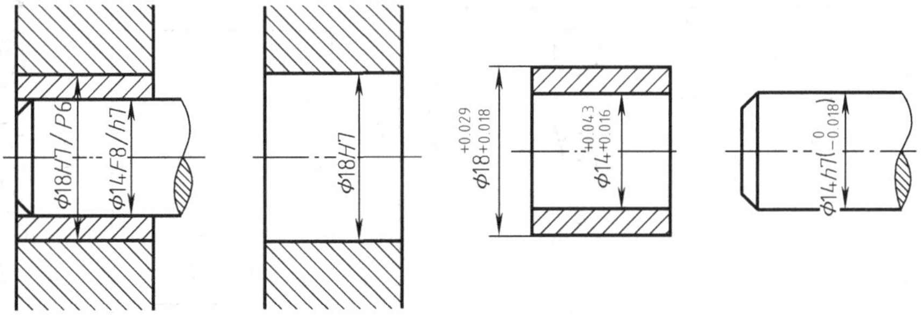

(a) 在装配图上的注法　　(b) 只注公差带代号　　(c) 只注极限偏差　　(d) 代号和偏差兼注

图 7-25　极限与配合在图样上的标注形式

配合代号的识读举例如表 7-3。

表 7-3　配合代号的识读举例

项目\代号	孔的极限偏差	轴的极限偏差	公　差	配合制度与类别	公差带图解
$\phi60\dfrac{H7}{n6}$	+0.03 0		0.03	基孔制过渡配合	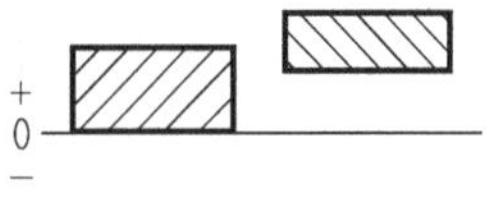
		+0.039 +0.020	0.019		
$\phi20\dfrac{H7}{s6}$	+0.021 0		0.021	基孔制过盈配合	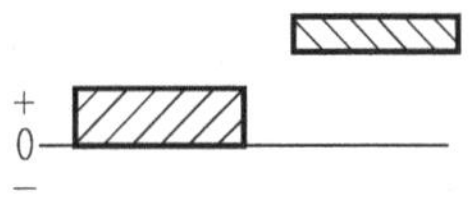
		+0.048 +0.035	0.013		
$\phi30\dfrac{H8}{f7}$	+0.03 0		0.03	基孔制间隙配合	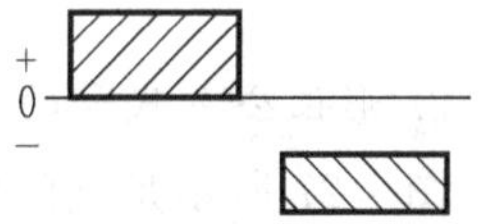
		−0.020 −0.041	0.021		

三、形状与位置公差（GB/T 1182—1996）

在零件加工制造的过程中，除了要对零件的尺寸误差加以控制外，还要对零件形状和位置误差加以控制。

形状公差就是零件实际要素形状对其理想形状所允许的变动量；位置公差就是零件实际要素的位置对其理想位置所允许的变动量。形状公差和位置公差简称形位公差。形位公差特征项目的分类及符号见表7-4。

表7-4　形位公差的符号

分　类	项　目	符　号	分　类		项　目	符　号
形状公差	直线度	—	位置公差	定向	平行度	//
	平面度	▱			垂直度	⊥
	圆　度	○			倾斜度	∠
	圆柱度	⌀		定位	同轴(同心)度	◎
					对称度	≡
					位置度	⊕
形位或位置公差	线轮廓度	⌒		跳动	圆跳度	↗
	面轮廓度	⌓			全跳动	⌰

1. 形位公差代号

如图7-26（a）所示，形位公差的框格用细实线绘制，分成两格或多格，框格高度是图中尺寸数字高度的二倍。框格长度，根据需要而定。框格中的字母、数字与图中数字等高。框格应水平或垂直绘制。图7-26（b）是标注位置公差时所用的基准符号。

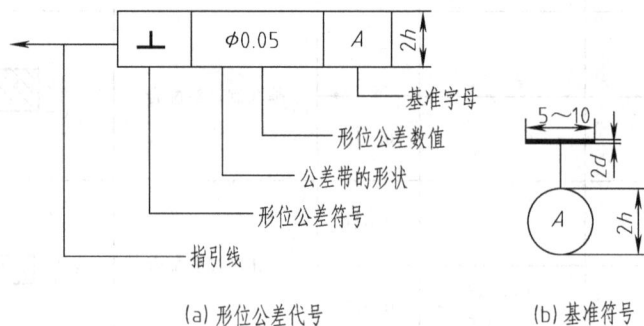

（a）形位公差代号　　　　　（b）基准符号

图7-26　形位公差的框格和基准符号

2. 形位公差代号的标注示例

图7-27所示是气门阀杆形位公差标注实例。从图中可以看到，当被测要素为轮廓要素时，从框格引出的指引线箭头，应指在该要素的轮廓线或其延长线上。当被测要素是轴线或对称中心线（中心要素）时，应将箭头与该要素的尺寸线对齐，如M8×1轴线的同轴度注法。当基准要素是轴线时，应将基准符号与该要素的尺寸线对齐，如图7-27中的基准A。

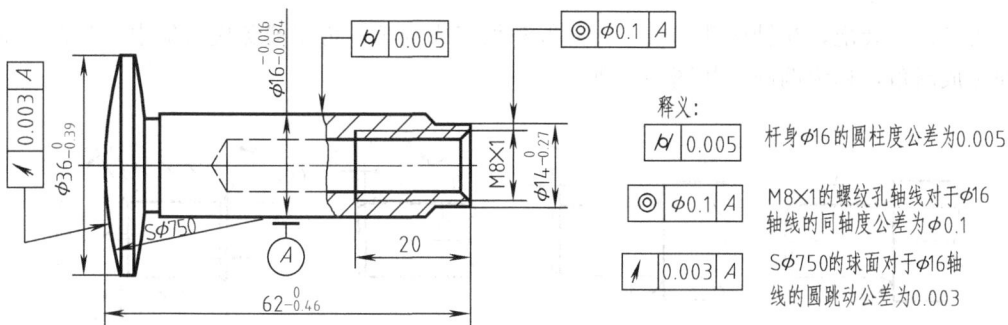

图 7-27 形位公差标注实例及释义

第四节 零件上常见工艺结构及其画法

零件的结构形状不仅要满足设计要求，同时还应满足加工工艺对零件结构的要求。

1. 起模斜度

用铸造方法制造零件毛坯时，为了便于从砂型中取出模型，一般沿模型的起模方向作成约 1：20 的斜度，称为起模斜度。这种斜度通常在图上可以不标注，也不一定画出，如图 7-28 所示。必要时，可在技术要求中用文字给出要求。

2. 铸造圆角

在铸件毛坯各表面相交的转角处，都有铸造圆角，这样既方便起模，又能防止浇注铁水时将砂型转角处冲坏，还能避免铸件在冷却过程中产生应力集中，形成裂纹和缩孔。铸造圆角在图上一般不标注，常集中注写在技术要求中，如图 7-29 所示。

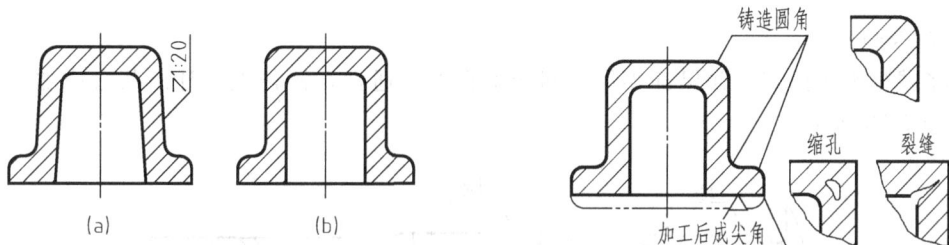

图 7-28 起模斜度

图 7-29 铸造圆角

3. 铸件壁厚

在铸造零件时，为了避免各部分金属因冷却速度的不同而产生缩孔或裂纹，铸件壁厚应均匀变化，逐渐过渡，如图 7-30 所示。

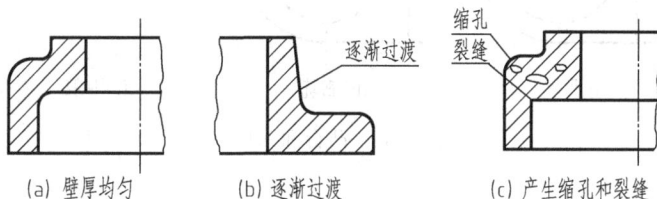

(a) 壁厚均匀   (b) 逐渐过渡   (c) 产生缩孔和裂缝

图 7-30 铸件壁厚

127

4. 倒角和倒圆

为了便于装配，在轴或孔的端部，一般都加工成倒角；为了避免应力集中，常常把轴肩处加工成圆角，称为倒圆，如图 7-31 所示。

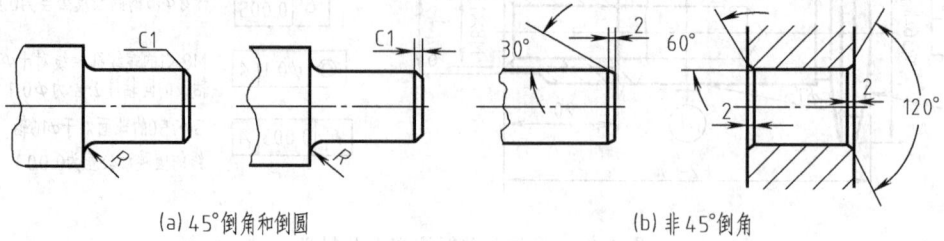

(a) 45°倒角和倒圆 　　　　　　　(b) 非45°倒角

图 7-31　倒角和倒圆

5. 退刀槽和砂轮超程槽

在车削和磨削零件时，为了便于退出刀具或砂轮可以稍稍越过加工面，常常在待加工表面的末端，先车削出一个槽，这个槽叫做退刀槽或砂轮越程槽，如图 7-32 所示。

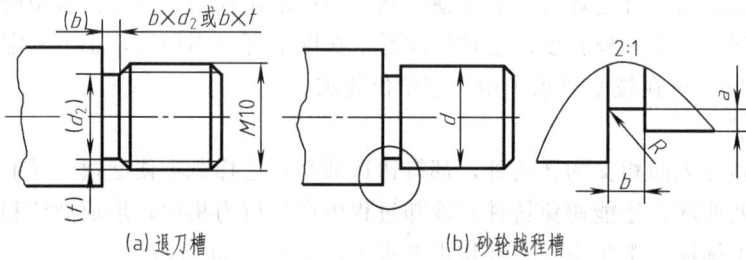

(a) 退刀槽 　　　　　　　(b) 砂轮越程槽

图 7-32　退刀槽和砂轮越程槽

6. 凸台和凹坑

为了减少加工面积，并保证零件之间接触良好，通常在铸件上设计出凸台或加工成凹坑，如图 7-33 所示。

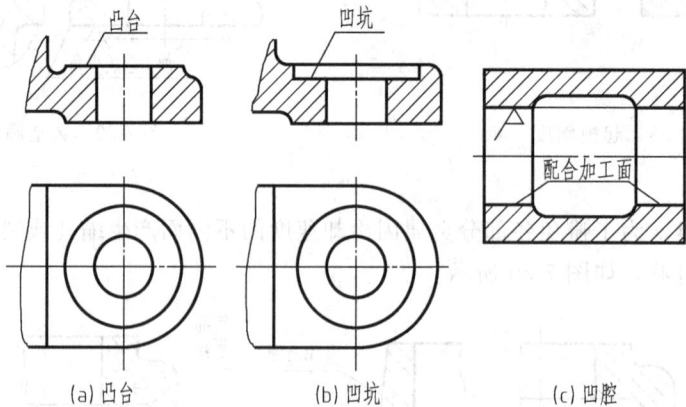

(a) 凸台 　　　　　　(b) 凹坑 　　　　　　(c) 凹腔

图 7-33　凸台和凹坑

7. 钻孔结构

用钻头钻孔时，要求钻头轴线垂直于被钻孔的端面，以保证钻孔准确和避免钻头折断，

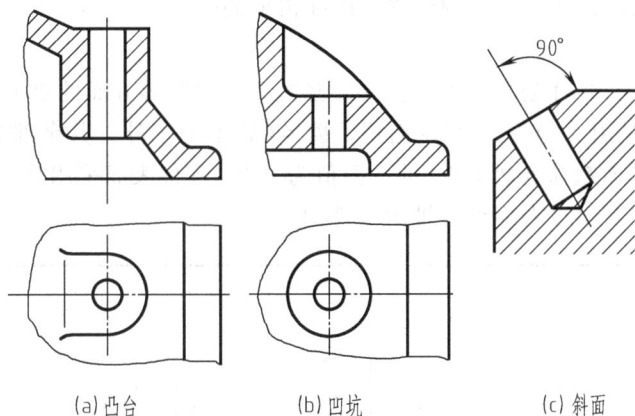

(a)凸台　　　　　　(b)凹坑　　　　　　(c)斜面

图 7-34　三种钻孔端面的正确结构

如图 7-34 所示。

第五节　读零件图

一、读零件图的一般步骤

读零件图，就相当绘制零件图的逆过程，通过对零件图的分析想像出零件的结构形状、弄清楚尺寸和技术要求等内容，并了解零件在机器中的作用。

1. 读标题栏，概括了解

从标题栏中，可以了解到零件的名称、材料以及比例等。以图 7-35 为例，零件的名称是调谐轴，材料为黄铜（ZCuZn38），比例 2∶1。根据名称可粗略了解调谐轴属于轴类零件，一般常用于收音机的调谐部件中。

2. 分析视图，想像形体

先读主视图，再读其他视图，找出剖视图，断面图的剖切位置，局部视图或斜视图的投射方向，弄清楚各视图之间的投影关系，理解各视图的表达重点等。

根据投影关系，采取先主后次，先易后难的分析原则。应用形体、线面及结构等分析方法，结合图形特点，可把零件分解成几大部分，分别想像各部分的形状，最后加以综合，想像出零件的整体形状。

图 7-35 所示的调谐轴，属回转类零件，结构简单，一个主视图和一个断面放大图就可以全部表达清楚。主视图是以零件加工位置选定的，以便加工和测量。图中 A—A 断面采用 10∶1 的比例放大，以便清晰地表示出齿槽的形状、尺寸和加工要求。调谐轴的齿槽部分有一个宽为 1mm 的通槽，使之具有一定的弹性，便于与调谐旋钮配合和装卸。

3. 分析尺寸

在查看总体尺寸的基础上，首先找出长、宽、高三个方向的主要尺寸基准，然后分清定形尺寸和定位尺寸，从而也就弄清了各个尺寸的作用。

仍以图 7-35 为例，调谐轴各径向尺寸均以其轴线为基准，其轴向尺寸分别以端面为基准（左端面为主要基准），宽度为 1mm 的通槽以中心线为基准。轴颈尺寸 $\phi 5^{-0.01}_{-0.04}$，与轴套有间隙配合，所以该尺寸要求较高。尺寸 $16.8^{+0.10}_{+0.05}$ 给出的公差要求是考虑到这部分长度与轴套和挡圈厚度有配合要求。带齿槽外圆直径与调谐旋钮内孔齿槽直径之间紧密配合，所以也标出公差。外径 $\phi 6.2^{0}_{-0.036}$ 是根据用模具拉花时的工艺定位尺寸。齿槽形状也给出角度 90°

和间距 20°±30′要求，以便保证与调谐旋钮内孔齿槽的配合。

4. 读技术要求

弄清表面粗糙度、尺寸公差、形位公差、热处理、检验等方面的要求。

图 7-35 调谐轴是用 φ8 黄铜棒车制而成，除 φ8 处不加工外，其余部分均采用去除材料的加工方法得到，表面粗糙度数值 R_a 的上限值为 3.2，零件表面采用化学钝化处理。

通过以上分析，就可以看懂调谐轴的零件图。

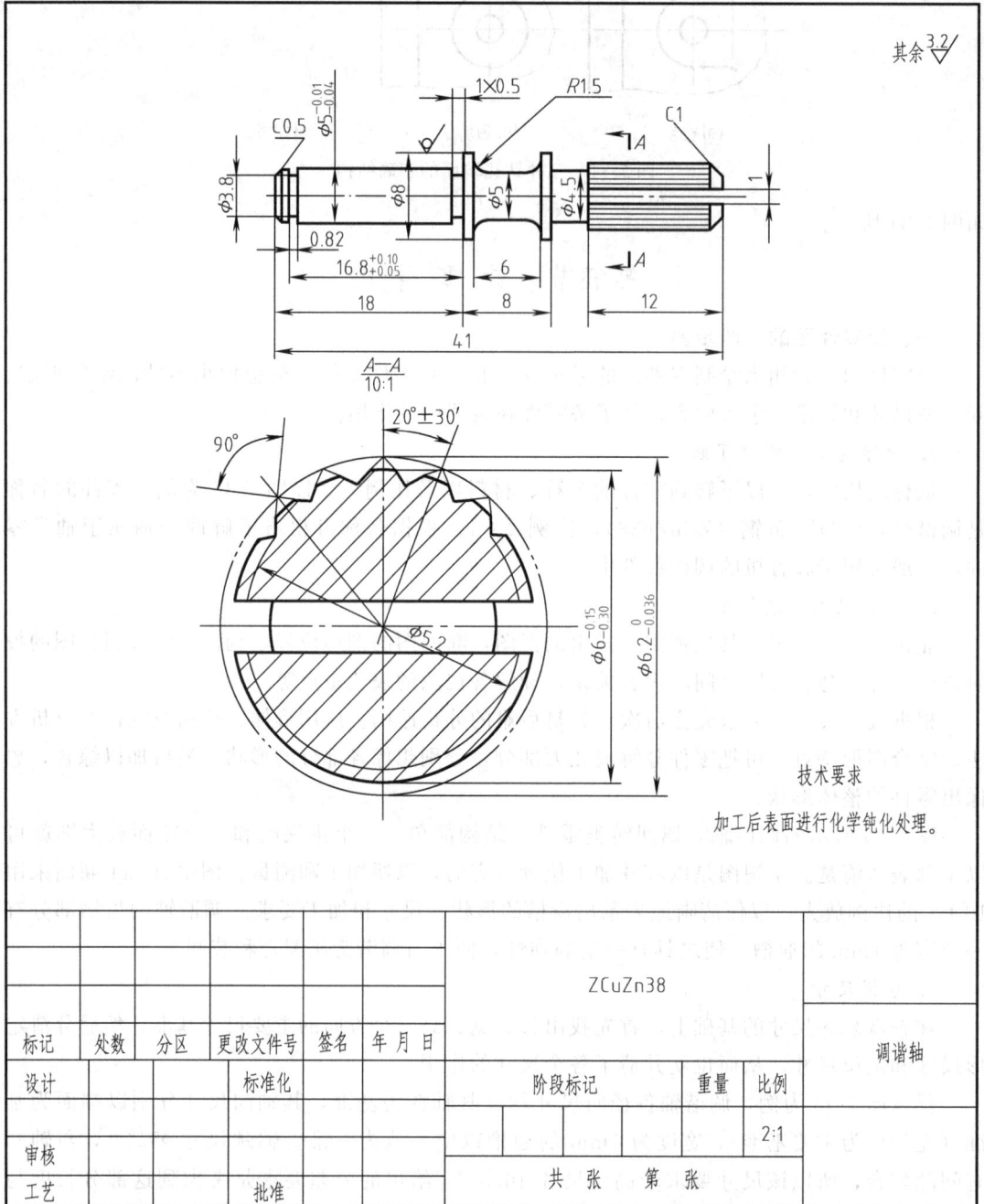

图 7-35 调谐轴零件图

130

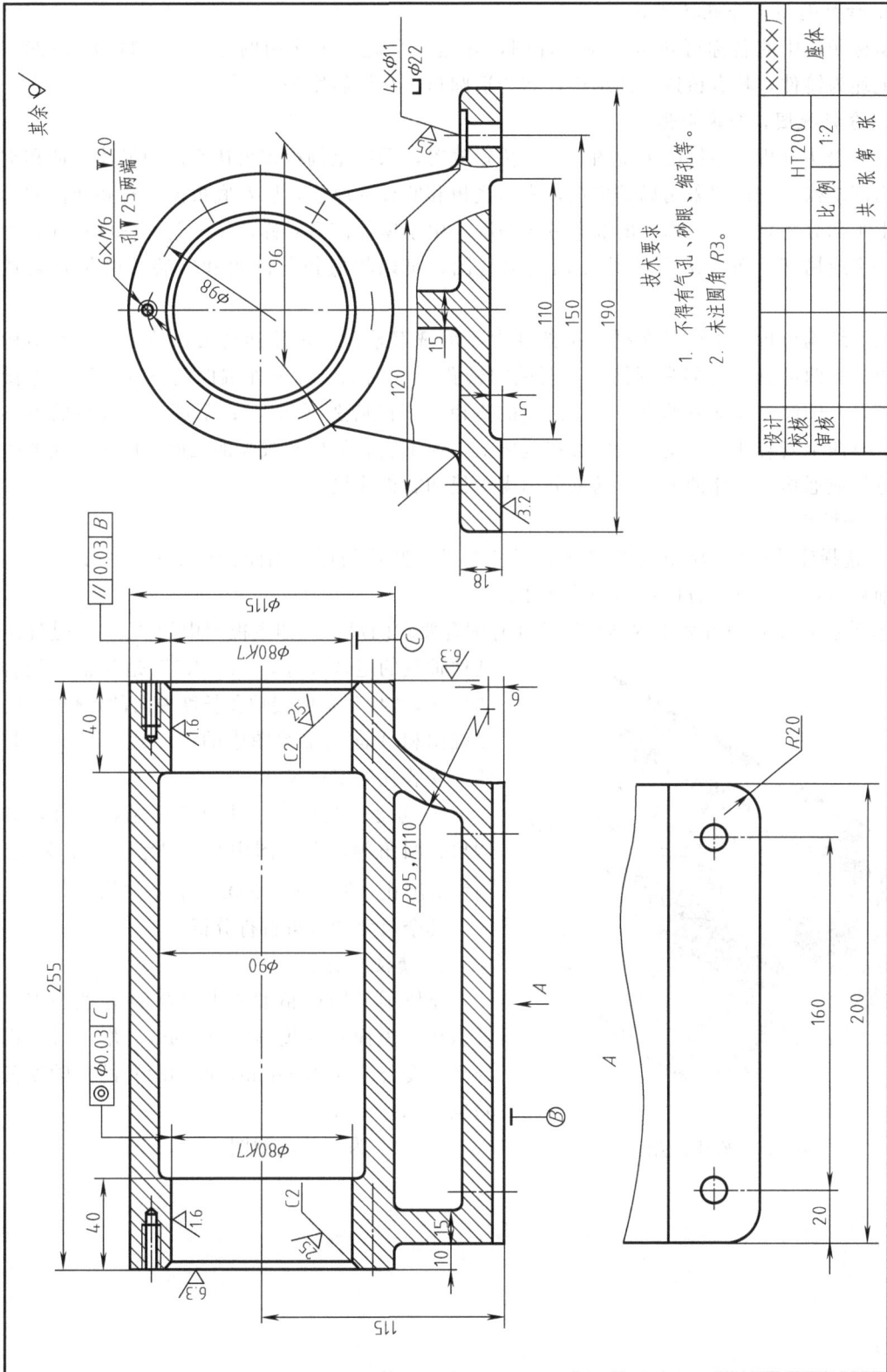

图 7-36 座体零件图

技术要求
1. 不得有气孔、砂眼、缩孔等。
2. 未注圆角 R3。

设计				XXXX厂	座体
校核			HT200		
审核			比 例	1:2	
			共 张	第 张	

131

二、读零件图举例（图 7-36）

1. 读标题栏，并概括了解

从标题栏中的名称可知是座体零件图，它是一个起支承作用的零件，材料为 HT200，零件毛坯为铸件，具有铸造工艺结构，如铸造圆角、起模斜度等。

2. 分析视图，想像形体

（1）表达分析　座体的主视图按工作位置放置，采用全剖视来表达座体的形体特征和空腔的内部结构。左视图采用局部剖视，表示底板和肋板的厚度，以及底板上沉孔和通槽的形状。上半部分还表示了端面上的螺孔分布情况。由于座体前后对称，作为俯视图可只画其对称的一半或局部，而本例采用了 A 向局部视图，足以将底板的圆角和安装孔的位置表达清楚。

（2）结构分析　座体是在铣刀头部件中支承铣刀轴、V 带轮和铣刀盘的零件。其结构形状可分为两部分：上部为圆筒状，两端的轴孔支承轴承，两侧外端面制有（与端盖连接的）螺孔，圆筒中间部分的直径大于两端的直径（直接铸造不加工）；下部是带圆角的方形底板，有四个安装孔，将铣刀头安装在铣床上，为了安装平稳和减少加工面，底板下面的中间部分做成通槽。座体的上、下两部分用支承板和肋板连接。

3. 分析尺寸

① 选择座体底面为高度方向的主要尺寸基准，圆柱的任一端面为长度方向主要尺寸基准，前后对称面为宽度方向主要尺寸基准。

② 直接注出按设计要求的结构尺寸和有配合要求的尺寸。如主视图中的"115"是确定圆柱轴线的定位尺寸，"$\phi 80K7$"是与轴承配合的尺寸，"40"是两端轴孔长度方向的定位尺寸。左视图和 A 向局部视图中的"150"、"155"是四个安装孔的定位尺寸。

③ 考虑工艺要求，注出工艺结构尺寸，如倒角、圆角等，左视图中符号"▽"表示深度、⊔表示沉孔，缩写词"EQS"表示"均布"。

其余尺寸读者可自行分析。

4. 读技术要求

座体零件图中精度要求最高的是"$\phi 80K7$"轴承孔，表面粗糙度 $R_a = 1.6\mu m$，并且与底面的平行度公差为 0.03mm，两轴承孔的同轴度公差也为 0.03mm。

图 7-37 为座体轴测图。

图 7-37　座体轴测图

第八章 装 配 图

根据零件图加工成合格的各种零件后,需再根据装配图组装成部件和机器。装配图是用来表示产品及其组成部分的连接、装配关系的图样。本章将介绍有关装配图的基本知识、画法规定以及读图方法。

第一节 装配图概述

一、装配图的功用

装配图的功用可以概括为以下四个"依据"。

① 是拆画零件图的依据。零件图和装配图都是表达产品设计意图的技术产品文件。在产品设计中,通常是先绘制表达产品或部件整体结构的装配图,再根据各零件在装配体中的功用及与相邻零件的装配关系拆画零件图。可见,装配图是拆画零件图的依据。

② 是编制装配工艺规程,进行装配工作的依据。

③ 是进行部件或产品的检验和维修的依据。

④ 是进行技术准备工作,组织生产的依据。例如,根据装配图汇总产品明细表,编制工艺路线和进行生产计划安排等。

二、装配图的表达任务

为使装配图能足以成为以上四个方面的"依据",设计绘制的装配图应完成以下表达任务:

① 能反映所表达的装配体的构造及各零部件之间的装配关系。

② 能反映主要零件的主要形状。由于一个图号的装配图所表达的对象常常包含着几种、几十种,甚至几百种零(部)件,它不可能详细地完整反映每一个零件的各部分结构形状,但它作为拆画零件图的依据则应能反映主要零件的主要形状、零件的非主要结构形状则可根据它的功用和与周围零件的装配关系在拆画零件图时补充确定。

③ 能反映装配体的工作性能和工作原理。

④ 应给出装配时的必要数据和技术要求。

三、装配图的内容

先看一装配图实例。图 8-1 是安装在电子仪器箱体上的定位器。图中 $2 \times \phi 5.3$ 是插入两个 $M5$ 螺钉用的安装孔。工作时,定位轴 1 的半圆球端插入需变换位置的定位板(图中用细双点画线表示)中。需换位时,可将把手 7 向外(右)拉出,定位板转位后再松开把手 7,在弹簧 4 的作用下,使定位轴 1 的半圆球端再插入定位板的另一定位孔中。

由图 8-1 可见,一张装配图为能完成上述四个方面的表达任务,一般应具有以下几个方面的内容:

1. 一组视图

恰当地综合运用第五章介绍的各种基本表示法及本章将要介绍的装配图画法规定,用较少的视图数表达装配体的构造、装配关系和工作原理,并能反映主要零件的主要形状。

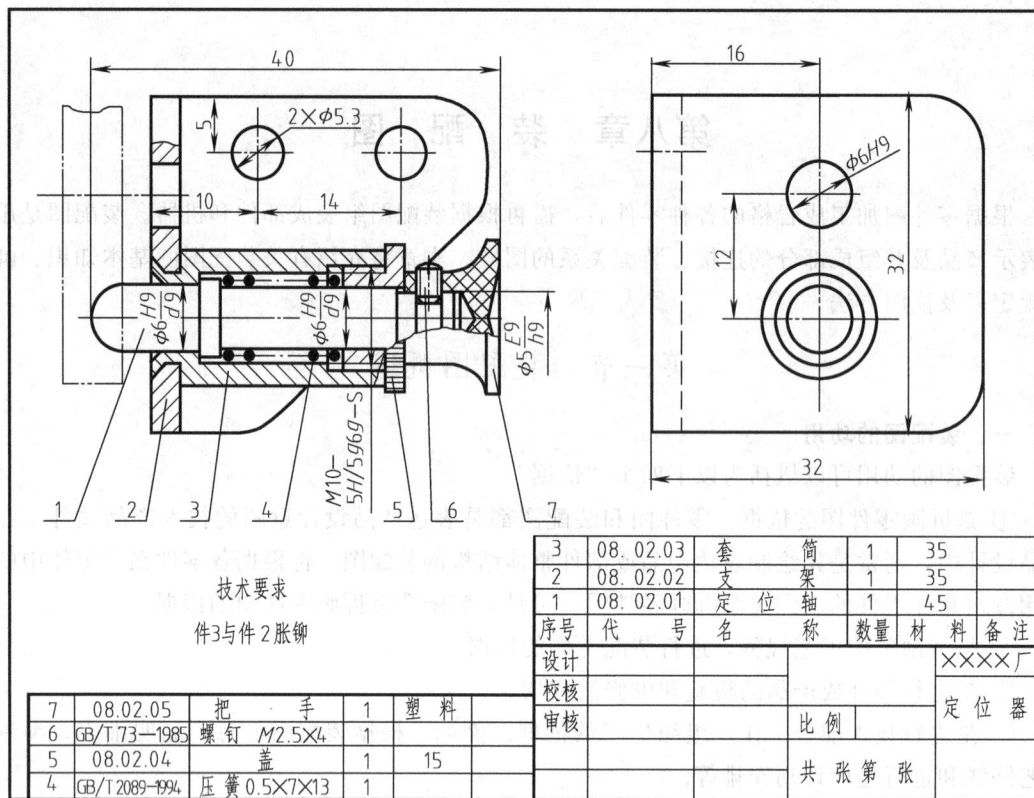

图 8-1 定位器装配图

2. 必要的尺寸

根据装配图的功用和表达任务要求，在装配图中一般应注出它的规格、性能尺寸，以及装配、检验、安装及包装运输所需的尺寸。

3. 技术要求

装配图中的技术要求包括注出在图形中的配合代号、重要尺寸的公差带和加工要求（如粘接、胀铆、点铆等），以及在标题栏附近用文字给出的装配、调试、检验中的技术要求。

4. 零、部件的编号、标题栏和明细栏

每一张装配图中必须有标题栏（标题栏的格式和内容详见第一章）。此外，为便于读图和文档管理，还必须对所含的零、部件编排序号，并填写有规定格式和内容的明细栏。

第二节 装配图的画法规定

由于装配图负有与零件图不同的表达任务，因此，装配图的画法除了要综合运用前面学过的各种基本表示法外，还另有一些特殊的画法规定。归纳起来，装配图的画法规定包括以下三个方面。

一、装配图画法的基本规定

首先，必须明确，第五章介绍的用来表达机件外形和内形的基本表示法完全适用于装配图。此外，为表示和区分零件与零件间的邻接关系，还有以下两点画法的基本规定。

1. 邻接表面的画法

基本尺寸相同的配合表面（包括具有较大间隙的间隙配合），以及虽未构成配合，但装配后互相接触的两表面均画一条线；基本尺寸不同的非配合表面及不接触的相邻表面均画两条线，如图8-2所示。

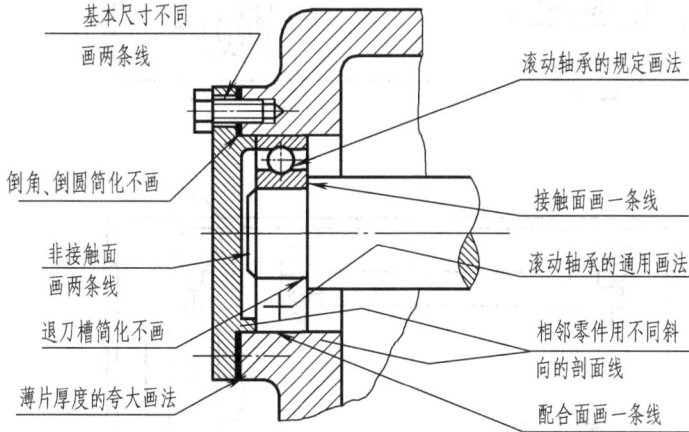

图 8-2 装配图的画法规定

2. 剖面线的画法

相邻两零件的剖面线，其倾斜方向应相反，或方向一致而间距不同，如图8-2所示。

尤需注意的是，同一零件在同一张图样中的各剖面区域内务必采用同斜向、同间距的剖面线。

二、装配图的特殊画法规定

1. 拆卸画法

在装配图中，为表达某些被挡住的装配关系，可假想将某些零件拆卸后绘制。如图8-3所示的仪表箱，其俯视图便是拆去外壳后画出的，此时应加注必要的说明，如"拆去××等"。

拆去某些零件的画法也可看成是沿结合面剖切的。此时，剖切若遇有螺钉、销子等件，应在其横断面上加画剖面线。结合面上不画剖面线。

2. 假想画法

为反映安装情况，可用细双点画线假想画出不属装配体的其他相邻辅助零件；当需表示可动件的极限位置时，也可用细双点画线假想地画出其轮廓线，如图8-4中主视图的上方所示。

3. 夸大画法

当图形上的孔的直径或薄片厚度较小（≤2mm），以及间隙、斜度和锥度较小时，为提高表达效果，允许采用夸大画法，如图8-2中的垫片因其很薄（如0.5mm），故采用了夸大厚度并涂黑来表示其剖面区域。

三、装配图中的简化画法规定

① 在装配图中，对于紧固件以及轴、连杆、球、钩子、键、销等实心零件，若按纵向剖切，且剖切平面通过其对称平面或轴线时，则这些零件均按不剖绘制。如图8-2中的轴和螺钉都是按不剖绘制的。

② 在装配图中，零件的倒角、圆角、凹坑、凸台、沟槽、滚花、刻线及其他细节等可

图 8-3　拆卸画法

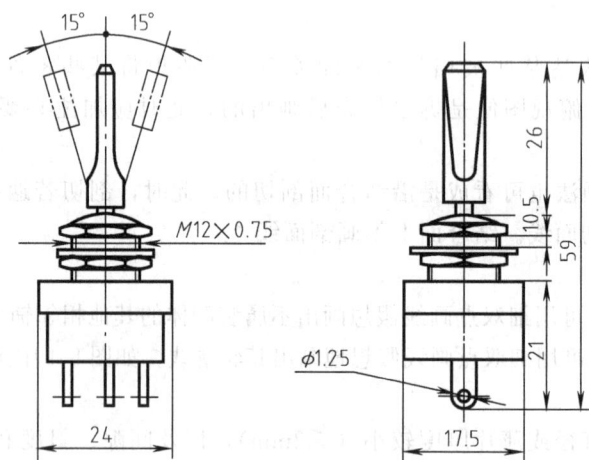

图 8-4　假想画法

不画出。如图 8-2 中的退刀槽及大部分倒角均未画出。

　　③ 装配图中若干相同的零件组，可详细地画出一组，其余只需用细点画线表示其位置，如图 8-5。

　　④ 在能够清楚表达产品特征和装配关系的前提下，可仅画出外轮廓或简化轮廓，如图 8-6 和图 8-7。

图 8-5　相同零件组的简化画法

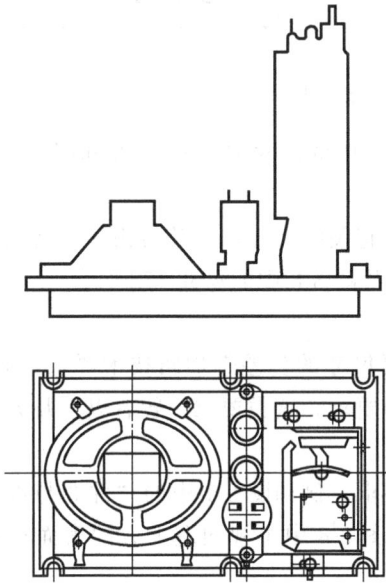

图 8-6　外轮廓画法

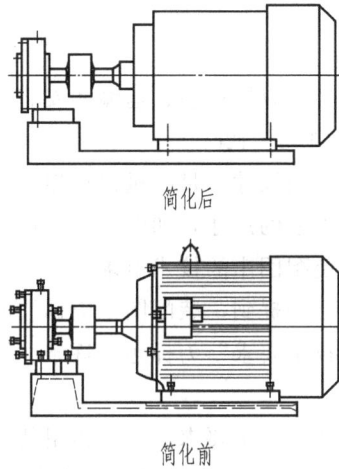

简化后

简化前

图 8-7　简化轮廓画法

第三节　装配图中的尺寸标注和技术要求

一、装配图中的尺寸标注

装配图的功用和表达任务与零件图不同，因此对尺寸标注的要求也就不同，装配图中不必也不可能完整注出所含每一个零件的全部尺寸，在装配图中只需注出以下五类尺寸。

(1) 规格、性能尺寸　说明产品或部件的规格或性能的尺寸，它是产品设计系列化和用户选购时的主要参数。在有的产品中，这两种尺寸是指同一尺寸。例如图 8-1 中定位轴（序号 1) 左部带半圆头的轴径 $\phi 6d9$ 即可认为既是规格尺寸，又是性能尺寸。

有的产品中，规格尺寸和性能尺寸是指不同的尺寸。如图 8-8 中的尺寸 100 是表征虎钳大小的规格尺寸。尺寸 0～68 则属性能尺寸，它说明了该虎钳最多只能夹紧厚度为 68mm 的工件。

(2) 装配尺寸　包括配合尺寸和重要的相对位置尺寸。例如图 8-1 中的尺寸 $\phi 6H9/d9$、$\phi 5E9/h9$ 和图 8-8 中的尺寸 $\phi 16H7/g6$ 均为配合尺寸。图 8-8 中的尺寸 46 则属于重要的相对位置尺寸。

(3) 外形尺寸　指机器或部件的总长、总宽和总高尺寸。这类尺寸反映了该装配体所占

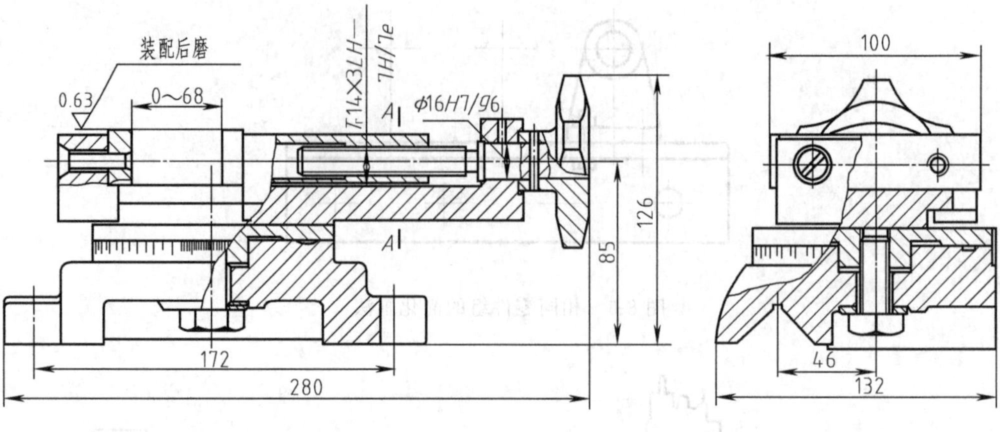

图 8-8 磨床虎钳装配图中的尺寸标注

空间的大小，以供包装、运输和安装时参考。例如图 8-1 中的尺寸 40、32、32 和图 8-8 中的尺寸 280、132、126。

（4）安装尺寸 是指机器在地基上或台架上安装时有关的尺寸，以及与相邻的其他零件发生连接关系的尺寸，如图 8-1 中的尺寸 14、2×φ5.3 及图 8-8 中的尺寸 172。

二、装配图中的技术要求

前面已经提到，装配图中应标注的配合代号、重要尺寸的公差带均属技术要求，此外，还有以"技术要求"为标题、逐条注写在明细栏附近的要求，这类要求一般有以下几方面的内容。

（1）装配加工要求 主要指组装时的加工和精度要求。例如图 8-1 中的"件 3 与件 2 胀铆。"加工要求不便表述时，也可注写在图形上。例如图 8-8 中主视图左上方的表面粗糙度要求就是直接注在图形上的。

（2）检验要求 包括检验的项目、方法、环境条件和质量指标。

（3）使用要求 必要时提出的包装、运输和使用等要求。

第四节 装配图中的零部件编号及明细栏

装配图中必须给所含的零部件编排序号，并将各序号填入明细栏中，以便图样管理、读图和进行生产的技术准备工作时查阅。

一、装配图中零部件序号的编排方法（GB/T 4458.2—2003）

装配图中的每一个零件、部件均应编号，其中的一个部件只编写一个序号。如图 8-12 中的旋钮是镶嵌件，可视为一小部件，只给一个序号 15。完全相同的多个零部件只给一个序号。一个序号一般只编注一次，必要时方可重复注出。

编注零部件序号的形式有三种，如图 8-9 中的（a）、（b）、（c），但在同一装配图中只应采用同一种形式编注。序号的字号应比该图样中所注尺寸数字的字号大一号或两号。

在图形上编注零部件的序号时应顺序排列整齐，以便查找，指引线的画法应按 GB/T 4457.2—2003 和 GB/T 4458.2—2003 的规定注意以下几点。

① 指引线自所指部分的可见轮廓内引出，并在末端画一圆点，如图 8-9（a）、（b）、（c），若所指部分很薄，或已涂黑而不便画圆点时，可用箭头代替，如图 8-9（d）。

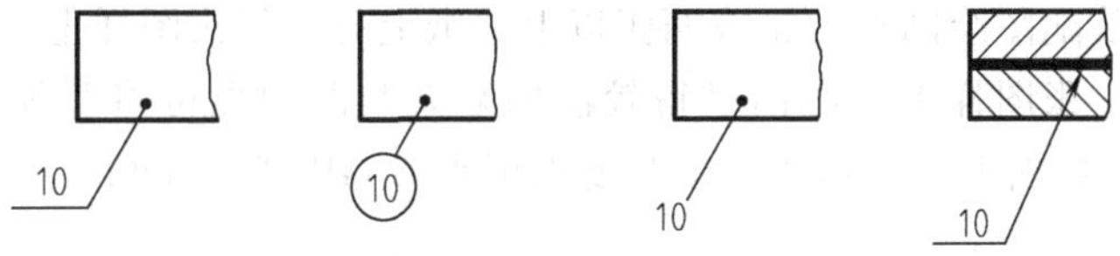

图 8-9　装配图中编注序号的形式

② 指引线不能相交，自剖面区域引出的指引线不应与剖面线平行。

③ 指引线可以画成折线，但只可曲折一次。需要说明的是，图 8-9（a）中用来填写序号的水平横线是基准线，它与指引线相连的转折处不计入曲折次数。

④ 一组紧固件，以及装配关系清楚的零件组，可以采用公共指引线，如图 8-10。

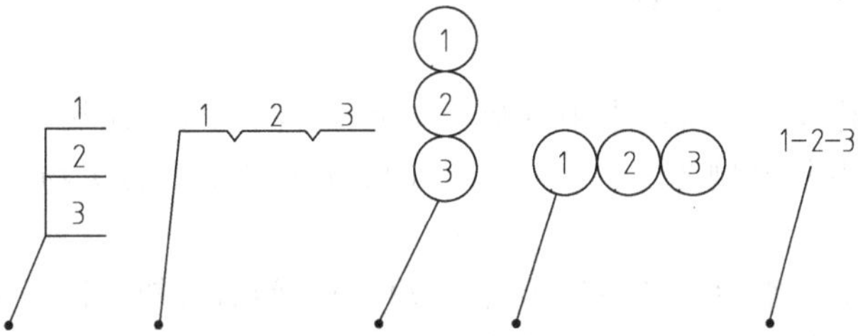

图 8-10　公共指引线的编注形式

二、明细栏（GB/T 10609.2—1989、GB/T 17825.2—1999）

装配图与零件图一样，必须设置标题栏。需要注意的是，装配图与零件图中的标题栏格式完全相同，只是在填写内容时稍有差异。例如，零件图的标题栏中必须填写所选用的材料，而装配图的标题栏中无需填写所选材料。标题栏的格式及有关规定，第一章中已作介绍，这里不再重述。

在装配图中，除标题栏外，还需设置明细栏。明细栏一般配置在标题栏的上方，自下而上地填写。当标题栏上方位置不足时，可延续至标题栏的左边。明细栏的格式如图 8-11 所示。当该图样是由电脑生成的 CAD 图时，则应按 GB/T 17825.2 的规定，在明细栏的代号栏目内加注存储代号。

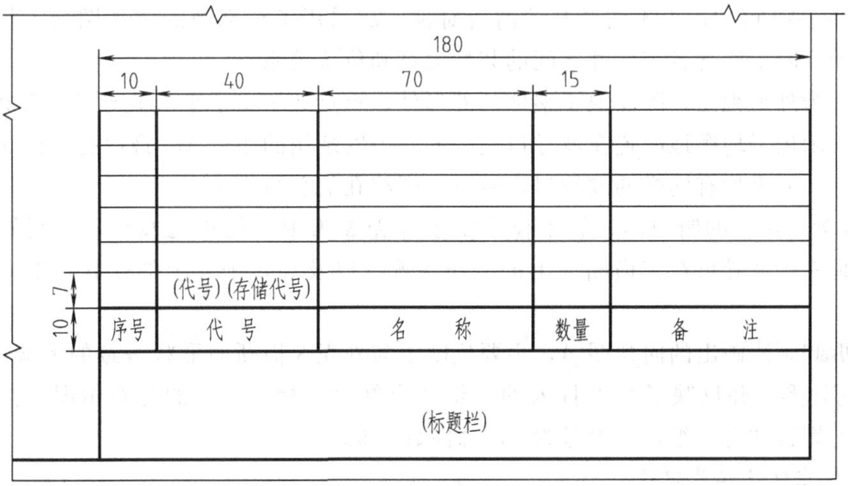

图 8-11　明细栏格式

当同一图号的装配图绘制在两张或两张以上图纸上时，每张图样上均应设置标题栏，但明细栏只设置在第 1 张图样上。幅面排得较满的复杂装配图也可将明细栏作为装配图的续页，单独给出在 A4 幅面上，其格式及填写要求可查阅 GB/T 10609.2。

第五节　读 装 配 图

在进行产品或部件的装配，以及拆画零件图时，必须先看懂装配图。看懂装配图的要求是：了解该装配体的整体设计意图，弄懂其功能和工作原理，弄清各零件间的装配关系和装拆顺序，并想像出各零件的结构形状。

为能熟练地看懂装配图，除了制图知识和空间想像力外，还应具有一定的机械设计和加工制造的专业知识，以及一定的生产实践经验。本节仅以 E 面波导开关的装配图为例，介绍读装配图的一般步骤和方法，如图 8-12。

1. 概括了解

从标题栏中的名称及产品说明书中可知，这是一种测量波导系统时的手动转换开关。再看标题栏中的比例，当其比例为 1：1 时，即可知道该装配体的实物就像装配图图形一样大小。

接下来再浏览一下明细栏中各序号的名称及材料。阅后可知，该开关中主要的零件（序号 3 与 4 等）及其他多数零件均由金属材料制成。

需要说明的是，明细栏中的专用零件均应注写材料牌号。只有两种情况不注写材料：一是当标准件采用了各自标准中允许省标的材料时（如图 8-12 中的序号 5、8、14 和 16）；二是部件不标材料（如图 8-12 中的序号 15）。

一般来说，对于不太复杂的装配图，在了解以上情况后，可粗读一下各视图。粗读图 8-12 后可知，该开关是借助旋钮 15 的转动来改变转子 4 的方位，使之转换并导通待测波导系统的，由 B—B 剖视图可见，图示情况为已接通了 I—II 波导系统。这样，对该开关的工作原理和操作方法就有了梗概的了解。

2. 分析视图

分析视图的目的是弄清每一视图采用了何种表示法，它与其他视图是怎样的投影关系，从而弄清每一视图的表达重点及整体的表达方案。

分析图 8-12 可知，由于波导开关前后对称，故采用了全剖视的主视图无需标注。该主视图全面地反映了所含各零部件之间的装配关系和位置关系。

左视图为外形视图，除反映了整体的外形外，重点地示出了矩形波导口的形状及尺寸要求。同时还示出了均衡地配置在波导口周围的一组安装用的 4 个 M4 螺纹孔，由于外壳为正三棱柱，每一面上均有同样的波导口，所以，螺纹孔的总数为 12。

B—B 为全剖视的俯视图，它不仅反映了外壳 3 为中空的正三棱柱，并很好地反映了 I、II、III 三个波导口在其横断面上的分布情况，以及与转子 4 上的弧状矩形通道对接的情况。

采用拆卸画法画出的向视图 A，主要反映了与外壳 3 横断面形状一致的上端盖 1（及下端盖 7）的外形，并反映了其上拧入的一组 3 个螺钉（M3×6）的分布情况。由主视图可见，这样的螺钉共有 3 组，其序号为 5，总件数为 9。

3. 分析零件及其装配关系

这一步主要弄懂每个零件在装配体中的作用及零件的结构形状，进而弄清零件之间的装

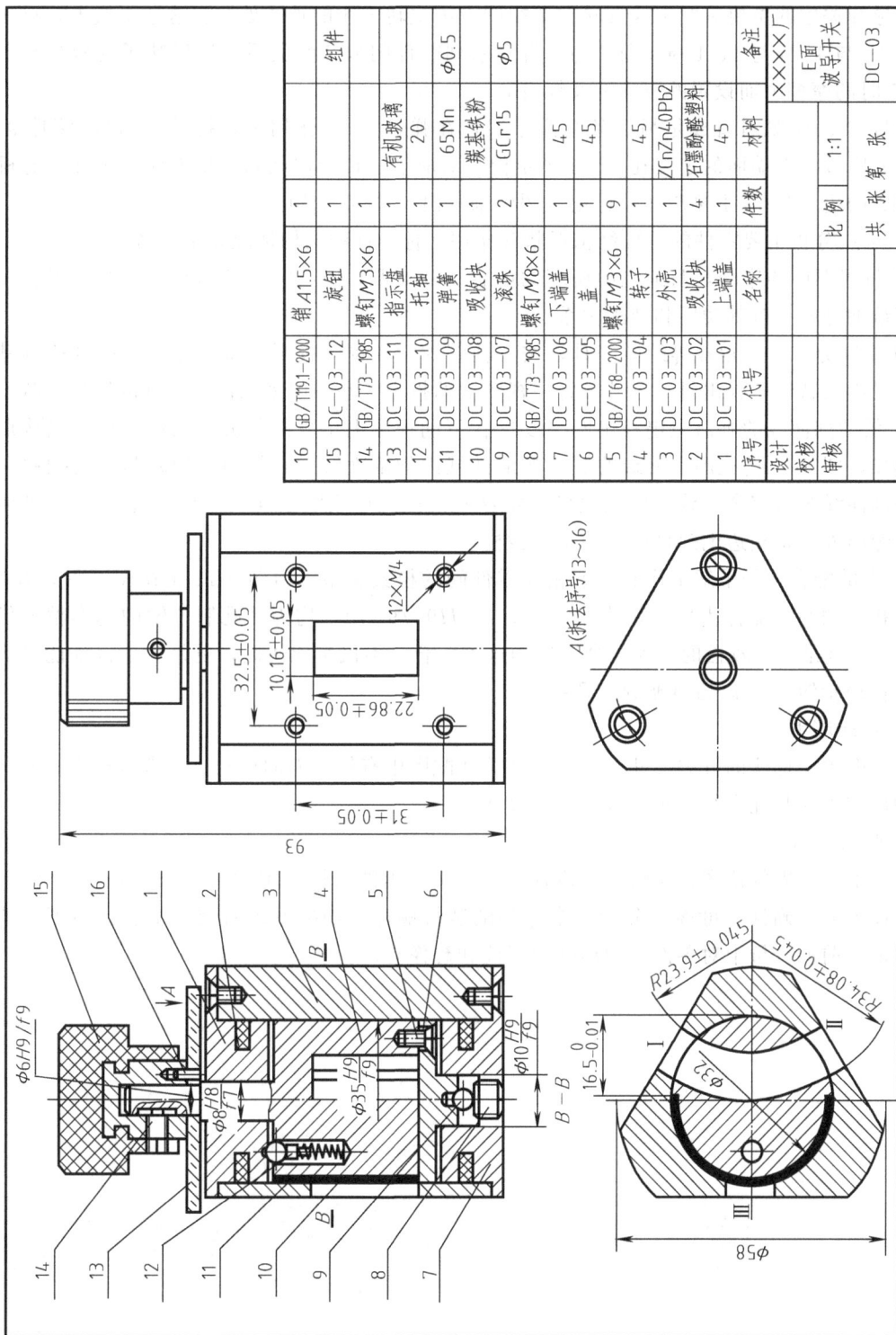

图 8-12 E 面波导开关装配图

序号	代号	名称	件数	材料	备注
16	GB/T119.1-2000	销 A1.5×6	1		组件
15	DC-03-12	旋钮	1	有机玻璃	
14	GB/T73-1985	螺钉M3×6	1		
13	DC-03-11	指示盘	1	有机玻璃	
12	DC-03-10	托轴	1	20	
11	DC-03-09	弹簧	1	65Mn	Φ0.5
10	DC-03-08	吸收块	1	凝基铁粉	
9	DC-03-07	滚珠	2	GCr15	Φ5
8	GB/T73-1985	螺钉M8×6	1		
7	DC-03-06	下端盖	1	45	
6	DC-03-05	盖	1	45	
5	GB/T68-2000	螺钉M3×6	9	45	
4	DC-03-04	转子	1	45	
3	DC-03-03	外壳	1	ZCnZn40Pb2	
2	DC-03-02	吸收块	4	石墨酚醛塑料	
1	DC-03-01	上端盖	1	45	

设计			××××厂
校核			E面波导开关
审核	比例 1:1	共 张 第 张	DC-03

配关系，具体地可按以下要点和方法进行分析。

① 找出装配体的若干装配干线，围绕装配干线逐一分析各零件。

波导开关中的主要装配干线反映在主视图上围绕转子 4 的轴线处。在这条干线上，反映了序号 15 与 4、3 与 4、1 与 4 及 6 与 4 等一系列零件间的装配关系。还反映了为减少转动旋钮 15 时的摩擦力而设置的滚珠 9 及螺钉 8。

序号 11、12 处可看成是另一条装配干线，在弹簧 11 的作用下，托轴 12 顶起滚珠 9，使之卡入序号 1 下端面的定位孔内。3 个定位孔对应于三种定位状态。切换状态可在由有机玻璃制成的指示盘 13 上刻制三个标记（图中未示出），以供选用。

② 重点分析主要零件的主要结构形状和作用。标准件的结构情况先不予考虑。

③ 将视图中的序号与明细栏中所填的内容一一对照，由各零件的名称、件数、材料和备注等帮助分析了解其功用和装配关系。

④ 借助分规、三角板等绘图工具，按三视图的"三等"投影关系及点的投影规律等基本的正投影法特性，找出每一零件在每一视图上的投影，联系起来想像出零件的结构形状。

⑤ 借助剖面线的画法规定找出同一零件在不同视图上出现的部分，以便想像其结构形状。例如，图 8-12 俯视图中外缘的三处弧形区域内的剖面线，其斜向及间距与主视图中序号 3 的剖面线画法完全一致，由此便可判定这些剖面区域反映了同一零件（外壳 3），进而便可想像出外壳是棱边倒圆且中空的正三棱柱。

⑥ 借助配合代号了解工作装态下相配零件间的松紧关系。由图 8-12 主视图可见，有 4 处标有孔、轴间的配合代号（如 $\phi 8H8/f7$、$\phi 35H9/f9$ 等），均为基孔制，轴的基本偏差代号均为 f。这是一种较松的间隙配合。选用这种配合，不仅装配便捷，更是为了保证能灵活地用手转动旋钮 15，以切换被测波导系统。

4. 分析尺寸

装配图中应标注的五类尺寸，在波导开关装配图中有较全面的反映。读者可根据波导开关的功用和工作状况自行分析并区分各类尺寸。

5. 归纳总结

通过上述步骤的读图，应再对照检查本节开头提出的看懂装配图的要求是否均已达到？为检查读图的正确性，可逐一分析每个零件的装拆顺序。如果发现有装不上、卸不下等情况，则说明前面分析中对零件结构形状的识读和想像有误。

第九章 电气工程图

电气工程图是按电子技术的要求，用规定的图形符号、字符、代号、图线等按一定的规定绘制而成的图样。它是每一件电子产品从开发设计、生产制造到保养修理以及技术交流过程中必不可少的"语言"和技术文件。

根据用途和表达形式不同，电气工程图可分为两大类：第一类是按正投影方法绘制的图样，用以说明电子产品加工和装配关系等，如零件图、装配图、外形图、线扎图、印制板图等；第二类是以图形符号为主绘制的简图，如总布局图、系统图、电路图、接线图、功能图、逻辑图、流程图等。

第一节 国家标准的基本规则

国家标准 GB/T 6988—1997《电气制图》规定了电气技术领域中各种图样的编制方法、画法规则等，现介绍如下。

一、制图的一般规则

1. 图纸幅面、代号及格式

图纸幅面、代号及格式均按 GB 14689—1993 有关规定（详见第一章第一节）。在选择图纸幅面大小时应考虑以下因素：

① 文件的易读性；

② 文件结构组成和复杂程度；

③ 尽量选用较小幅面；

④ 便于图纸的装订和管理；

⑤ 文件编制的计算机辅助设计要求；

⑥ 文件整理、复印、缩微、归档和其他文件加工过程的要求。

2. 图线

(1) 图线形式 电气工程图中的图线应采用表 9-1 所示图线。

表 9-1 图线 (GB/T 6988.2—1997)

名 称	线 型	一 般 应 用
实线	——————	基本线、简图主要内容用线、可见轮廓线、可见导线
虚线	— — — — —	辅助线、屏蔽线、机械连接线、不可见轮廓线、不可见导线、计划扩展内容用线
点划线	——— · ———	分界线、结构围框线、功能围框线、分组围框线
双点划线	——— · · ———	辅助围框线

(2) 图线宽度 绘图用图线宽度一般应从以下系列中选取：0.25，0.35，0.5，0.7，1.0，1.4（mm）。常用的图线宽度为 0.5、0.7、1.0（mm）。

3. 字体与比例

图纸用字体按 GB/T 14691 的规定（详见第一章第一节）。为了适应缩微的需要，字体的最小高度见表 9-2。比例的选择应符合 GB/T 14690—1993 中推荐的比例（详见第一章第二节）。

表 9-2　图纸幅面与字体高度/mm

字体的型式	幅　面				
	A0	A1	A2	A3	A4
$A(h=14d)$	5	5	3.5	3.5	3.5
$B(h=10d)$	3.5	3.5	2.5	2.5	2.5

注：h 为大写字母和数字的高度；d 为图线宽度。

4. 箭头符号、指引线、连接线

（1）箭头符号　在简图中连接线和信号线上的箭头应是开口的，如图 9-1（a）所示；在指引线上的箭头应是实心的，如图 9-1（b）所示。有关箭头符号的其他使用说明见表 9-3。

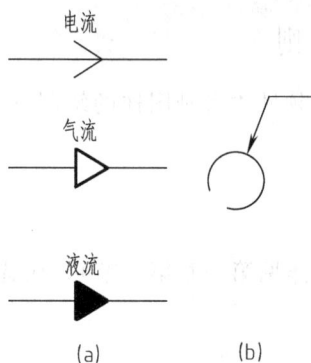

图 9-1　箭头符号图例

表 9-3　箭头符号说明

序　号	符　号	说　　明
02-03-01		调节性，通用符号
02-04-01		力或运动方向
02-05-01		能量和信号流的传播方向
03-01-10		指引线的终端到连接线，该符号表示五根导线中箭头所指的两根线在一根电缆内

（2）指引线　采用细实线，并指向被注释处。指引线末端应按如下方式表示。

① 末端在连接线上，应采用与连接线和指引线都相交的一短线或用箭头终止，如图 9-2 所示。

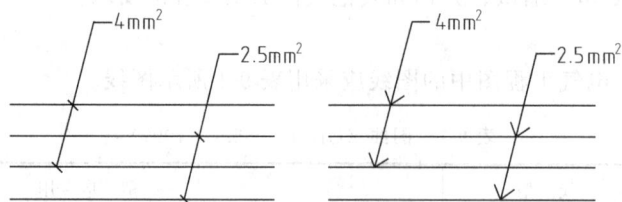

图 9-2　指引线图例

② 末端在物体的轮廓内，用一圆点来终止，如图 9-3（a）所示。

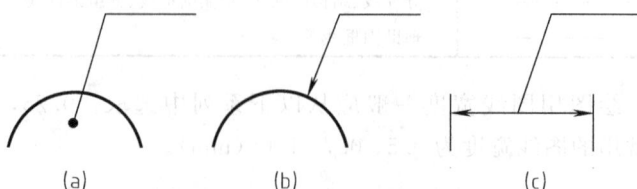

图 9-3　指引线的终止图例

144

③ 末端在物体的轮廓上，用一箭头来终止，如图9-3（b）所示。

④ 末端在尺寸线上，即不用圆点也不用箭头，如图9-3（c）所示。

（3）连接线　电气工程图的连接线用实线，计划扩展的内容用虚线。

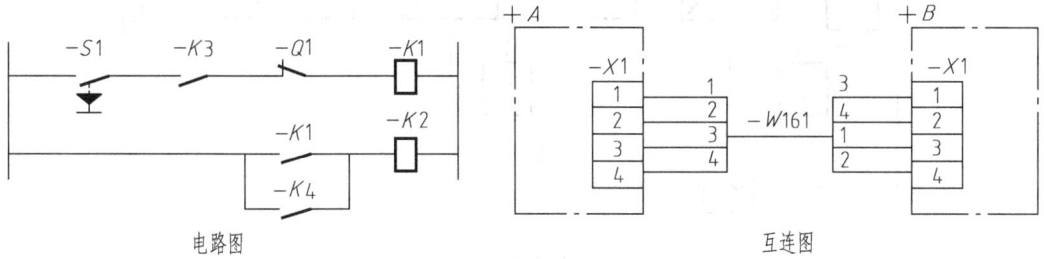

(a) 水平取向连接线

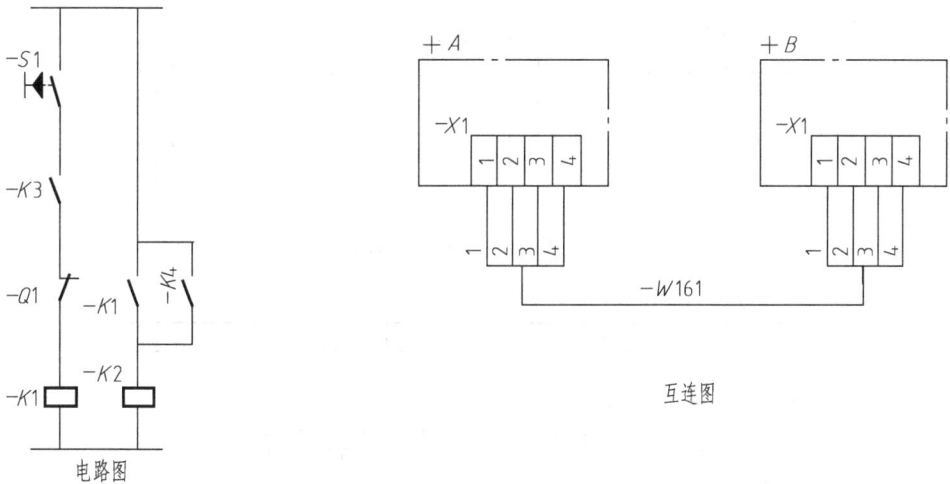

(b) 垂直取向连接线

图9-4　连接线的水平或垂直画法

① 画连接线的一般规定：在画简图时，连接线应尽量按水平或垂直取向，并避免弯曲与交叉，如图9-4所示。但为了改善简图的清晰度，也允许采用斜线，如图9-5所示。

为了突出重要电路，有些电路连线可采用粗实线，如图9-6所示（特别强调主信号线路）。

图9-5　连接线的斜线画法

② 连接线标记：当需要对连接线作信号代号标记时，标记应沿着连接线置于水平连接线的上边或垂直连接线的左边，也可在连接线的中断处，如图9-7所示。

③ 中断线：连接线在下列情况下可以中断。

·当连接线需要穿过大部分幅面和穿过稠密区域时，允许将连接线中断，但要加相应的标记，如图9-8所示（X标记）。

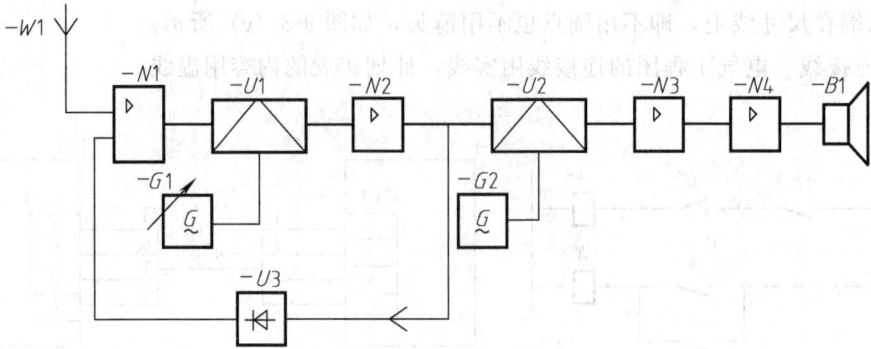

图 9-6 连接线用粗实线

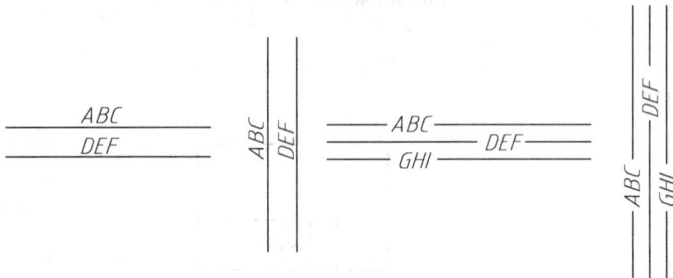

图 9-7 连接线的标记

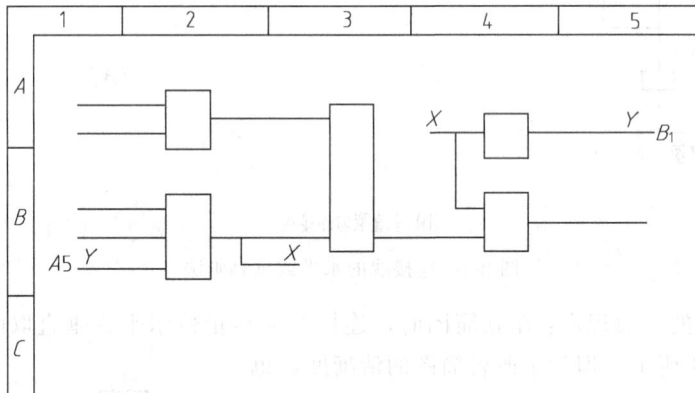

图 9-8 中断线的标记示例

• 两张或多张简图内的项目之间有连接关系时，应在中断线的两端加注图号、张次、图幅分区代号，以便查找识别，如图 9-9 所示。

④ 连接线的简化表示法：简图中的多根平行线可采用一根连接线表示，称为线束。表示方法如图 9-10 所示，应注意表示清楚。

⑤ 连接线之间的接点：连接线的接点通常按 GB/T 4728.3 中符号 03-02-04、03-02-05 和 03-02-06 的 T 型连接来表示。对计算机辅助设计系统来说，则要求每个接点处必须加接点符号（圆点），如图 9-11 所示。

146

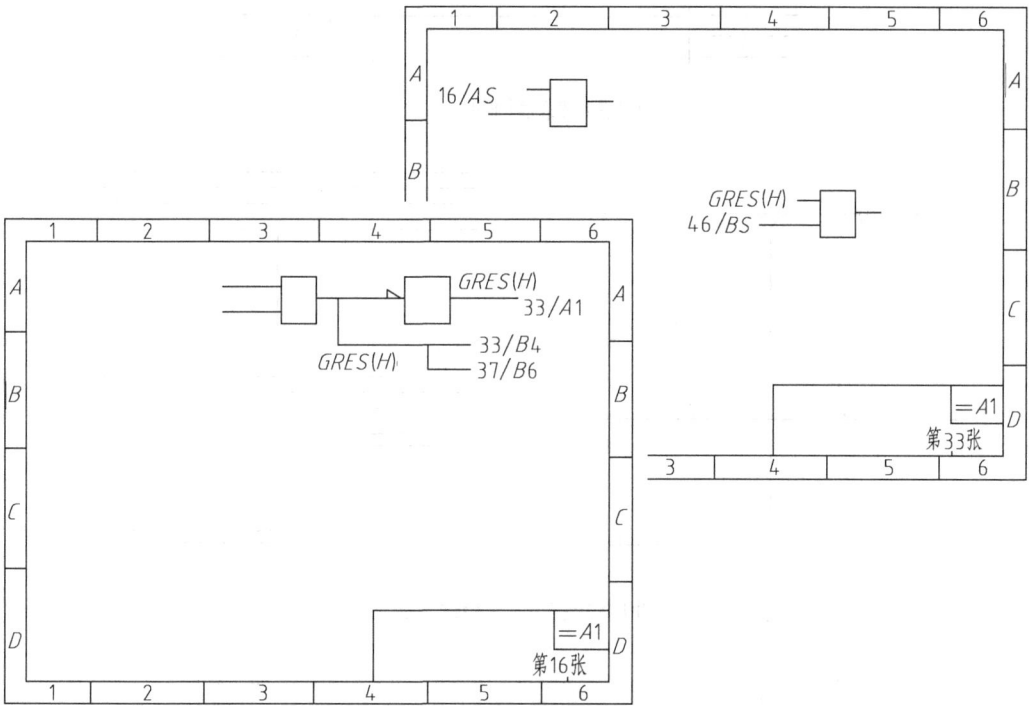

(a)

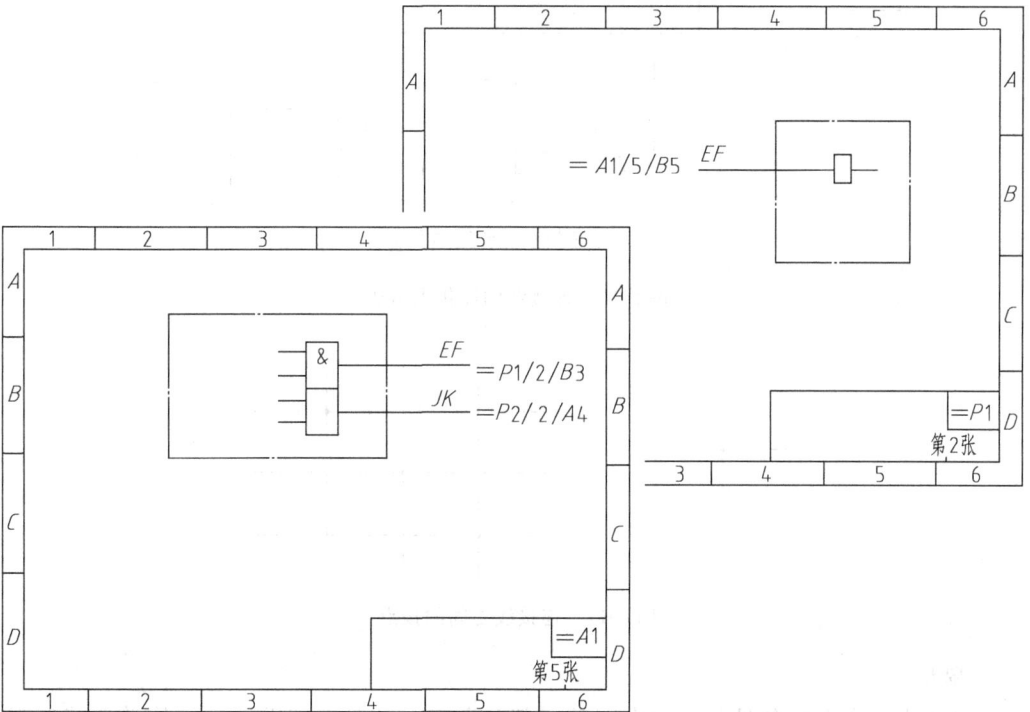

(b)

图 9-9　多张图纸中的中断线的表示法

(a) 用线束表示多根线

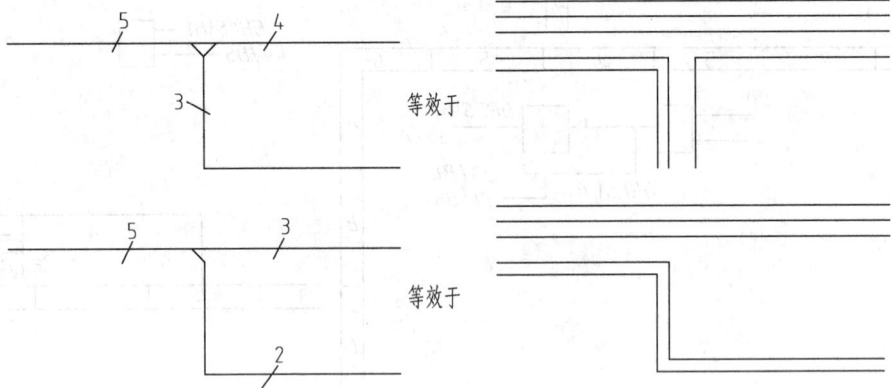

等效于

等效于

(b) 标有连接线数的单线表示法

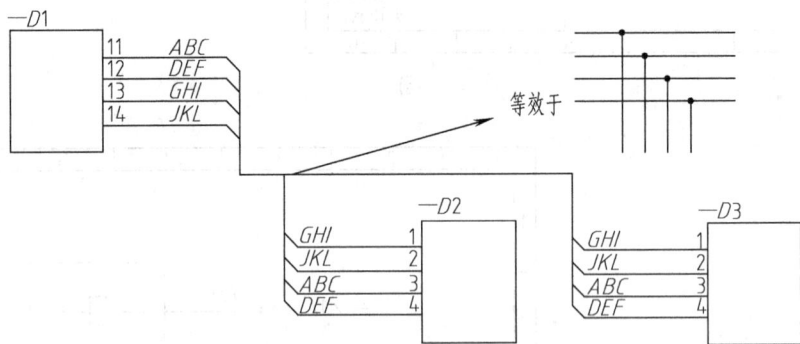

等效于

(c) 用信号代号标识连接线的线束

图 9-10　连接线的简化表示法

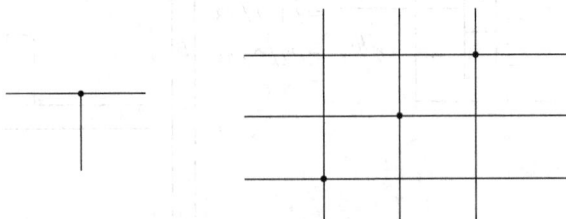

图 9-11　连接线之间的接点

5. 围框

　　在简图中，当需要在图上显示出图的一部分所表示的是功能单元、结构单元或项目组时，可以用点划线围框表示。围框应由规则的封闭围成，围框连线不应与任何元件符号相交，如图 9-12 所示。

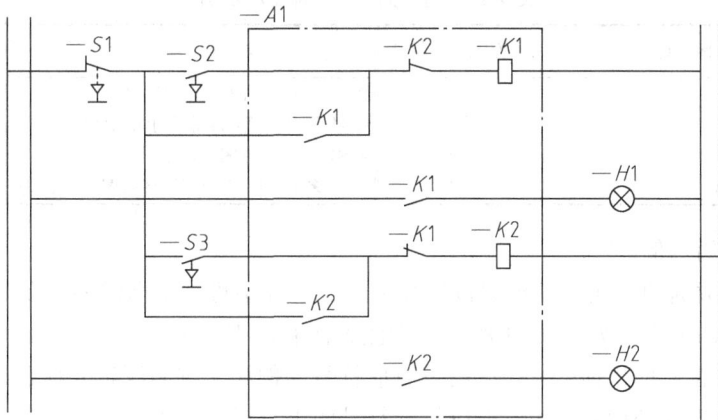

图 9-12　围框画法

6. 项目代号与端子代号

每个项目和端子的代号应按照 GB 5094《电气技术中的项目代号》的规定表示。

对于端子标志，按 GB/T 4026《电器设备接线端子和特定导线线端的识别及应用字母数字系统的通则》标注。

项目种类字母代码可由一个或几个字母组成，如电阻用 R 表示、电容用 C 表示、电感用 L 表示等（其他见附表11）。

在图样文件中，同一份电气文件给出的项目代号以及连接点端子给出的代号应遵守下列原则。

① 代号的一致性，在同一份电气文件中，代号应是惟一的，避免混淆。

② 代号的位置项目代号应标注在所标注符号和连接线上方，若垂直时，标注在符号和连接线的左方，如图 9-13 所示。

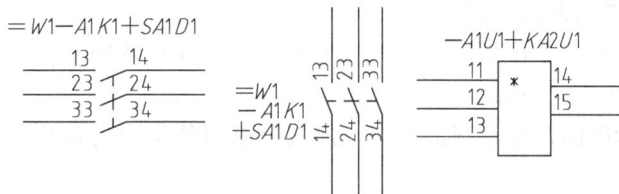

图 9-13　项目代号、端子代号标注示例

③ 应把项目代号的共用部分填注在标题栏内，最后层次的代号标注在简图中。项目和端子代号及其标注为在简图和具体设备中查找具体的项目提供了方便。

7. 位置、技术数据和其他信息的标记和注释

(1) 字母符号的标注　简图中的图形符号所标注的字母应在图形符号的上方或左方，需标注的量和单位信息应符合 GB 3100—3102《量和单位》的规定，如图 9-14 所示。

(2) 位置标记方法　图幅分区法是位置标记方法的一种。根据图幅分区法，图上每个符号或元件的位置可用行的字母和列的数字或代表区域的字母与数字的组合来表示。图纸的张号、图号与项目代号可放在位置标记之前，例如：＝A1/2/B2，其中"＝A1"表示一个项目，数字"2"表示项目的图纸张号，"B2"表示某符号在图上的位置。表 9-4 为有关位置标

149

表 9-4　位置标记规则的应用示例

位 置 标 记	位置标记符号	位 置 标 记	位置标记符号
同一张图上的 B 行	B	图号为 4568 单张图的 B3 区	简图 4568/B3
同一张图上的 3 列	3	图号为 5796 第 34 张图上的 B3 区	简图 5796/34/B3
同一张图上的 B3 区	B3	＝S1 单张系统图上的 B3 区	＝S1/B3
第 34 张图上的 B3 区	34/B3	＝S1 多张系统图上的第 34 张图上的 B3 区	＝S1/34/B3

记规则的其他应用示例。

　　元器件技术数据的标注，其数据包括数字、文字和字母，根据需要可在简图中标出，并标注在项目代号的下面，如图 9-14 所示，标注方法有以下几种。

　　① 在元器件符号的里面：主要适用于矩形符号，例如二进制逻辑元件、继电器。

　　② 在元器件符号外面：技术数据应靠近符号的上方或左方处标记。

　　③ 技术数据应标记在项目代号下面。

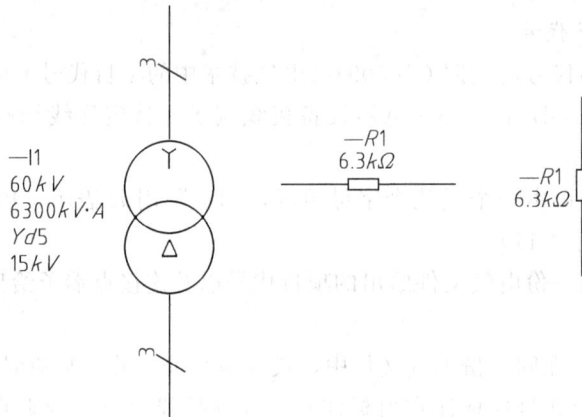

图 9-14　图形符号的标注

　　（3）信号波形技术数据的标注

　　① 沿着连接线方向标注在水平连接线的上方或垂直连接线的左边，标注时不得与连接线接触或相交，如图 9-15 所示。

　　② 将符号放在封闭的符号（圆形）内，通过一条引线接到连接线上，在连接处画一短斜线，如图 9-16 所示。

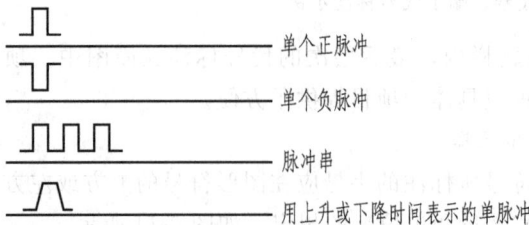

图 9-15　信号波形的标注

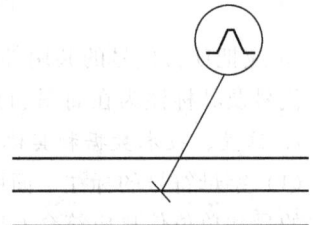

图 9-16　信号波形用引线标注

　　（4）注释与标识　当图上的信息不能用其他方法表达时，应采用注释。注释应标注在说明对象附近，或加上标记，然后在图纸边框边缘附近标注解释。

对多张技术文件的一般性总注释应放在第一张图样上。

二、电气工程图中的符号

电气工程图"图形符号"是构成电气图的基本单元，是电气技术文件的"象形文字"，是工程语言的"单词"。在电气工程图中正确识别、选用和绘制"图形符号"是十分必要的。

1. 图形符号

电气图形符号在 GB 4728 中已有规定，在绘制过程中应严格按国家标准规定的符号绘制。

(1) 常用电气图形符号　图 9-17 所示为图形符号举例（见附表 10）。

(2) 图形符号的使用说明

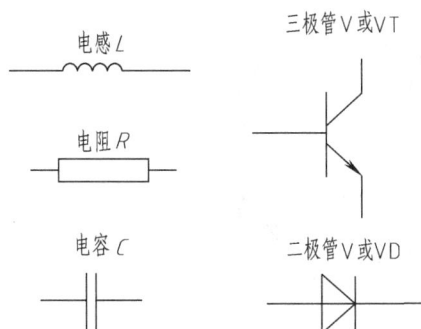

图 9-17　图形符号举例

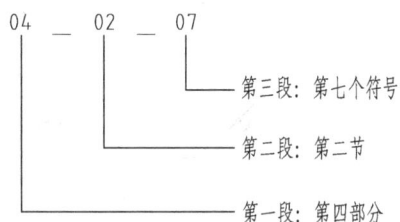

图 9-18　编号的意义

① 符号的编号：在 GB 4728 中每个符号都给出了一个序号，此序号由三段构成，如图 9-18 所示。

② 符号的使用说明

· 所有的图形符号，均按无电压、无外力作用的正常状态示出。

· 图形符号的大小和宽度不影响符号的含义。

· 图形符号一般都有引线画出。在不影响符号含义时，可以改变引线位置，如图 9-19 所示。

· 图形符号根据需要可旋转或成镜像放置，但文字标注和指示方向不得倒置，如图 9-20 所示。

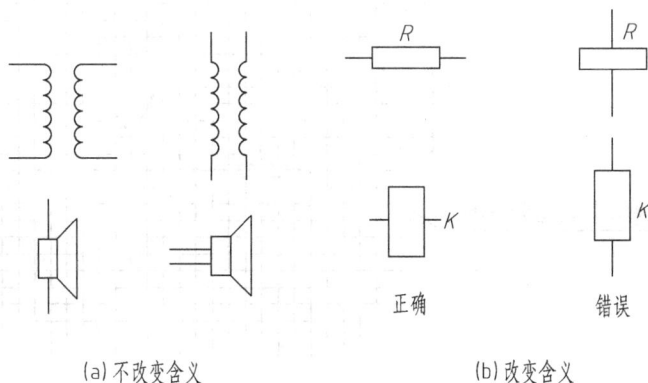

(a) 不改变含义　　　　(b) 改变含义

图 9-19　符号的引线位置变化

151

• 在同一份图样中，图形符号应选用同一形式。

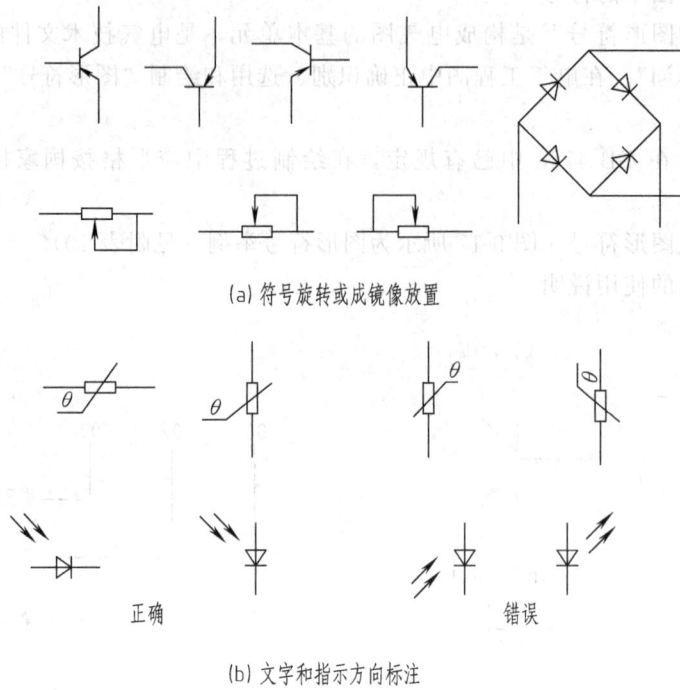

(a) 符号旋转或成镜像放置

正确   错误

(b) 文字和指示方向标注

图 9-20 符号的使用说明

③ 图形符号的绘制：图形符号是按网格控制绘制出来的，但网格不随符号示出，一般情况下可直接用于绘图。符号的大小应设计为 $2M$（M 为模数，$M=2.5mm$）的倍数。两条连线之间至少应有 $2M$ 距离以符合国际通行最小字高为 2.5mm 的需求。

在使用计算机绘图时，图形符号可直接从图形库中调出绘制。计算机辅助绘图系统的网格、图形符号大小与网格关系如图 9-21 所示。

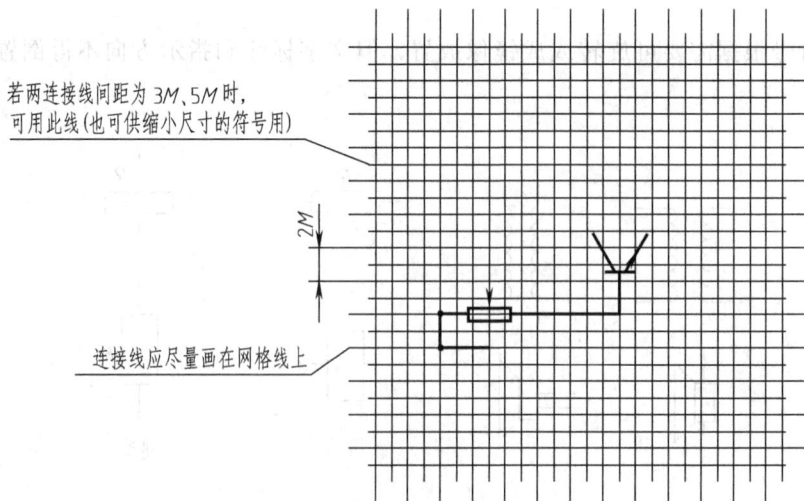

若两连接线间距为 $3M$、$5M$ 时，可用此线（也可供缩小尺寸的符号用）

$2M$

连接线应尽量画在网格线上

图 9-21 用计算机绘制图形符号

2. 文字符号

电气设备（系统）由各种元器件、集成电路、部件等构成。在技术文件中，除图形符号外还必须标注文字符号以区别名称、功能、相互关系、安装位置等。

文字符号包括字母、数字、汉字，在文件中可单独或组合使用。

① 字母分单字母、双字母和用缩写英文字母表示，如 R 表示电阻，ON 表示开状态。

② 数字多用于编号和端子代号，如 R12。

③ 汉字多用于技术说明和注释，如图 9-22 所示。

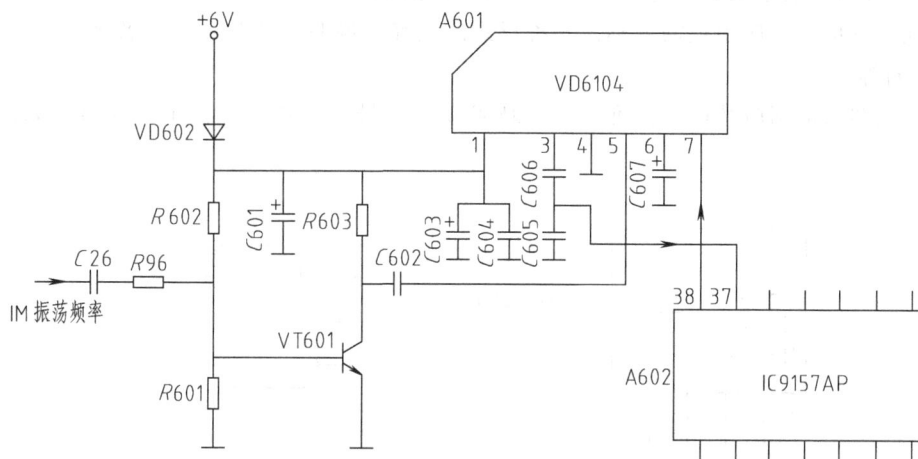

图 9-22　技术说明和注释

第二节　系统图和框图

系统图和框图是用符号和带注释的矩形框来表示系统、设备等的基本组成、主要特征、功能和相互关系的一种简图。系统图和框图原则上没有区别，在实际使用中，通常系统图用于系统或成套装置，框图用于分系统或设备，如图 9-23 所示。

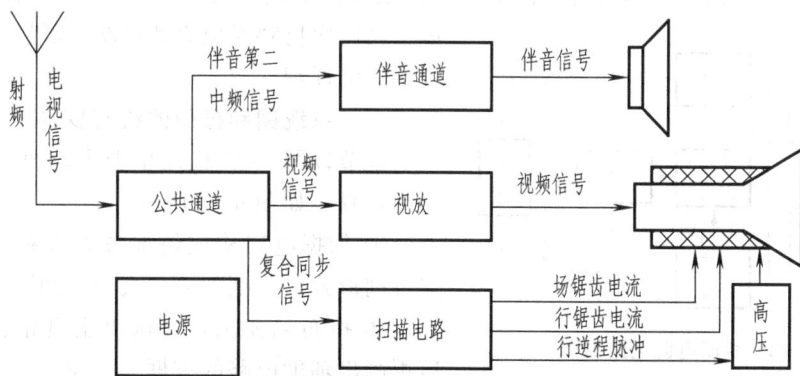

图 9-23　电视机工作原理框图

一、系统图和框图的主要用途

① 概略地表示系统、设备的总体关系和主要工作流程。

② 为进一步编制详细的技术文件提供依据。

③ 作为安装、操作、维修时的参考文件。

二、系统图和框图的绘制方法

1. 系统图的绘制方法及要求

① 系统图和框图中的框采用矩形框，长宽之比常用 1∶1、2∶1、3∶2、5∶3 等，用实线绘制，框内注释应包括符号、文字或同时示出，框的大小依据表达内容、幅面而定。

② 框与框、框与图形符号之间的连接用单实线表示，机械连接用虚线，并在连接线上用箭头表明作用过程和方向。连线交叉和弯折应成直角，如图 9-23 所示。

③ 框、图形符号应根据需要标注各种形式的注释和说明，如标注信号名称、技术数据、波形、流向等。

④ 系统图和框图应按国家标准《电气技术项目代号》的规定标注项目代号，如图 9-24 所示。

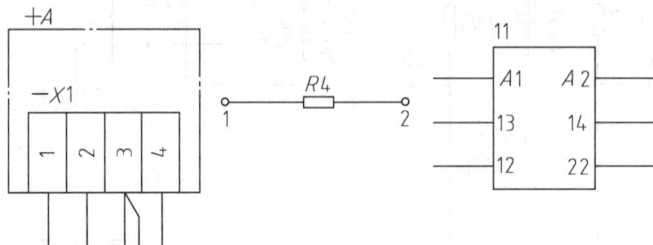

图 9-24　项目代号标注方法

2. 系统图与框图布局原则

电气系统和设备由多个电路功能单元组成，系统图和框图布局要充分体现相互联系、前后顺序和主要技术特征。

① 系统图和框图在布局时，应合理、清晰、均衡，有利于识别过程和信息流向。

② 系统图和框图在布局时，应按功能法则，主电路从左到右水平布置，辅助电路应在主电路下方布置，如图 9-6 所示。

③ 系统图和框图可在不同的层次上放置，根据需要逐级分解，划分层次绘制。一般来说，高层次反映对象表达概略，低层次反映对象表达较为详细。

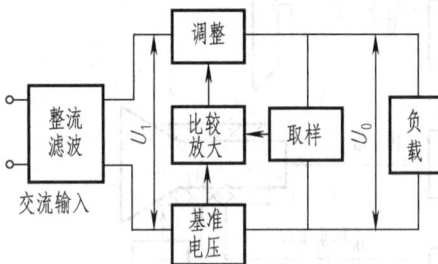

三、系统图和框图的绘制步骤

本节以图 9-25 稳压电源电路框图为例介绍绘图步骤，如图 9-26 所示。

① 依据电路构成情况考虑排布方案（如确定行列形式，方框个数、大小、间隔等）。

② 按布局要求，先画出主电路各方框，然后再画出辅助电路的方框。

图 9-25　稳压电源电路框图

③ 在各方框内分别填写相应电路单元的名称、简号和主要元件符号。

④ 按作用过程和作用方向用线条和箭头连接各方框。

⑤ 标注其他文字、特性参数或波形。

⑥ 检查并完善全图，擦除多余图线，加深方框和图线。

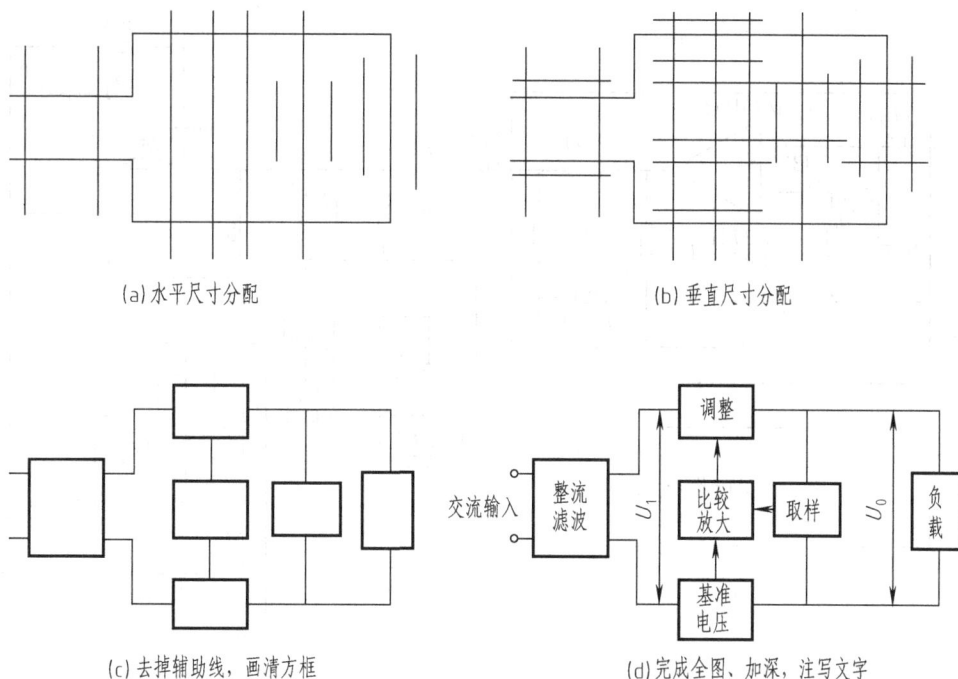

(a) 水平尺寸分配

(b) 垂直尺寸分配

(c) 去掉辅助线，画清方框

(d) 完成全图、加深，注写文字

图 9-26 电子稳压电路框图绘制步骤

第三节 电 路 图

电路图是使用图形符号、文字符号表示各元器件、单元之间的电路工作原理及相互连接关系的简图。电路图又称电原理图，是电路分析、装配检测、操作调试、维护修理的重要技术资料与依据。

一、电路图的作用和目的

① 详细表述电器设备全部基本组成部分的工作原理、电路特征和技术性能指标。

② 为产品装配、编制工艺、调试检测、分析故障提供信息。

③ 为编制接线图、印制线路板图及其他功能图提供依据。

二、电路图的绘制规则

1. 电路图的布局原则

电路图的布局原则为"布局合理、排列均匀、画面清晰、便于看图"。

2. 电路图的绘制要求

① 所有元器件应采用图形符号绘制。文字符号标注应在图形符号的上方或左方，需标注技术参数时，应在文字符号下方，如图 9-14 所示。

② 电路图布置应输入端在左、输出端在右、按工作原理从左到右、从上到下成一列或数列排列，元器件（图形符号）纵、横位置应平齐，如图 9-27 所示。

③ 元器件之间电路连接线用单实线表示，应连线最短、交叉最少、横平纵直。功能、结构单元围框用点划线表示，连线过长应使用中断线，如图 9-27 所示。

④ 电路图中的可动元件应按如下状态画出：

· 开关、断路器：在断路位置；

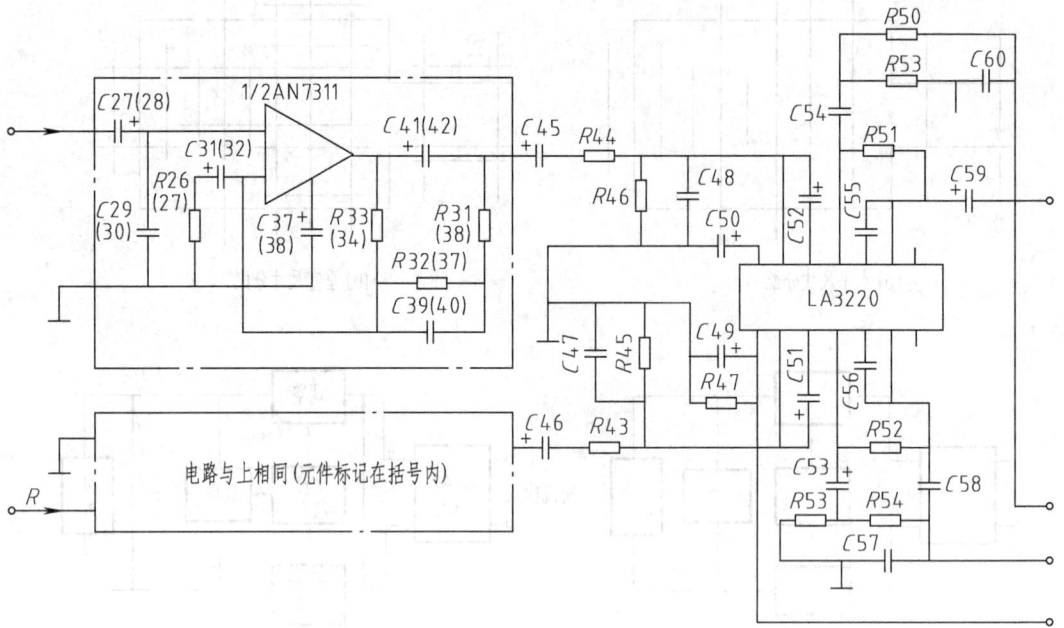

图 9-27　电路图布局

・继电器、接触器：在非激励的状态；

・机械操作开关：在非工作状态或位置；

・事故、备用、报警等开关：在设备正常使用位置。

⑤ 在整体布局时，应注意元器件、连接线之间的间隔，留有足够的空隙标注文字符号、技术参数及注释。

三、电路图中基础电路模式和相同支路的简化画法

1. 基础电路的简化画法

国家标准 GB/T 6988.2 规定了常用基础电路模式的简化画法。

2. 电路中相同支路的简化画法

电气工程图中某个单元和电路分支按照国家标准可用简化法画出，如图 9-28 所示。

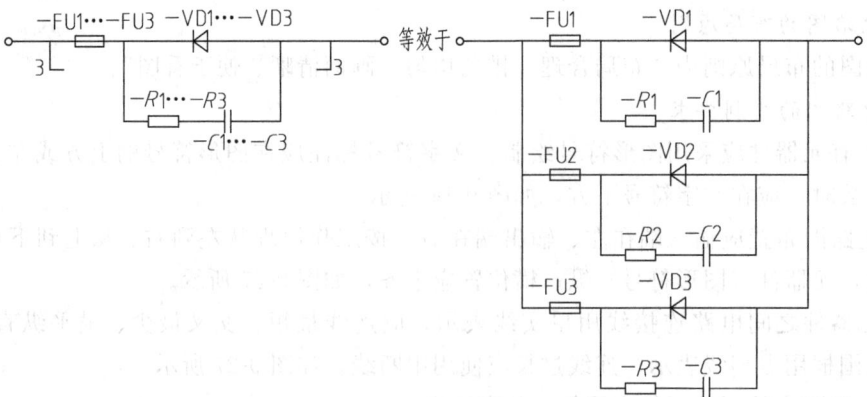

图 9-28　简化电路画法

四、电路图中位置表示方法

1. 图幅分区法

按 GB/T 6988.1 规定的图幅分区法划分。

2. 电路编号法

对电路或分支电路可用数字编号来表示位置，数字编号应按从左至右、从上到下顺序排列，如图 9-29 所示。

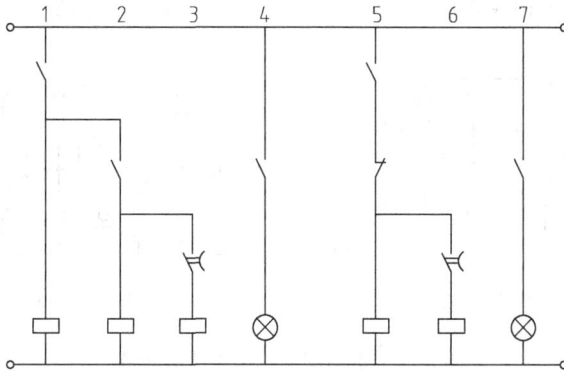

图 9-29　电路编号

3. 表格法

在图的边缘部分绘制一个以项目代号分类的表格，表格中的项目代号和图中相应的图形符号在垂直或水平方向对齐，图形符号应标注项目代号，如图 9-30 所示。

电容器				−C5
电阻器	−R14　−R17　−R18　−R20 −R15　　　　−R19 −R16			
其他	−VD18　−VT6　　−K1 　　　　　　　　−VT7			

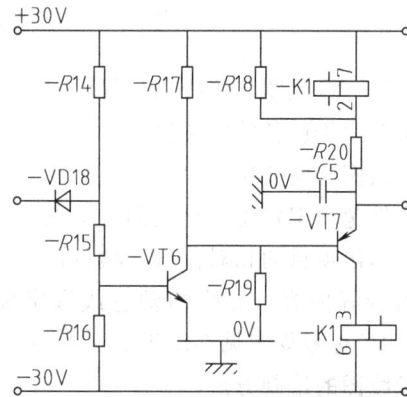

图 9-30　电路表格法

五、电路图的绘图方法与步骤

图 9-31 所示低频两级放大电路图，现以此为例介绍电路图的绘制方法与步骤。如图 9-32 所示。

① 将全图按主要元件分成若干段。

② 排列主要元件的图形符号，并注意将各主要元件尽量位于图形中心水平线上。

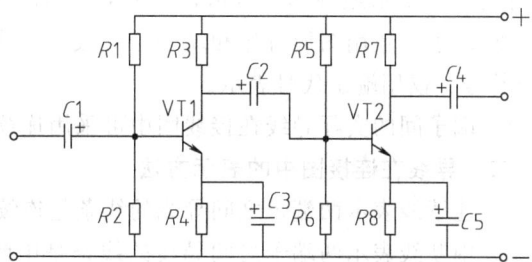

图 9-31　低频两级放大电路图

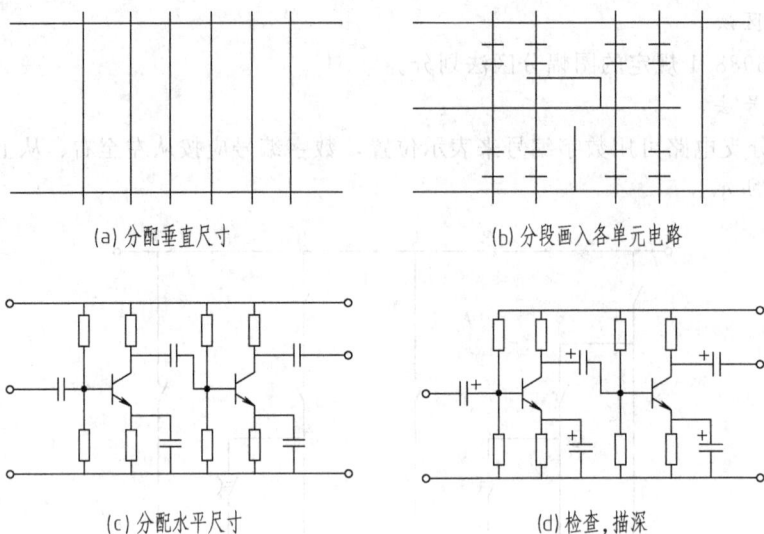

(a) 分配垂直尺寸　　　　　　　(b) 分段画入各单元电路

(c) 分配水平尺寸　　　　　　　(d) 检查,描深

图 9-32　电路图的绘图方法与步骤

③ 分段画入各单元电路，并注意前后上下的疏密和衔接。

④ 检查无误后描深。

⑤ 标注各元件的位置符号及有关备注（文字、字母、波形说明）。

⑥ 校对、审核，完成正稿图。

第四节　接线图与接线表

接线文件（接线图与接线表）提供了各个项目的元件、器件、组件和装置之间实际连接的信息，主要用于设备的安装接线、线路检查、维修、故障处理等。在实际应用中，接线文件通常和电路图一同使用。

接线文件包含识别每一连接的连接点以及所用导线或电缆的信息，由接线图和接线表组成。它应表示出项目的相对位置、项目代号、端子号、导线号、导线类型、导线截面积、屏蔽和导线组合等内容。导线的颜色或数字标识方法见 GB/T 7947《导线的颜色或数字标识》，电气颜色标号规定见 GB/T 13534《电气颜色标志的代号》。

一、接线图的绘制方法

接线图主要由元件、端子和连接线组成。

① 接线图中各个项目（如元件、器件、部件、组件、成套设备等）可采用简单的轮廓（如正方形、矩形或圆形）表示，也可采用图形符号。

② 端子一般用图形符号和端子代号表示。当用简化外形表示端子所在项目时，可不画端子符号，仅用端子代号表示。

③ 端子间的实际导线在接线图中可采用连续实线和中断线表示。

二、导线在连接图中的表示方法

① 连续线表示两端子之间导线的线条是连续的，如图 9-33 所示。

② 中断线表示两端子之间导线的线条是中断的，在中断处必须标明导线的去向，标记符号对应关系，如图 9-34 所示。

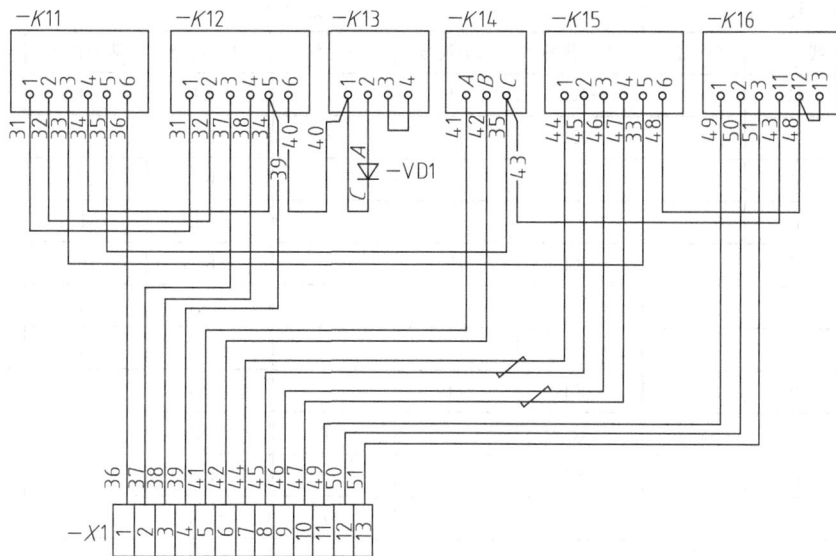

图 9-33　用连续线画连接图

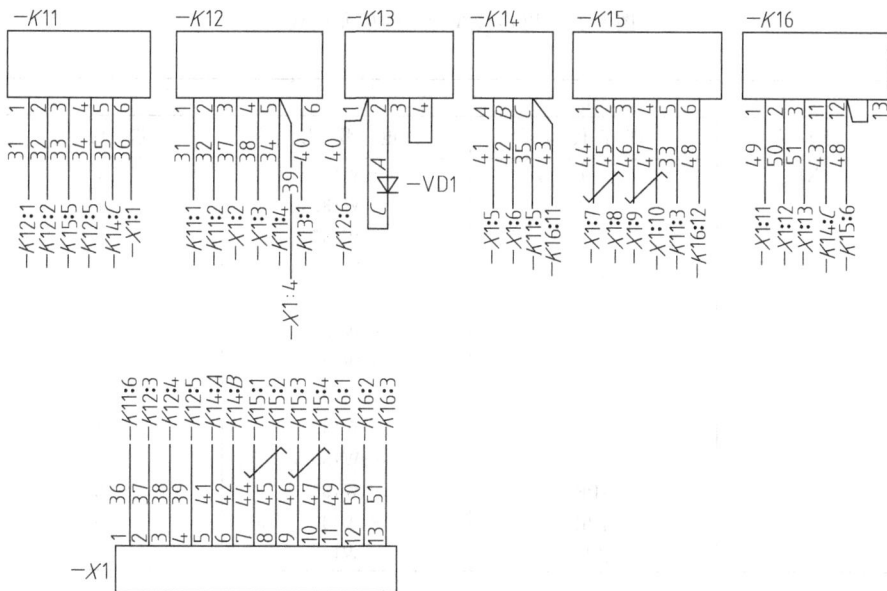

图 9-34　用中断线画连接图

三、接线表的绘制方法

（1）接线表的格式

① 以连接线为主的格式：应在接线表中首先将连接线（导线、电缆、电缆芯等）序号依次列出，并列出对应于每条连接线所连接的端子后端点代号，如图 9-35 所示。

② 以端子为主的格式：要求将需要连接的元件及端子依次在表中列出并对应列出与端子相连的连接线，如图 9-36 所示。

（2）表示方法　在接线表中元件用项目代号表示，端子用标志在元件上的端子代号表示。同一端子在文件中应使用相同的端子代号，如图 9-24 所示。

连 接 线			连 接 点					
型 号	线 号	备 注	项目代号	端子代号	备 注	项目代号	端子代号	备 注
	31		−K11	:1		−K12	:1	
	32		−K11	:2		−K12	:2	
	33		−K11	:3		−K15	:5	
	34		−K11	:4		−K12	:5	39
	35		−K11	:5		−K14	:C	43
	36		−K11	:6		−X1	:1	
	37		−K12	:3		−X1	:2	
	38		−K12	:4		−X1	:3	
	39		−K12	:5	34	−X1	:4	
	40		−K12	:6		−K13	:1	−V1
	−		−K13	:1	40	−V1	:C	
	−		−K13	:2		−V1	:A	
	短接线		−K13	:3		−K13	:4	

图 9-35　以连接线为主的单元接线表

项 目 代 号	端 子 代 号	电 缆 号	芯 线 号
−X1	:11	−W136	1
	:12	−W137	1
	:13	−W137	2
	:14	−W137	3
	:15	−W137	4
	:16	−W137	5
	:17	−W136	2
	:18	−W136	3
	:19	−W136	4
	:20	−W136	5
	:PE	−W136	PE
	:PE	−W137	PE
	备用	−W137	6

+A4

345778

图 9-36　以端子为主的端子接线表

（3）导线可按下列方法表示

① 项目代号；

② 依据实际连接线的标记或颜色；

③ 任意设定的标识号；

④ 连接线所连接的端子组。

接线图（表）可分为单元、互连、端子、电缆等形式。下面介绍单元接线图（表）。单元接线图（表）是用来表达一个结构单元内部信息的接线文件。在绘制时视图应最清晰地表示各个元件的端子和位置，如图9-33～图9-36所示。

第五节 线 扎 图

线扎图是表示多根导线和电缆用绑扎、扣锁或粘合等方法组合成线束的图样。

一、线扎图的表示方法

线扎图的表达方式有结构方式和图例方式两种。

1. 结构方式

线束的主干和分支用双线轮廓绘制，线束中始末引出头用粗实线绘制，电缆应按实物外形示出，绑扎处用细实线绘制，如图9-37所示。

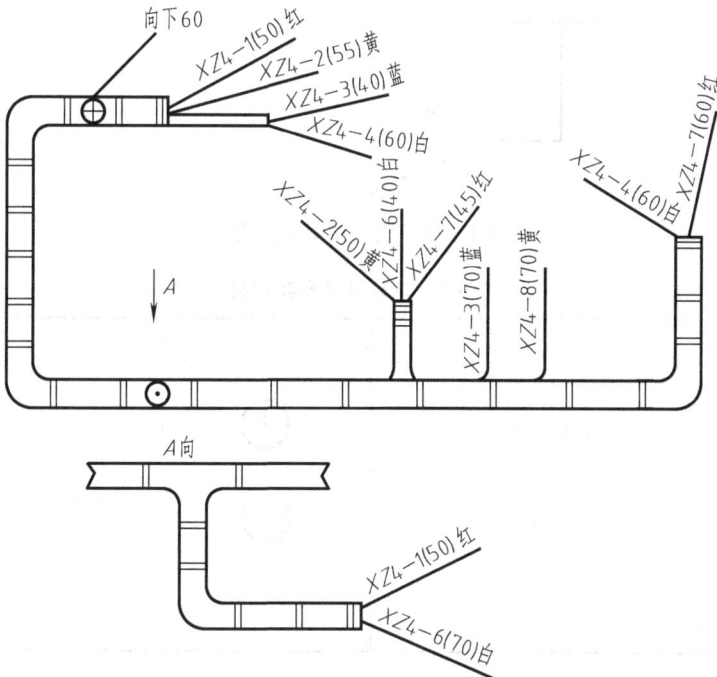

图 9-37 线扎图结构方式

2. 图例方式

所有主干、分支和单线均采用粗实线绘制，如图9-38所示。

二、线扎图的绘制方法

① 线扎图一般采用在同一平面上线扎的视图表示，在折弯处用折弯符号和用 A 向视图补充表示，如图9-37所示。线扎图通常采用1∶1绘制，折弯符号及其意义见表9-5。

② 在线扎图中，必须对每一根导线的始末端进行编号，编号应注写在导线引出头的旁边。

③ 线扎图的主干、分支线均应标注尺寸，而单线的引出头长度可用数字表示，如图9-38所示。

④ 线扎中所有包含的导线编号、规格、预定长度等，按顺序可在明细表中说明，见表9-6。

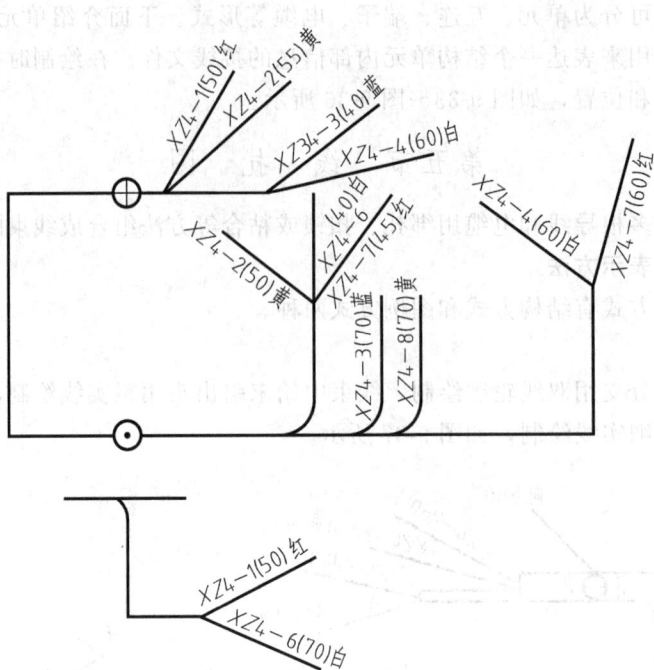

图 9-38　线扎图图例方式

表 9-5　折弯符号及其意义

符　号	意　义	符　号	意　义
⊙	表示垂直向上折弯 90°	⊕(右向)	表示向下折弯 90°再向左折弯 90°
⊕	表示垂直向下折弯 90°	⊕(下向)	表示线束在折弯处呈两个分支折弯，一支向上，一支向下
⊖	表示向上折弯 90°再向右折弯 90°		

表 9-6　导线编号表

编　号	导线规格 （牌号　线径　颜色）	预定长度	备　注	更　改

第六节　印制电路板图

　　印制有导线和元件系统的绝缘基板称为印制电路板，简称印制板。印制电路板在电子设备中主要用于安装、贴装、连接各种电子元器件，同时还起着电气连接作用、绝缘作用和结构支撑作用。

162

一、印制电路板的基本知识

1.印制电路板的加工过程

电路图→印制电路设计→绘制照相底图→照相制版→图形转移→蚀刻→印制插头的电镀→表面处理与滚锡→钻孔或冲孔→孔金属化→修边与机加工。

2.印制电路板的类型与特点

常用的印制电路板的基板材料为敷铜环氧酚醛层压纸板和布板两大类。印制电路板具有可靠性高、机械强度大、耐冲振性能较好、厚度小、重量轻、便于标准化、用铜量小、批量生产效率高等特点。

印制电路板按其结构可分为单面印制板（即一面敷铜箔）、双面印制板、多层印制板和柔性印制板。

3.印制电路板的轮廓与尺寸

印制电路板的形状以矩形为常见，具体尺寸可参阅国家有关标准。非国家标准应根据要求和结构需要确定尺寸。

（1）引线孔和安装孔

① 引线孔：元器件引线端子用孔，孔径为元器件引线端子直径的1.1～1.5倍。

② 安装孔：安装较大之器件及印制板的安装固定用孔，应按国标标准件的公称直径来确定孔径大小［即：公称直径×(1.1～1.2)］。

（2）印制导线与焊盘

① 印制导线的宽度及间距根据截流量、工作环境、工作电压、频率、敷铜厚度来决定，宽度常在0.2～2.0mm范围选择，特殊要求另行设计。

印制导线之间的间距根据电压、频率、气压等条件确定，一般应不小于0.5mm。

② 焊盘是引线孔周围的环状敷铜箔，供焊接元器件引线使用，基本形式为圆形和矩形，如图9-39所示。

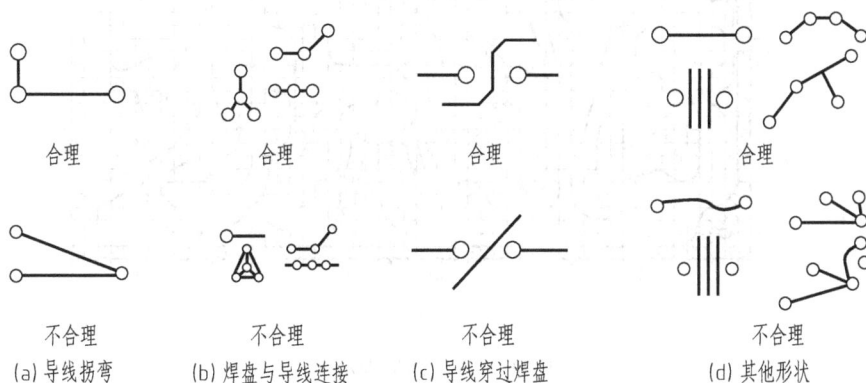

合理	合理	合理	合理
不合理	不合理	不合理	不合理
(a)导线拐弯	(b)焊盘与导线连接	(c)导线穿过焊盘	(d)其他形状

图9-39 印制导线与焊盘图例

二、印制电路板图的绘图方法

按照用途的不同，印制板图可分为印制板零件图和印制板装配图两大类。

1.印制板零件图

印制板零件图是表示导电图形、结构要素、标记符号、技术要求和有关说明的图样。

（1）内容及要求

① 视图的选择：单面印制板的图样一般用一个视图。双面印制板的图样一般用两个视图（主视图、后视图）。多层印制板的每一导线层应绘制一个视图，视图上应标出层次序号。当视图为后视图时应标注"后视"字样。

② 根据需要，必要时可将结构要素和标记符号分别绘制，此时技术要求和有关说明应写在第一张图上。

（2）导电图形表示方法　印制导线有以下四种表示形式，如图 9-40 所示。

① 双线轮廓绘制表示法，如图 9-40（a）所示。

② 双线轮廓内涂色绘制表示法，如图 9-40（b）所示。

③ 双线轮廓内剖面符号绘制表示法，如图 9-40（c）所示。

④ 单线表示法，用于印制导线宽度小于 1mm 时或宽度基本一致时的绘制，如图 9-40（d）所示。

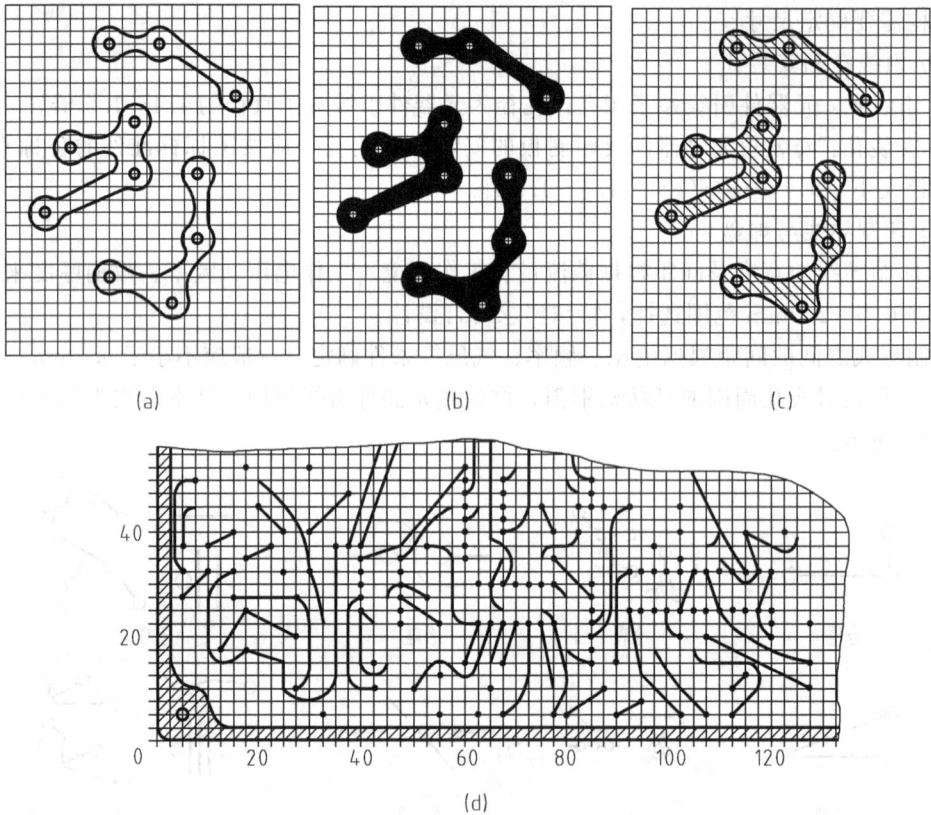

图 9-40　导线图形表示法

（3）孔与孔组表示法　印制板上的引线孔和安装孔在图样上的表示法为

① 孔的中心必须在坐标网格的交点上，如图 9-41（a）所示。

② 作图形排列的孔组的公共中心点必须在坐标网格的交点上，其他孔至少有一个点的中心位于上述交点的同一坐标网格线上，如图 9-41（a）所示。

③ 作非圆形排列的孔组中的孔，至少有一个孔的中心必须在坐标网格线的交点上，其他孔至少有一个孔的中心位于上述交点的同一坐标网格线上，如图 9-41（b）所示。

④ 金属化孔一般用文字说明和标记表示。

⑤ 安装孔应按结构尺寸要求将中心定位于坐标网格线的交点上。

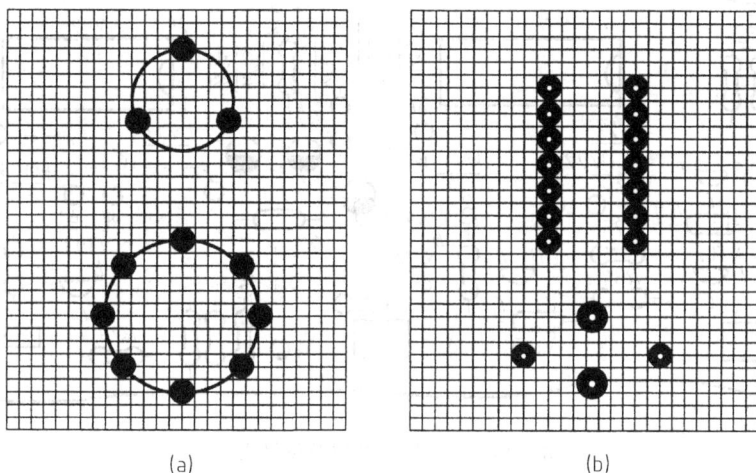

(a)   (b)

图 9-41　引线孔与安装孔的表示法

（4）元器件表示法　元器件在印制板零件图上一般应用图形符号、文字符号和区域位置标记等表示。

① 使用元器件图形符号和在电路图、逻辑图中的位号序号表示，如图 9-42 所示。

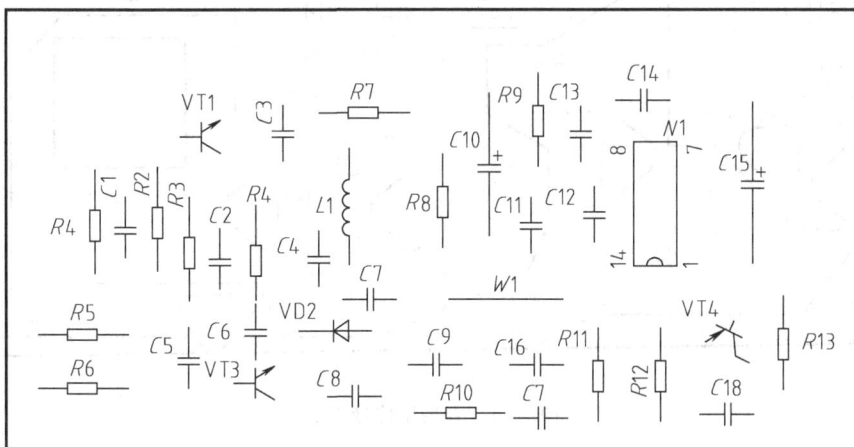

图 9-42　元器件图形符号表示法

② 使用元器件的简化外形和它在电路图、逻辑图的位号序号表示，如图 9-43 所示。

③ 直接用电原理图和逻辑图中的位号表示，如图 9-44 所示。

注意：印制板上使用的文字符号应与电路图、逻辑图中的相一致。

（5）尺寸标注　在印制板零件图上必须详细标注有关尺寸，如轮廓尺寸、安装孔尺寸、元器件位置尺寸以及导电图形尺寸等。尺寸标注的常用方法如下。

① 尺寸线法：按 GB 4458.4 有关规定标注尺寸。

② 直角坐标网格法：按 GB 136076《印制电路网格》的规定，将印制板图布置在直角坐标系中（由原点 O、横坐标 X、纵坐标 Y 系组成），f（X、Y）的值决定了各点位置，如图 9-45 所示。

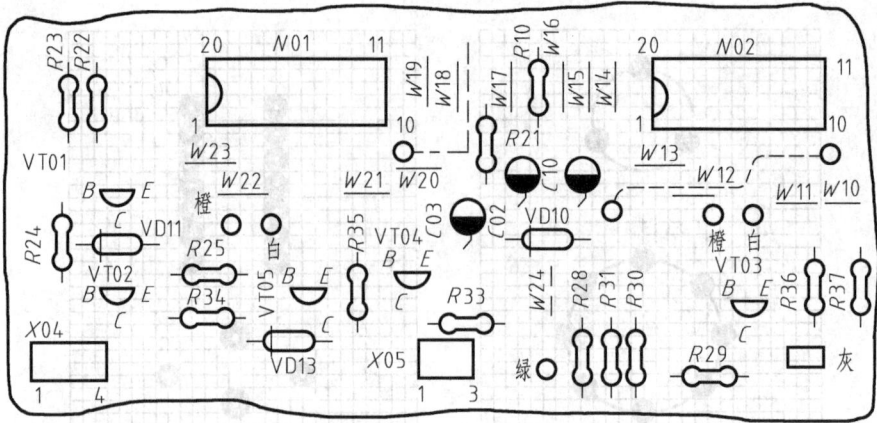

图 9-43　用元器件外形及位号表示

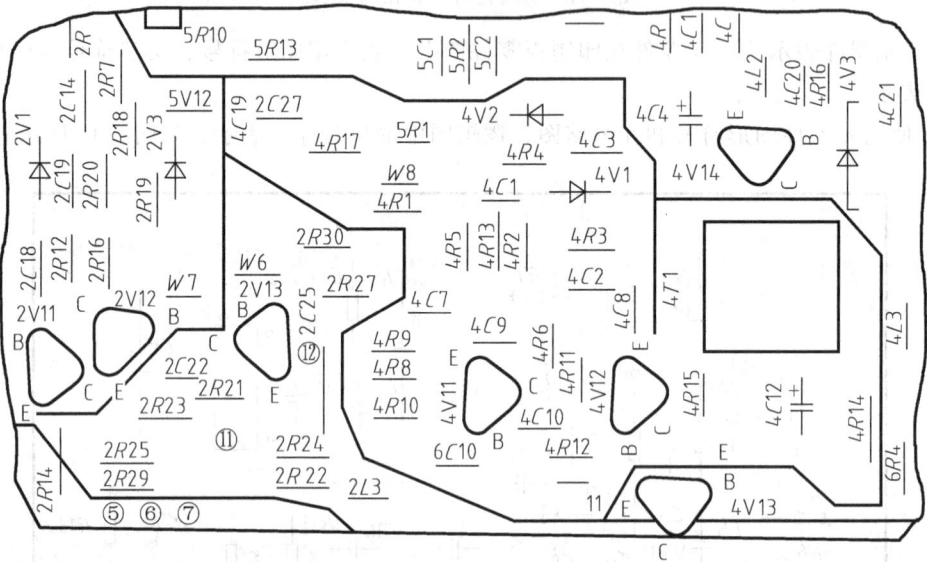

图 9-44　直接用位号表示

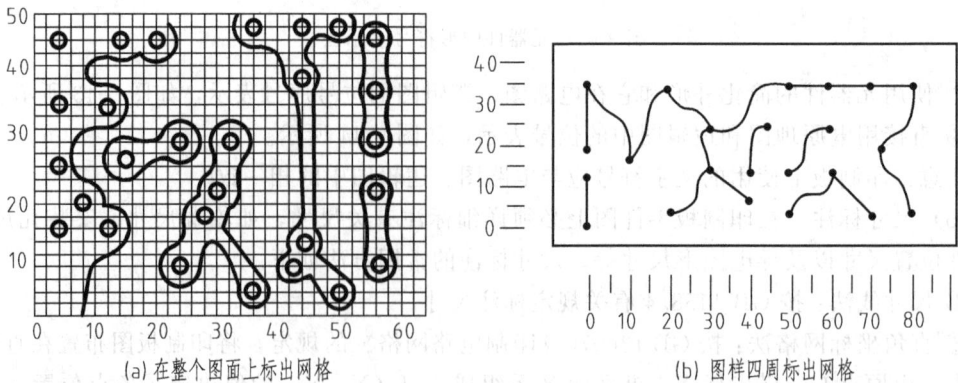

(a) 在整个图面上标出网格　　　　　　　　(b) 图样四周标出网格

图 9-45　直角坐标网格表示法

③ 混合法：采用尺寸线法和坐标网格法混合标注，各元件位置用坐标网格法规定标注，外轮廓尺寸和安装孔尺寸用尺寸线法规定标注，如图9-46所示。

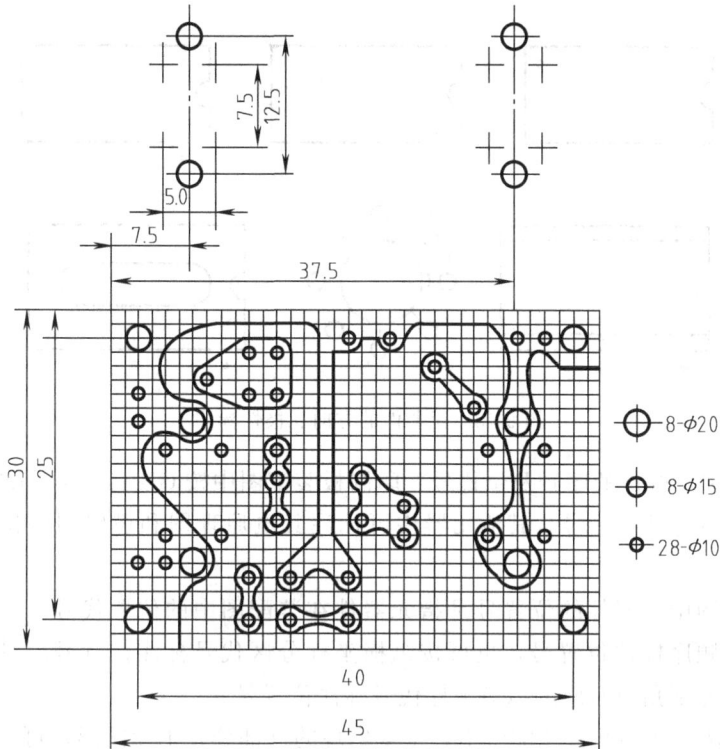

图 9-46　混合表示法

2. 印制板装配图

印制板装配图是表示各种元器件和结构件等与印制板连接关系的图样。

（1）内容与要求

① 印制板装配图根据所装元器件的特点及装配关系，应选用恰当的视图和表示方法，要求图面完整、清晰明了、制图简便。

② 图样中要有必要的外形尺寸、安装尺寸及与其他产品的连接位置尺寸。

③ 图样中要有技术要求和说明。

（2）视图的选择　印制板只有一个面装有元器件和结构件时，一般只画一个视图。印制板两面均装有元器件和结构件时，以元器件多的为主视图，较少的为后视图。

印制板一般不画出导电图形，如需表示反面导电图形，用虚线或色线画出，如图9-47所示。

（3）元器件与结构件的画法　在清楚

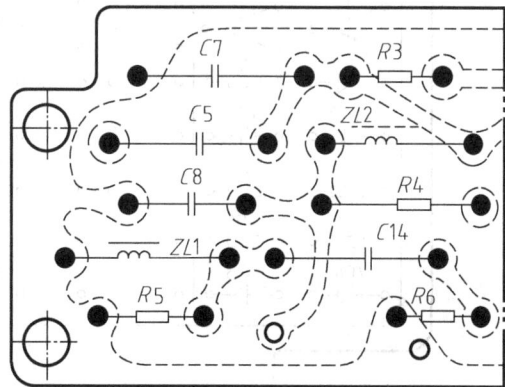

图 9-47　印制板装配图示例

地表示装配关系的前提下，印制板装配图中的元器件一般采用简化外形或按 GB 4728《电气图用图形符号》绘制图形符号。当元器件在装配图中有极性和方向要求时，必须标出极性、定位特征标志，如图 9-48 所示。

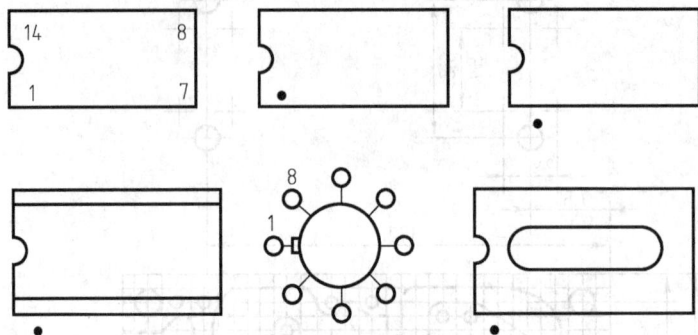

图 9-48　元器件的方向、极性标注

（4）元器件和结构件的序号及位置号　印制板装配图中按 GB 4458 绘制的结构件和元器件在图中应标注（旁注）序号，其他元器件可标注其电原理图和逻辑图的位号。如图 9-44 所示。

印制板装配图中元器件的位置号是指元器件在装配图中的位置代号。一般可按从左至右、自上而下的顺序标注位置号，也可按纵横坐标分区代号标注位置号。对外形大的元器件，可按其图形左下角所对应的纵横坐标代号标注位置号。

（5）简化画法　在印制板装配图中，重复出现的（部分）单元图形，可以只画出其中一个单元，其余单元简化，此时，必须用细实线画出各单元的极限位置，并标出单元顺序号，如图 9-49 所示。

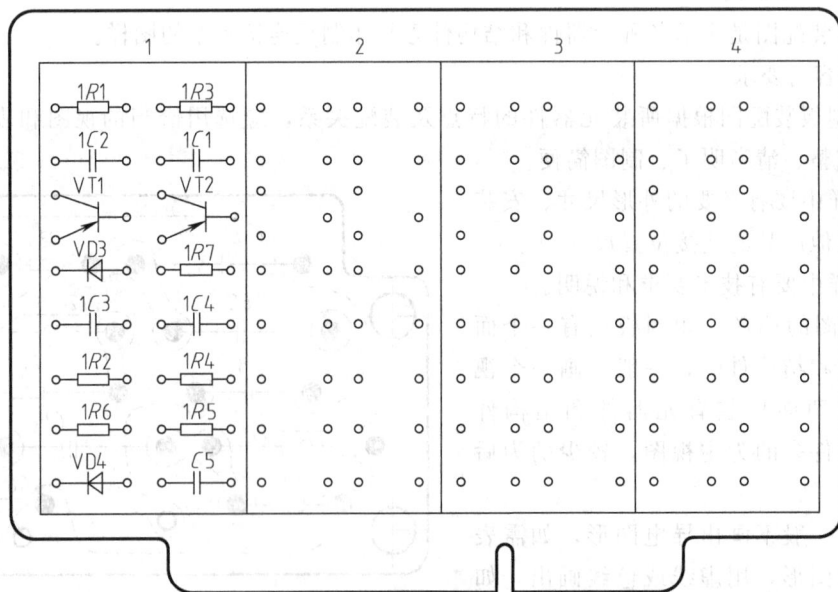

图 9-49　印制板装配图中的单元图形简化画法

3. 印制板图的绘图举例

图 9-50 为电压放大单元电路图；图 9-51 与图 9-52 是对应的印制板零件图和装配图。印制板零件图是从印制导线图形方向投影绘图；印制板装配图是从元器件装配面方向投影绘图。两者成镜像关系。上述三图是产品装配、调试、检测以及故障诊断的技术资料文件。

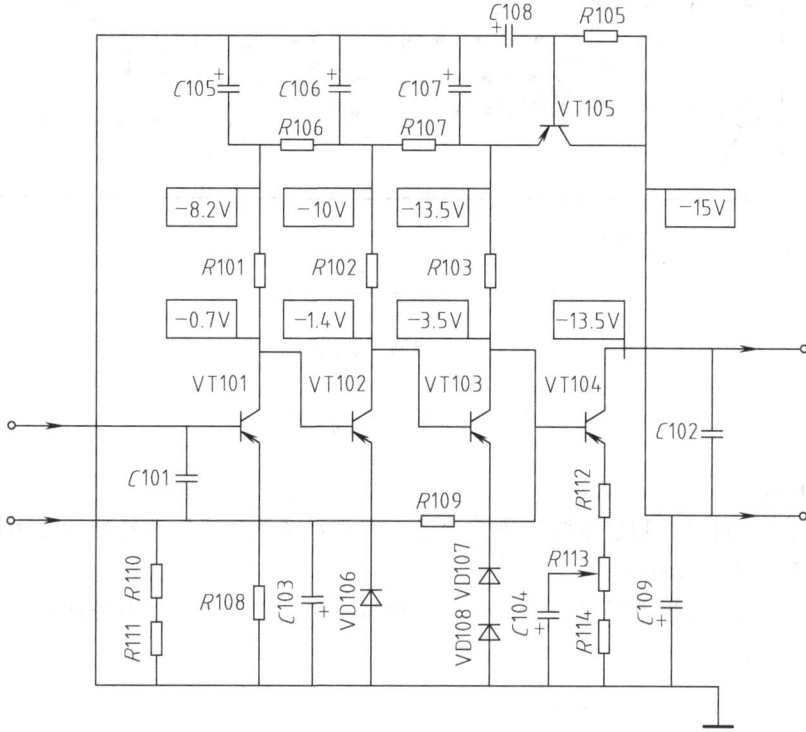

图 9-50　电压放大单元电路图

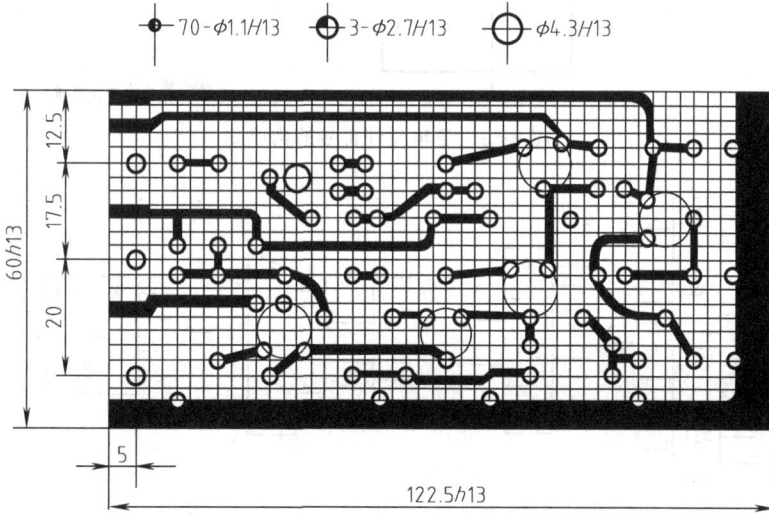

图 9-51　印制板零件图

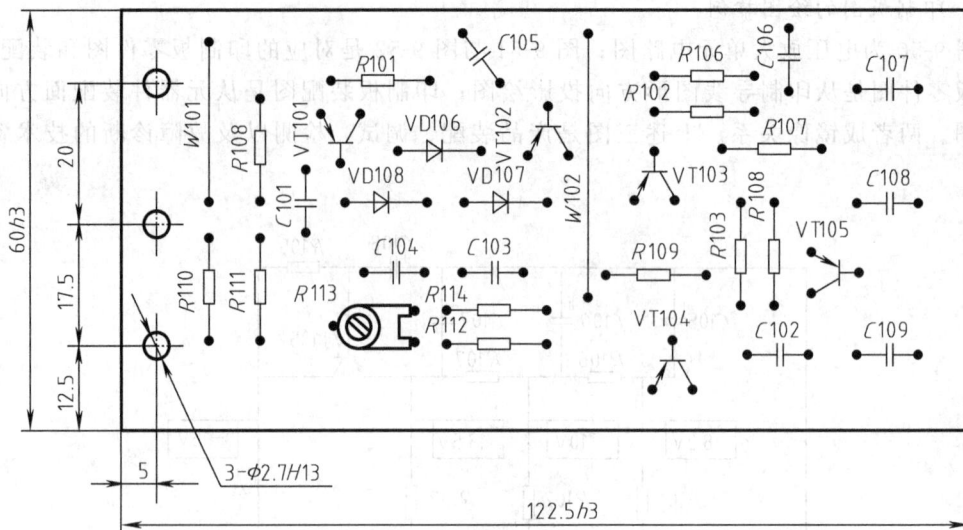

图 9-52 印制板装配图

第七节 逻辑图与流程图

一、逻辑图

由逻辑元件（符号）和连接线构成的表述一定逻辑系统功能的图样称为逻辑图。

1. 逻辑元件符号的构成

二进制逻辑元件图形符号是由方框、限定符号（包括关联标记）及外加输入线和输出线构成，如图 9-53 所示。

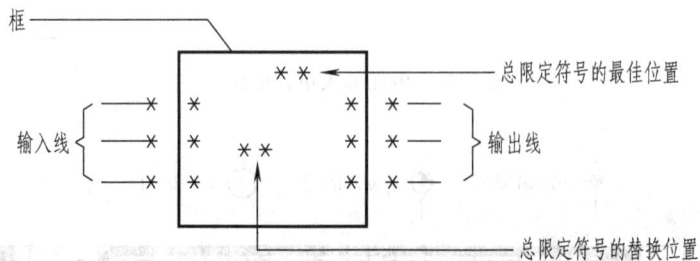

图 9-53 逻辑元件符号的构成

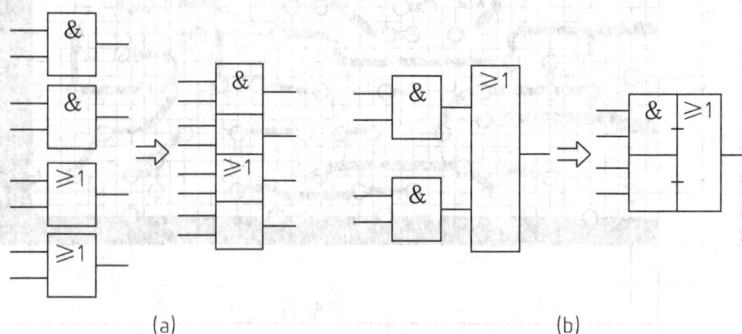

图 9-54 元件框的邻接组合示例

二进制逻辑元件图形符号框的长宽之比值是任意的。主要依据所表示元件的内部空间和外部输入、输出线数多少而定。元件框与元件框之间可以组合绘制，主要有邻接法（图9-54）和镶嵌法（图9-55）。

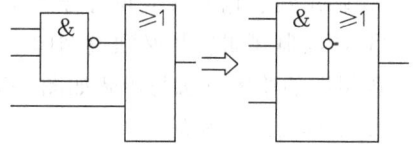

图 9-55　元件框的镶嵌组合示例

限定符号表示具体元件逻辑功能，限定符号很多，请参考 GB/T 4728.12《电气简图用图形符号》（二进制逻辑元件）。

2. 二进制逻辑元件图形符号

GB 4728.12 中规定的常用二进制逻辑单元状态方面的关系，最基本的逻辑关系是"与"、"或"、"非"三种，如图9-56所示。

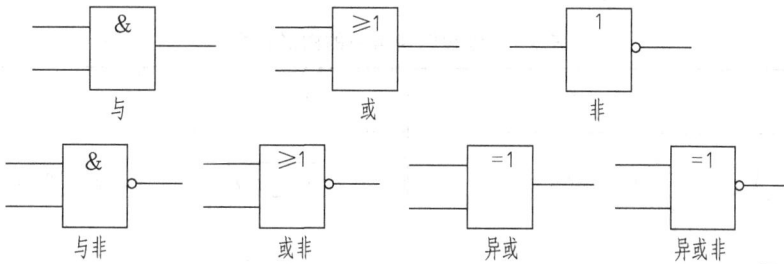

图 9-56　逻辑符号

3. 逻辑图的绘制方法与步骤

① 逻辑图的布局应有助于理解，布局要均衡、疏密得当。

② 逻辑图的布置应使信息的基本流向从左到右或自上而下。

③ 在信息流向不明显时应在连接线上加一箭头标记，注意箭头标记不得紧靠其符号与标记。

④ 连接线用实线绘出，折弯应垂直。

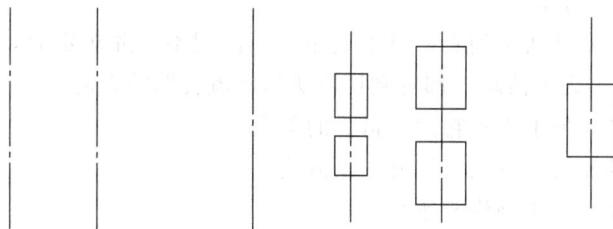

(a) 将全部电路分段　　　　　(b) 布置逻辑符号

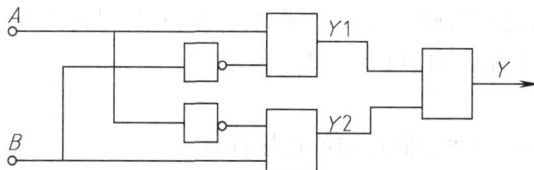

(c) 画入各组流通线，完成全图，描深

图 9-57　逻辑图的绘图步骤

⑤ 输出线、输入线应在符号的相对两边并垂直于框线。

⑥ 所绘制逻辑符号必须遵循国家标准有关规定。

逻辑图的绘图方法与步骤如图 9-57 所示。

4. 逻辑图绘制举例

逻辑图的绘图步骤与方法同系统图和框图的方法与步骤相同，请参照本章第二节。

二、流程图

在编制各种信息处理和计算机程序时，对某个问题和定义、分析或解法用图形表示，图中用各种符号表示各个处理步骤，用流线把这些符号连接起来，以表示各个步骤执行次序的简图，称为流程图。

1. 流程图的图形符号

表 9-7 是从 GB 152679 中摘录的流程图常用的图形符号。

表 9-7 流程图中常用的图形符号

符　　号	意　　义	符　　号	意　　义
 （圆角矩形）	开始及结束环节	 （平行四边形梯形）	输入和输出环节
（矩形）	执行操作环节	 （平行四边形）	手动修改环节
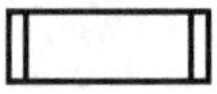 （带竖线矩形）	调用子程序环节	 （圆）	一个流程环节多需分页写时，使用换负连接符号
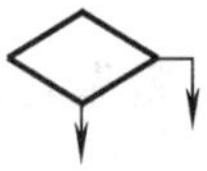 （菱形带箭头）	判断转移环节	 → ↓	程序流程方向线

2. 流程图中图形符号的使用规则

（1）图形符号的使用方法

① 流程的一般方向是从左到右、自上而下。当流程不按此规定时，要用箭头指示流程方向。无论什么时候，为了清晰，都可利用箭头指示流程图的方向。

② 流线可以交叉，但不表示它们逻辑上的关系。

③ 两根或更多的流线，可以汇集成一条流线。

④ 图形符号的大小、比例均要适当。

（2）流程图中文字书写规则

① 不管流程方向如何，图形符号内的文字说明均按从左到右、自上而下的方向书定。

② 标识名，即对流程图符号赋予名字。标识名要写在符号的左上角，如图 9-58（a）所示。其说明文字要写在右上角，如图 9-58（b）所示。

（3）连接符号

① 出口连接符号：表示流线中断点用的连接符号。

② 入口连接符号：表示流线中断后，再度开始的地点所用的连接符号。

③ 衔接：在出口连接符号和与之相对应的入口连接符号中应记入相应的文字、数字或名称等识别符号，表示把它们已衔接起来，如图 9-59 所示。

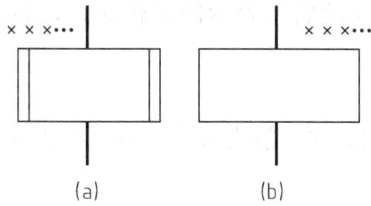

图 9-58　流程图的标注

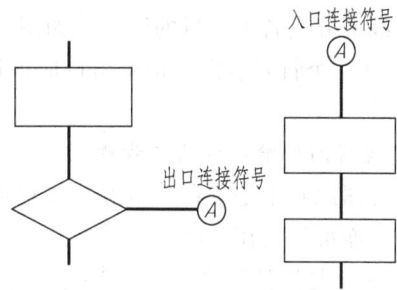

图 9-59　连接符号的用法

（4）多个出口

① 一个符号如有多个出口，应按以下方法表示：一种方法是直接从该符号引出通向其

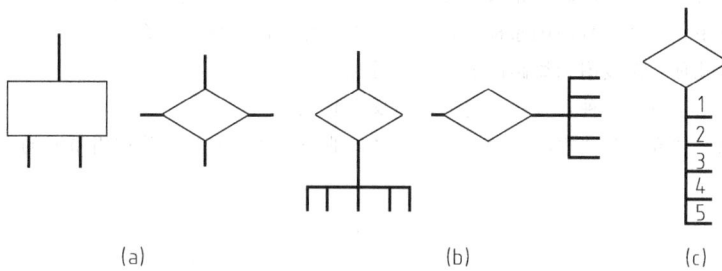

图 9-60　流线的分支

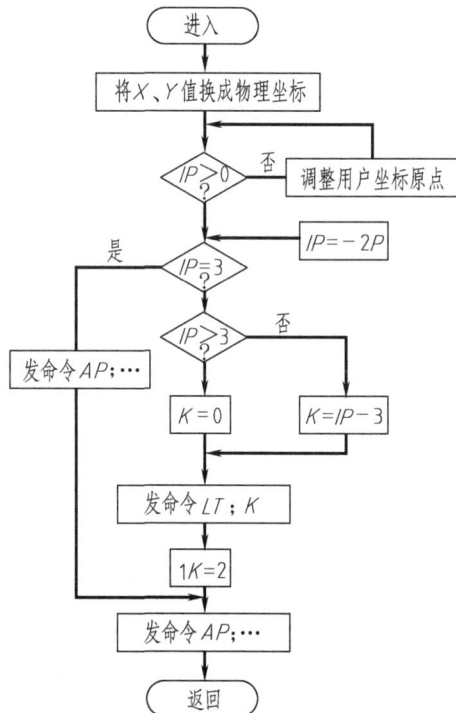

图 9-61　直线子程序 PLOT 的流程图

他符号的若干条流线，如图 9-60（a）所示；另一种方法是从该符号引出一条流线，而后这一条流线又分成若干数目的流线，如图 9-60（b）所示。

② 从一个符号引出，每个出口应该加以识别，以反映它所表示的逻辑通路，如图 9-60（c）所示。

3. 流程图的绘制方法与步骤

流程图原则上是按自上而下、从左到右的顺序绘制，并用箭头表示流向，必要时流线可以交叉，亦可汇集在一起。

图 9-61 是用计算机绘制的直线子程序 PLOT 的流程图。

思考与练习题

1. 什么是系统图和框图？它的图形特点是什么？绘制步骤是什么？

2. 绘制电路图的方法与步骤是什么？

3. 印制电路板有哪几种？印制电路板的零件图与装配图的绘制方法是什么？

4. 电气工程图中元器件符号的国家标准代号是什么？序号的组成是什么？

5. 接线图有哪几种？接线图和线路图的关系是什么？

6. 线扎图的表示法有哪几种？各折弯符号的意义是什么？

7. 绘制"与门"、"或门"、"非门"、"与非门"、"或非门"、"异或门"等逻辑单元的图形符号。

第十章 计算机绘图

第一节 AutoCAD2004 简介

AutoCAD2004 绘图软件是在国内外工程中应用较为广泛的绘图软件，它是由美国 Autodesk 公司开发的一个交互式绘图软件。该软件自 1982 年问世以来，经过 20 多年的应用、发展和不断完善，版本几经更新，功能不断增强，已成为目前全世界最流行的绘图软件之一。

一、AutoCAD2004 系统的启动

在 AutoCAD2004 系统的全部文件装入硬盘后，在 Windows 系统桌面上，直接左键双击"AutoCAD2004"图标即可以启动软件，进入 AutoCAD2004 用户界面，如图 10-1 所示。

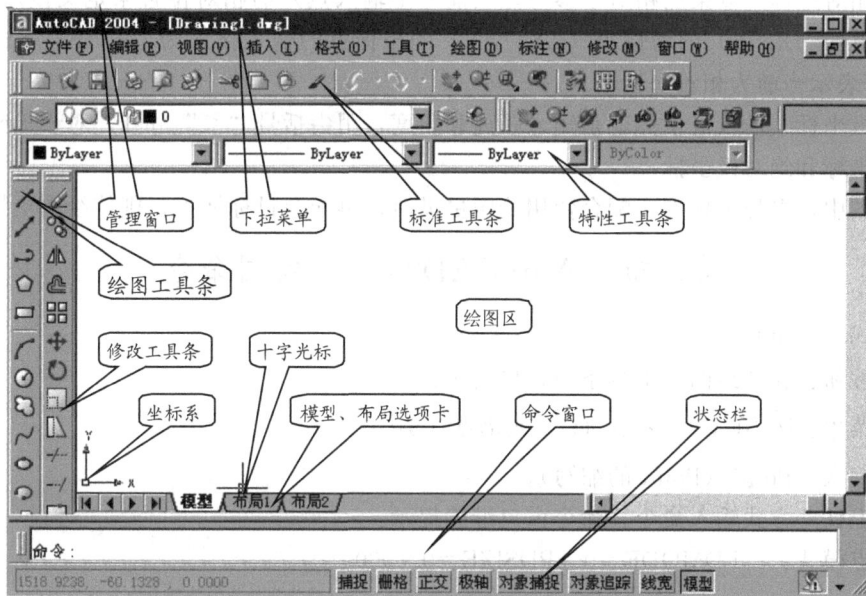

图 10-1 AutoCAD2004 系统的用户界面

AutoCAD2004 的用户界面包括管理窗口、下拉菜单、标准工具条、特性工具条、绘图工具条、修改工具条、绘图区、十字光标、模型/布局选项卡、命令窗口、状态栏等。

二、AutoCAD2004 的基本操作

1. AutoCAD2004 的命令执行

AutoCAD2004 的命令输入用户可通过鼠标、键盘或数字化仪等设备输入命令。AutoCAD2004 的命令执行方式一般有以下几种：

• 在命令窗口直接输入相应命令名称（如画直线输入"line"），然后回车执行该命令；

- 通过下拉菜单，用鼠标左键选取相应的下拉菜单执行命令；
- 通过工具栏，用鼠标左键选取相应的图标按钮执行命令。

上面三种命令执行方式，用户可以根据自己的要求和熟练程度进行选择，对结果没有任何影响。命令执行时，命令提示符的基本含义是：

- "/"分隔符：分隔该命令中的各个不同选项；
- "()"括号：括号内的字母表示选择此选项时，只需输入此字母即可选择该内容；
- "<>"括号：括号内为缺省选项（值）或当前选项（值），如果用户没有输入新选项（值），则系统将按缺省选项（值）进行操作；
- 要中途退出命令输入，可直接按下键盘的"Esc"键；
- 执行完一条命令后直接回车，可重复执行上一命令。

2. 坐标输入方法

（1）绝对坐标　以坐标原点（0，0）为基点定位所有的点。用户可以直接输入点的（X，Y）的坐标值表示此点的空间位置。其中 X 值表示此点在 X 方向与原点的距离，系统默认从左向右为 X 的正方向；Y 值表示此点在 Y 方向与原点的距离，系统默认从下向上为 Y 的正方向。

（2）相对坐标　以某点相对于参考点（前一个输入点）的相对位置来定义该点的位置。相对参考点的（X，Y）的增量为（ΔX，ΔY）的坐标点的输入格式为"@ΔX，ΔY"。其中"@"字符表示当前为相对坐标输入。

（3）极坐标　输入极坐标就是输入距离和角度，用尖括号"<"分开。对于极坐标也分为相对极坐标和绝对极坐标。

在绘图中，多种坐标方式配合使用绘图更灵活，再配合目标捕捉，则使绘图更快捷。

第二节　AutoCAD2004 的绘图命令

1. 画点（Point）

图标按钮：在"绘图"工具条中，单击按钮 ▪ ；

下拉菜单： 绘图（D） → 点（O） → 单点（S） ；

命令输入：Po ↙ （Point 的缩写）。

用以上任一方式输入命令，命令窗口继续提示：

当前点模式：　PDMODE＝0　PDSIZE＝0.0000

指定点：↙ （输入点的坐标。可连续绘制任意多个点，按下 ESC 键，结束命令）

2. 画直线（Line）

图标按钮：在"绘图"工具条中单击按钮 ╱ 。

| 确认（E） |
| 取消（C） |
| 闭合（C） |
| 放弃（U） |
| 平移（P） |
| 缩放（Z） |

下拉菜单： 绘图（D） → 直线（L） ；

命令输入：L ↙ （Line 的缩写）。

用以上任一方式输入命令，命令窗口继续提示：

指定第一点：（输入第一点的坐标）；↙

指定下一点或［放弃（U）］：（输入第二点的坐标）；↙以此类推。

在输入直线端点的过程中也可以单击鼠标右键，出现快捷菜

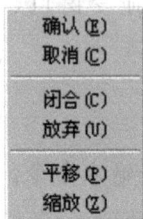

图 10-2　画直线的快捷菜单　单，如图 10-2 所示，用快捷菜单进行操作。

[例 10-1]　绘制长 100，宽 50 的长方形，如图 10-3 所示。

在"绘图工具条"中单击按钮 ▨（输入画直线的命令）。

指定第一点：50，50 ✓（输入第一角点的坐标值，也可以用鼠标左键直接在屏幕上点取）；

指定下一点或［放弃（U）］：150，50 ✓（输入第二角点坐标，如果第一点用鼠标左键直接在屏幕上点取的，则要输入相对坐标"@100，0"）；

指定下一点或［放弃（U）］：150，100 ✓（输入第三角点的坐标值，要用相对坐标，则输入"@0，50"）；

指定下一点或［闭合（C）/放弃（U）］：50，100 ✓（输入第四角点的坐标值，要用相对坐标，则输入"@-100，0"）；

指定下一点或［闭合（C）/放弃（U）］：C ✓（与第一点相连，产生闭合图形，结束命令）。

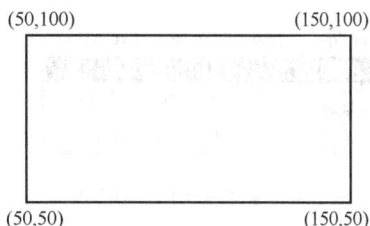

(50,100) (150,100)

(50,50) (150,50)

图 10-3　用直线命令绘制长方形

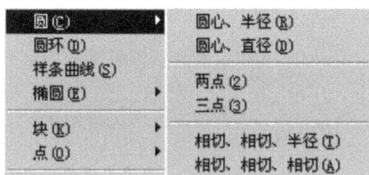

图 10-4　画圆的下拉菜单

3. 画圆（Circle）

图标按钮：在"绘图"工具条中单击按钮 ⊙；

下拉菜单：绘图（D）→ 圆（C）…，如图 10-4 所示；

命令输入：C ✓（Circle 的缩写）。

用以上任一方式输入命令，命令窗口继续提示：

指定圆的圆心或［三点（3P）/两点（2P）/相切、相切、半径（T）］：✓（输入圆心坐标或指定画圆方式，缺省方式为根据"圆心、半径"画圆）；

指定圆的半径或［直径（D）］＜当前值＞：✓（输入半径或直径结束命令）。

画圆的方式有 6 种：可以通过下拉菜单或在命令窗口根据提示输入选项来选择画圆的方式。

4. 画圆弧（Arc）

图标按钮：在"绘图工具条"单击按钮 ▨；

下拉菜单：绘图（D）→ 圆弧（A）…，如图 10-5 所示；

命令输入：A ✓（Arc 的缩写）。

用以上任一方式输入命令，命令窗口继续提示：

指定圆弧的起点或［圆心（CE）］：（输入圆弧的起点坐标值）；✓

指定圆弧的第二点或［圆心（CE）/端点（EN）］：（输入圆弧中间某一点的坐标值）；✓

指定圆弧的端点：（输入圆弧终点的坐标值，结束命令）。✓

画圆弧的方式有 11 种：可以通过下拉菜单或在命令窗口根据提示输入选项来选择画圆弧的方式。

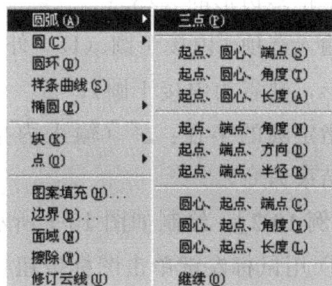

图 10-5　画圆弧的下拉菜单

5. 画椭圆和椭圆弧（Ellipse）

图标按钮：在"绘图"工具条中单击按钮 ⬭ ；

下拉菜单： 绘图（D） → 椭圆（E） …，如图 10-6 所示；

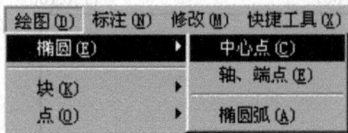

图 10-6 画椭圆的下拉菜单

命令输入：El ✓（Ellipse 的缩写）。

用以上任一方式输入命令，命令窗口继续提示：

指定椭圆的轴端点或［圆弧（A）/中心点（C）］：✓（输入椭圆某轴上一个端点）；

指定轴的另一个端点：✓（输入某轴上另一个端点，由两端点之间距离为一轴）；

指定另一条半轴长度或［旋转（R）］：✓（指定另一半轴的长度画椭圆，结束命令）。

绘制椭圆有两种方式，可以通过下拉菜单或在命令窗口根据提示输入选项来选择画椭圆的方式。

画椭圆弧可以通过椭圆下拉菜单或在命令窗口根据提示输入 A 选项来选择画椭圆弧。也可以在"绘图"工具条中单击按钮 ⟳ 。

6. 画矩形（Rectang）

图标按钮：在"绘图"工具条中单击按钮 ▭ ；

下拉菜单： 绘图（D） → 矩形（G） ；

命令：Rec ✓（Rectang 的缩写）。

用以上任一方式输入命令，命令窗口继续提示：

指定第一个角点或［倒角（C）/标高（E）/圆角（F）/厚度（T）/宽度（W）］：✓（输入矩形第一个对角点的坐标）；

指定另一个角点：✓（输入矩形第二个对角点的坐标，结束命令）。

7. 画正多边形（Polygon）

图标按钮：在"绘图工具条"中单击按钮 ⬠ ；

下拉菜单： 绘图（D） → 正多边形（Y） ；

命令：Pol ✓（Polygon 的缩写）。

用以上任一方式输入命令，命令窗口继续提示：

输入边的数目 ＜4＞：（输入将要绘制的正多边形的边数）；✓

指定多边形的中心点或［边（E）］：✓（输入正多边形的中心点坐标值，或选择用边长来确定正多边形的大小）；

输入选项［内接于圆（I）/外切于圆（C）］＜I＞：✓（选择用内接圆或外接圆来确定正多边形，缺省为内接于圆）；

指定圆的半径：✓（输入内接圆或外接圆的半径，画出正多边形，结束命令）。

［例 10-2］ 绘制如图 10-7 所示的正五边形和五角星。

① 用鼠标左键单击图标按钮 ⬠ 。

命令： _ polygon 输入边的数目 ＜4＞：5 ✓（输入正多边形的边

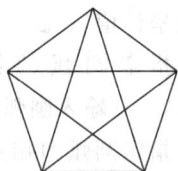

图 10-7 绘制正五边形和五角星

数 "5"）；

178

指定多边形的中心点或［边（E）］：✓（用鼠标左键在屏幕任意位置单击，确定正五边形的中心点）；

输入选项［内接于圆（I）/外切于圆（C）］＜I＞：✓（直接回车确定缺省选项）；

指定圆的半径：50✓（输入正五边形的外接圆半径"50"，画出正五边形，结束命令）。

② 用鼠标左键单击图标按钮▨。

命令：_line 指定第一点：（依次拾取正五边形的端点）；✓

指定下一点或［放弃（U）］：（依次拾取正五边形的端点）；✓

指定下一点或［放弃（U）］：（依次拾取正五边形的端点）；✓

指定下一点或［闭合（C）/放弃（U）］：（依次拾取正五边形的端点）；✓

指定下一点或［闭合（C）/放弃（U）］：（依次拾取正五边形的端点）；✓

指定下一点或［闭合（C）/放弃（U）］：c（输入"c"，使图形闭合，画出五角星，结束命令）。

8. 画样条曲线（Spline）

绘制样条曲线的功能是：根据输入一系统点似合一条光滑的样条曲线。

图标按钮：在"绘图工具条"中单击按钮▨；

下拉菜单：绘图（D）→样条曲线（S）；

命令：Spl✓（Spline 的缩写）。

用以上任一方式输入命令，命令窗口继续提示：

指定第一个点或［对象（O）］：✓（输入起点坐标值）；

指定下一点：✓（输入另一点的坐标值）；

指定下一点或［闭合（C）/拟合公差（F）］＜起点切向＞：✓（输入一系列点的坐标值）；

指定起点切向：✓（输入一点与起点相连一条直线，确定起点的切线方向，此线不画出）；

指定端点切向：✓（输入一点与终点相连一条直线，确定终点的切线方向，此线不画出，完成样条曲线的绘制，结束命令）。

9. 图案填充（Bhatch）

在绘制剖视图或断面图时，应根据不同的材料在剖切平面内的部分画上剖面符号，这就是图案填充。

图标按钮：在"绘图工具条"中单击按钮▨，

下拉菜单：绘图（D）→图案填充（H）…；

命令：Bh✓（Bhatch 的缩写）。

用以上任一方式输入命令，弹出"边界图案填充"对话框，如图 10-8 所示；

首先在该对话框中点击▨按钮，打开如图 10-9 所示的"填充图案调色板"对话框，从中选择你所需要的填充图案。

选择好填充图案后，点击拾取点（K）▨按钮，边界图案填充对话框消失。这时用户在需要填充的图案内任一点鼠标左键单击，可多次点击，按鼠标右键确认拾取。这时出现一个快捷菜单，在该快捷菜单上点击确认（E）后，重新打开边界图案填充对话框，再点击确定按

图 10-8 "边界填充图案"对话框

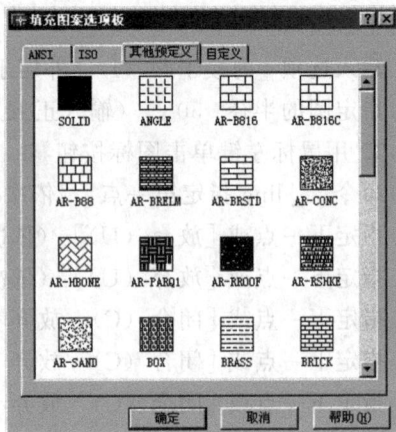

图 10-9 "填充图案调色板"对话框

钮即完成填充图案的操作。

10. 文本（Dtext 或 Mtext）

不管绘制什么样的工程图样，总免不了要书写一定的文字。所以学习计算机绘图，必须学会文字输入。

11. 单行文本（Dtext）

图标按钮：在"文字"工具条中单击按钮 **A⌐**；

下拉菜单：绘图（D）→ 文字（X）→ 单行文字（S）；

命令：Dt ↙（Dtext 的缩写）。

用以上任一方式输入命令，命令窗口继续提示：

当前文字样式：　样式名　文字高度：<当前值>

指定文字的起点或［对正（J）/样式(S)］：↙（输入文字起点坐标值）；

指定高度 <5.000 0>：10 ↙（指定文字高度"10"）；

指定文字的旋转角度 <0.000>：45 ↙（输入文字的旋转角度"45"）；

输入文字：电气工程制图↙（输入文字内容）；

输入文字：↙（可继续输入文字，直接回车结束命令。在指定位置显示输入结果，如图 10-10 所示）。

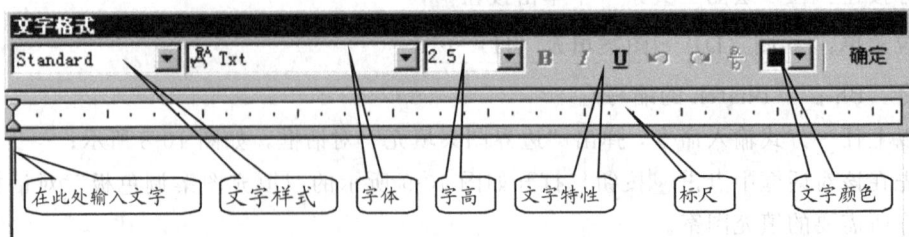

图 10-10 "文字格式"对话框

12. 多行文本（Mtext）

图标按钮：在"文字"工具条中单击按钮 **A**；

下拉菜单：绘图（D）→ 文字（X）→ 多行文字（M）；

命令：Mt↙（Mtext 的缩写）。

用以上任一方式输入命令，命令窗口继续提示：

当前文字样式：" Standard"。文字高度：2.5

指定第一角点：↙（输入文本范围矩形的第一角点坐标值）；

指定对角点或 [高度（H）/对正（J）/行距（L）/旋转（R）/样式（S）/宽度（W）]：↙（输入另一对角点的坐标值，弹出如图 10-11 所示的"文字格式"对话框）。

在如图 10-10 所示的"文字格式"对话框中，可以选择文字样式、字体、颜色等，可以设置字高、加粗、倾斜和下画线等。

键盘上没有的特殊符号用规定的代码输入，用户要记住的。如"％％c"表示直径"ϕ"；"％％p"表示正负号"±"；"％％b"表示度数"°"等；

在标尺下方输入文字。当文字输入完成后，点击 确定 按钮，结束命令。

文字样式的设置是通过下拉菜单：格式（O）→ 文字样式（S）… 打开"文字样式设置"。对话框，进行文字的字体、字高、高宽比、倾角等设置。

第三节　AutoCAD2004 的编辑命令

在 AutoCAD2004 中提供了两种图形编辑方式。一般是先选择编辑命令，再选择编辑对象；也可以先选择编辑对象，后确定编辑命令。

在编辑对象前，必须首先拾取编辑对象。AutoCAD2004 设置了 18 种拾取对象方式，其中最为常用的选择方式有四种：

- 直接拾取　用鼠标左击直接点取要选择的目标；
- 窗口方式　用鼠标在屏幕上从左至右拉一个矩形，当实体所有点都在矩形框内即被选中；
- 交叉方式　用鼠标在屏幕上从右至左拉一个矩形，当实体只要有一点在矩形框内即被选中；
- 全选方式　当输入编辑命令后，在键盘上键入"ALL"命令，即选中所有实体。

1. 删除（Erase）

在绘图过程中，可使用删除命令，改正错误。可使用恢复命令（Oops）恢复最后一次删除的对象。

图标按钮：在"修改"工具条中，单击按钮 ✍；

下拉菜单：修改（M）→ 删除（E）；

命令：E↙（Erase 的缩写）。

用以上任一方式输入命令，命令窗口继续提示：

选择对象：（拾取和删除的对象，回车结束命令）。↙

2. 复制（Copy）

对于需重复绘制的图形，可以使用复制命令，提高绘图速度。

图标按钮：在"修改"工具条中，单击按钮 ❸；

下拉菜单：修改（M）→ 复制（Y）；

命令：Co↙（Copy 的缩写）。

用以上任一方式输入命令，命令窗口继续提示：

选择对象：↙（拾取对象，可连续拾取若干个）；

选择对象：↙（直接回车，确认拾取结束）；

指定基点或位移，或者［重复（M）］：m↙（如复制一个，直接确定基点；如多个复制输入"m"后回车，命令行继续提示）；

指定基点：↙（确定基点的坐标值，一般用对象捕捉某特殊点）；

指定位移的第二点或＜用第一点作位移＞：↙（确定基点的位移，多次复制，多次输入基点位移后的坐标值）；

指定位移的第二点或＜用第一点作位移＞：↙（直接回车，结束命令）。

3. 镜像（Mirror）

镜像命令就是为了画对称图形而设置的修改命令。

图标按钮：在"修改"工具条中，单击按钮▲；

下拉菜单：|修改（M）|→|镜像（I）|；

命令：Mi↙（Mirror 的缩写）。

用以上任一方式输入命令，命令窗口继续提示：

选择对象：↙（拾取要镜像的实体，可以多次拾取实体）；

选择对象：↙（直接回车，结束拾取）；

指定镜像线的第一点：↙（输入轴线上第一点坐标值或拾取轴线上某一个端点）；

指定镜像线的第二点：↙（输入轴线上第二点坐标值或拾取轴线上另一个端点）；

是否删除源对象？［是（Y）/否（N）］＜N＞：↙（如果输入"Y"删除其原对象；输入"N"保留原对象。要注意方括号的默认值）。

对于文本的镜像分为两种情况：完全镜像与可识别镜像，如图 10-11 所示。系统默认为

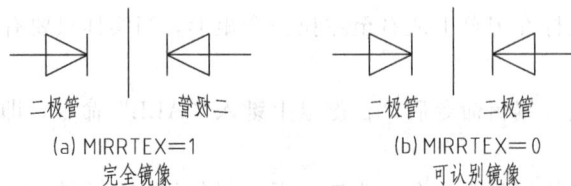

(a) MIRRTEX＝1　　　　　　　　(b) MIRRTEX＝0
　　完全镜像　　　　　　　　　　　可认别镜像

图 10-11　镜像的两种状态

完全镜像，它是由系统变量"MIRRTEXT"的值来控制的，当系统变量 MIRRTEXT＝1 时，文本作完全镜像，不可识别，如图 10-11（a）所示；当系统变量 MIRRTEXT＝0 时，文本为可识别镜像，如图 10-11（b）所示。其操作过程如下：

命令：MIRRTEXT↙。

输入 MIRRTEXT 的新值＜当前值＞：0↙（输入"0"，改变其系统变量）。

4. 偏移（Offset）

偏移是对复制对象进行等距平移。

图标按钮：在"修改"工具条中，单击按钮▲；

下拉菜单：|修改（M）|→|偏移（S）|；

命令：O↙（Offset 的缩写）。

用以上任一方式输入命令，命令窗口继续提示：

指定偏移距离或［通过（T）］＜1.000 0＞：（输入偏移距离。如要通过某一点画平行线，则输入"T"）；

选择要偏移的对象或＜退出＞：（拾取要偏移的对象，注意只能直接点取，不能用矩形框）；

指定点以确定偏移所在一侧：（选择要偏移的一则，在需要偏移的一侧任一点处左击）；

选择要偏移的对象或＜退出＞：（可继续选择偏移对象，直接回车，结束命令）。

5. 修剪（Trim）

修剪命令是用于删除图形对象上穿过剪切边的某部分实体，如图 10-12 所示。

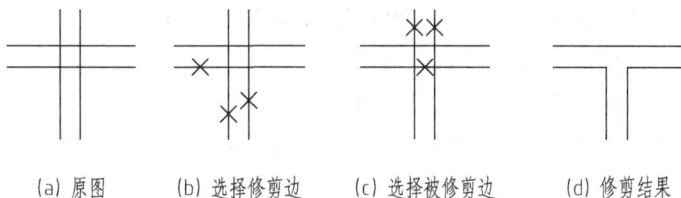

(a) 原图　　　　(b) 选择修剪边　　　(c) 选择被修剪边　　　(d) 修剪结果

图 10-12　实体的修剪

图标按钮：在"修改"工具条中，单击按钮 ；

下拉菜单：│修改（M）│→│修剪（T）│；

命令：Tr↙（Trim 的缩写）。

用以上任一方式输入命令，命令窗口继续提示：

当前设置：投影＝UCS 边＝无

选择剪切边：↙［选择修剪边，如图 10-12（b）所示。可用任何选择方法进行选择］；

选择对象：↙（可以连续选择修剪边）；

选择对象：↙（直接回车结束选择修剪边）；

选择要修剪的对象或［投影（P）/边（E）/放弃（U）］：↙［选择要修剪的对象，如图 10-12（c）所示。修剪边也可以作为修剪对象］；

选择要修剪的对象或［投影（P）/边（E）/放弃（U）］：↙［可连续选择修剪边，直接回车结束命令，如图 10-12（d）所示］。

6. 移动（Move）

移动命令是将编辑对象移动到一个新位置，编辑对象在原位置消失。

图标按钮：在"修改"工具条中，单击按钮 ；

下拉菜单：│修改（M）│→│移动（V）│；

命令：M↙（Move 的缩写）。

用以上任一方式输入命令，命令窗口继续提示：

选择对象：↙（选择要移动的对象，可以进行多次选择）；

选择对象：↙（直接回车结束对象的选择）；

指定基点或位移：↙（输入基点或位移量）；

指定位移的第二点或＜用第一点作位移＞：↙（输入位移量的第二点。如直接回车，则将输入的第一点的坐标值作为位移量）。

7. 旋转（Rotate）

旋转命令是使编辑对象绕基点旋转以改变它的方向，按逆时针方向旋转为正，反之为负。

图标按钮：在"修改"工具条中，单击按钮 ◯；

下拉菜单： 修改（M）→ 旋转（R）；

命令：Ro↙（Rotate 的缩写）。

用以上任一方式输入命令，命令窗口继续提示：

UCS 当前的正角方向： ANGDIR＝逆时针 ANGBASE＝0（在当前 UCS 坐标系中，逆时针方向为正，角度的基值为 0）

选择对象：↙（选择要旋转的对象，可以进行多次选择）；

选择对象：↙（直接回车结束对象的选择）；

指定基点：↙（输入基点，即旋转中心）；

指定旋转角度或［参照（R）］：r↙（可直接输入旋转角。也可以输入"R"，指定参考角）；

指定参考角＜0＞：↙（输入一个参考角度，也可以拾取某两点定参考角）；

指定新角度：↙（输入一个新的角度值，此时，输入角度值与参考角度值的差值即为旋转角度值）。

8. 比例缩放（Scale）

比例缩放命令是为了改变图形的大小，当比例因子大于 1 时，使图形放大；当比例因子小于 1 时，使图形缩小。

图标按钮：在"修改"工具条中，单击按钮 ▢；

下拉菜单： 修改（M）→ 比例（L）；

命令：Sc↙（Scale 的缩写）。

用以上任一方式输入命令，命令窗口继续提示：

选择对象：↙（拾取要缩放的对象，可以用任何方式拾取，可以多次拾取）；

选择对象：↙（直接回车结束拾取）；

指定基点：↙（输入缩放基点，即缩放时的不动点，一般选择缩放对象的特殊点，可以用对象捕捉来完成）；

指定比例因子或［参照（R）］：r↙（可直接输入比例因子，结束命令。一般在比例因子不明确的情况下，选择某一参照实体进行比例缩放，这时输入"R"）；

指定参考长度＜1＞： ↙（输入参考长度，也可以捕捉某实体的特殊点，确定参考长度）；

指定新长度：↙（输入与参考长度相对应的长度，结束命令）。

9. 倒角（Chamfer）

倒角命令是用来在两条不平行直线之间加一倒角，即裁剪掉两条线段相交所形成的角，而在两条直线间按指定的角度和长度连一条直线。

图标按钮：在"修改"工具条中，单击按钮 ◿；

下拉菜单： 修改（M）→ 倒角（C）；

命令：Cha↙（Chamfer 的缩写）。

用以上任一方式输入命令，命令窗口继续提示：

（"修剪"模式）当前倒角距离 1 = 10.000 0，距离 2 = 10.000 0（提示修剪模式和倒角边的长度，其值均可以重新设置）；

选择第一条直线或［多段线（P）/距离（D）/角度（A）/修剪（T）/方法（M）］：↙（拾取第一条修剪边或输入其他选项）；

选择第二条直线：↙（拾取第二条修剪边，结束命令）。

10. 倒圆角（圆弧过渡）（Fillet）

圆角命令是用指定半径的圆弧将两条直线、圆、圆弧以及样条曲线等线段之间的相连。

图标按钮：在"修改"工具条中，单击按钮⬛；

下拉菜单：修改（M）→圆角（F）；

命令：F↙（Fillet 的缩写）。

用以上任一方式输入命令，命令窗口继续提示：

当前模式：模式 = 修剪，半径 = 10.000 0（当前模式提示，如不符合要求可在下行分别输入"R"、"T"后，进行重新调整）

选择第一个对象或［多段线（P）/半径（R）/修剪（T）］：↙（拾取第一条线段，要注意拾取点应在圆弧连接的切点附近，否则达不到预期的效果）；

选择第二个对象：↙（拾取第二线段，同样要注意上述问题。结束命令）。

11. 分解（Explode）

分解命令也叫炸开命令，它是将矩形、正多边形、尺寸、箭头以及文本等复合线分解成单独的线段。

图标按钮：在"修改"工具条中，单击按钮⬛；

下拉菜单：修改（M）→分解（X）；

命令：X↙（Explode 的缩写）。

用以上任一方式输入命令，命令窗口继续提示：

选择对象：↙（拾取需要分解的实体）；

选择对象：↙（可以连续拾取要分解的实体，直接回车结束命令）。

第四节 绘图工具与绘图环境的设置

一、绘图状态的设置

AutoCAD2004 提供了多种绘图辅助工具和新颖方便的绘图环境，利用这些功能可方便、迅速、准确地绘制各种工程图样。绘图状态栏位于界面的最下方。

1. 正交

当按下正交按钮时，所画直线只能与用户坐标（UCS）X轴、Y轴平行的方向绘制；当移动或复制图形时，也只能延 X 轴或 Y 轴方向移动或复制；当用户坐标（UCS）发生变化时，绘图和编辑功能作相应的变化。

2. 栅格与捕捉

栅格是在屏幕上按一定规律分布的小白点。用它可以看到你画的图形大小，可以提高绘图速

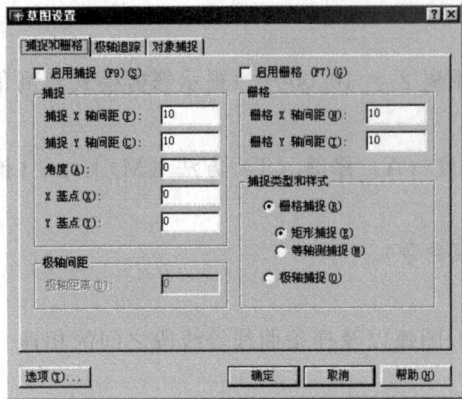

图 10-13 "捕捉和栅格设置"对话框

度。栅格开关可单击状态栏中的 栅格 按钮进行切换。捕捉开关可单击状态栏中的 捕捉 按钮进行切换。

栅格与捕捉可在 栅格 或 捕捉 按钮处用鼠标右击后，出现菜单，在该菜单上单击 设置… 菜单，弹出如图 10-13 所示的对话框，进行栅格、捕捉的间距类型和式样设置。

3. 对象（目标）捕捉

Auto CAD 提供了对象（目标）捕捉的功能，也就是说将十字光标移到特殊点附近时，光标强制性准确地定位在已有目标的特定点或特殊位置上。这样就可以迅速、准确地捕捉到某些特殊点。

如何进行特殊点的捕捉呢？Auto CAD 提供了三种方法，本文介绍最常用的 对象捕捉 按钮进行目标捕捉。

在状态栏中按下 对象捕捉 按钮，就可以进行目标捕捉。需要捕捉哪些类型目标可事先设置好。设置捕捉目标的方法是：在状态栏的 对象捕捉 按钮处鼠标右击，弹出快捷菜单，在该快捷菜单上单击 设置… ，就打开如图 10-14 所示的对话框，在此对话框中设置所需要的捕捉对象。

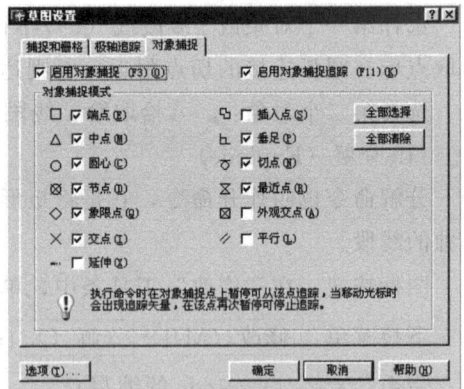

图 10-14 "对象捕捉"工具栏

二、图层、线型、颜色、线宽的设置

在绘制工程图样时，不仅仅只确定实体的几何形状和大小，同时还表示线型、线宽和颜色等非几何信息，还有尺寸符号、技术要求等。为了完成复杂图形的绘制、编辑及图形输出，Auto CAD 提供了一个分层作图的功能，如图 10-15 所示。所谓图层，就是类似用叠加的方法来存放图形的各种相关信息，也就是说把要设计概念上相关的一组对象创建并命名在一个图层中，为其指定一些通用特性。这样，图形中的对象将分类放到各自的图层中，就好像有许多没有厚度的透明胶片，在每张胶片上绘制图形的不同部分，再把它们叠加到一起就形成了一幅完整的图形。不难看出，图层可以使人们更方便、更有效地对图形进行编辑和管理。例如，把装配图中每个零件图放到不同的层上，当装配图画好后，零件图就很方便地复制出来了。

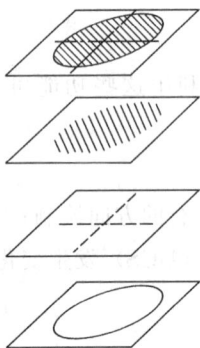

图 10-15 图层的概念

在"图层"工具条中，单击图标按钮 ，弹出如图 10-16 所示"图层特性管理器"对话框。

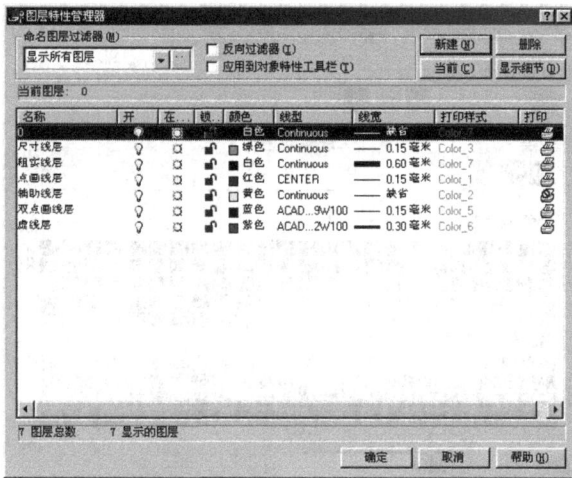

图 10-16 "图层特性管理器"对话框

根据需要点击 新建(N) 按钮，就可以新建图层。在新建图层中显示图层名称、打开♀与关闭♀、在所有视口冻结✻与解冻☼、开锁🔓与锁定🔒、颜色、线型、线宽、打印样式和打印机打开🖨与关闭🚫。图层名应根据用户的需要重新输入。

当点击"♀"或"♀"图标时，可进行相互切换。当图层关闭时，在绘图区就看不到该层的图形。当然也不能对其进行编辑。但是该层图形仍然是整个图形的一部分。被关闭层上的图形了不能被打印出来。当前图层不能关闭。

当点击"☼"或"✻"图标时，可进行相互切换。显示在绘图区上的图形都要经过系统的处理运算才能被显示出来，被关闭的图形实质上也已经过了这种运算。当图层冻结时，在绘图区同样看不到该层的图形。当然也不能对其进行编辑。图形也不能被打印出来。并且该图层上的图形不参与图形之间的处理运算。当冻结的图层被解冻时，系统仍然要对该图层上的图形进行运算后，才能把它们显示出来。当前图层不能冻结。

当点击"🔓"或"🔒"图标时，可进行相互切换。当图层被锁定时，不影响该层的图形显示，但不能对其进行编辑。仍然可以在该图层绘图，并且该图层上的图形可以打印出来。

当点击"🖨"或"🚫"图标时，可进行相互切换。用于控制图形是否被打印。当然被关闭或冻结的图层上的图形是不能打印出来的。

为了使图形更加清晰美观，对于不同图层不同线型的图线可设置成不同的颜色。在每一图层的"□颜色"处点击后，打开如图 10-17 所示的"选择颜色"对话框，可从中选取某一颜色，作为该图层的默认颜色。

设置某一图层的线型时，可在该图层栏的"线型…"处单击后，打开如图 10-18 所示的"线型选择"对话框，从中选取所需要的线型。如果现对话框中没有所需线型的话，可单击 加载… 按钮，打开如图 10-19 所示的"加载或重载线型"对话框，拖动右边的滑动条，找到所需的线型。

设置某一图层的线宽时，可在该图层栏的"线宽"处单击后，弹出如图 10-20 所示的"线宽"选择框。拖动右边的拖动条，找到所需的线宽。

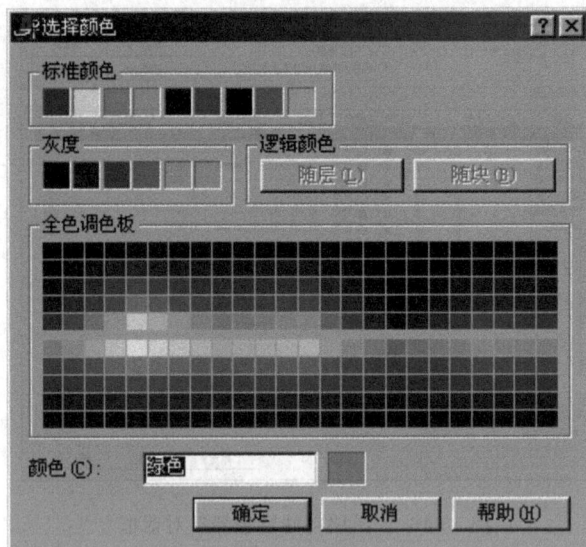

图 10-17 "选择颜色"对话框

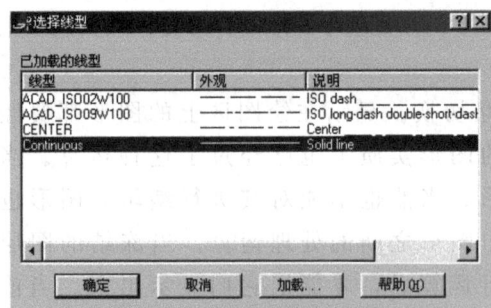

图 10-18 选择线型对话框

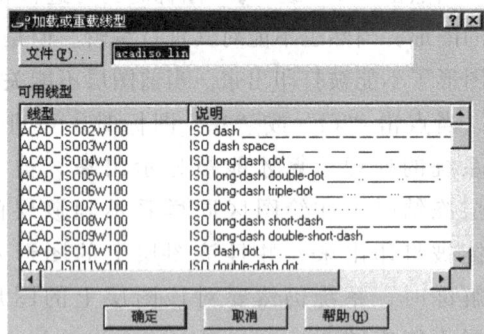

图 10-19 "加载或重载线型"对话框

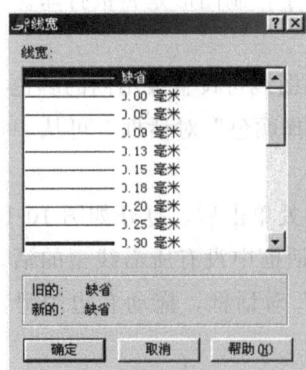

图 10-20 "线宽"选择框

图 10-21 图层状态下拉菜单

在绘图过程中，要经常改变图层，但不需要打开"图层特性管理器"对话框，而是在对象特性工具栏中点击显示图层状态框 □▽□▲◎■0 ___ 的右边带黑三角的按钮，就显示如图10-21所示的图层状态下拉菜单。在该下拉菜单中可直接切换当前图层。

在同一图层上除了使用默认的颜色、线型、线宽外，还可以根据需要使用其他的颜色、线型、线宽。即在同一图层上也可以用不同的颜色、线型、线宽进行绘图。

第 五 节　尺 寸 标 注

在工程图样中尺寸标注是非常重要的内容。AutoCAD2004 提供了强大的尺寸标注功能。并能自动测量标注对象的大小，在尺寸线上给出正确的数字。同样也可以不按测量值进行标注，重新输入尺寸数字、代号和其他文字说明。尺寸标注分为长度标注、非长度标注、旁注标注和标注编辑四大部分。

一、长度尺寸标注

长度尺寸：就是两点之间在特定方向的距离。如两点之间的 X 坐标差或 Y 坐标差以及实际距离等。根据标注内容和标注方法的不同，分为线性尺寸标注、两点校准型尺寸标注、连续型尺寸标注、基线型尺寸标注以及坐标标注等。

1. 线性尺寸标注（Dimlinear）

线型尺寸标注是指标注两点之间的水平或竖直尺寸，即标注与 X、Y 轴平行的尺寸。也可按指定的方向标注尺寸。

图标按钮：在"标注"工具条中单击按钮 □；

下拉菜单：标注（N）→线性（L）；

命令：Dli✓（Dimlinear 的缩写）。

用以上任一方式输入命令，命令窗口继续提示：

指定第一条尺寸界线起点或 ＜选择对象＞：✓（一般用对象捕捉要标注线段的端点，或直接回车，选择对象）；

指定第二条尺寸界线起点：✓（捕捉线段的另一个端点，如前一步骤直接回车，现在应拾取对象）；

指定尺寸线位置或 ［多行文字（M）/文字（T）/角度（A）/水平（H）/垂直（V）/旋转（R）］：✓（用鼠标拖动确定尺寸线位置或输入其他选项，如输入 T，可以重新输入要标注的内容）；

标注文字 ＝＜标注内容＞。

2. 两点校准型尺寸标注（Dimaligned）

两点校准型尺寸标注也称对齐型尺寸标注，标注被测量对象的平行尺寸，主要用来标注倾斜的线段长度。

图标按钮：在"标注"工具条中单击按钮 ◥；

下拉菜单：标注（N）→对齐（G）；

命令：Dal✓（Dimaligned 的缩写）。

用以上任一方式输入命令，命令窗口继续提示：

指定第一条尺寸界线起点或 ＜选择对象＞：✓（一般用对象捕捉要标注线段的端点，或直接回车，选择对象）；

指定第二条尺寸界线起点：✓（捕捉线段的另一个端点，如前一步骤直接回车，现在应拾取对象）；

指定尺寸线位置或［多行文字（M）/文字（T）/角度（A）］：✓（用鼠标拖动确定尺寸位置，如输入 A，可以重新确定文字的书写角度，其他选项的含义与线性尺寸标注相同）；

标注文字 ＝＜标注内容＞。

3. 连续型尺寸标注（Dimcontinue）

连续型尺寸标注是指尺寸线首尾相接，同一方向尺寸标在一条直线上。连续型尺寸标注必须建立在其他标注的基础上，按上一尺寸标注为起点。

图标按钮：在"标注"工具条中单击按钮 ▥；

下拉菜单：标注（N）→连续（C）；

命令：Dco ✓（Dimcontinue 的缩写）。

用以上任一方式输入命令，命令窗口继续提示：

指定第二条尺寸界线起点或［放弃（U）/选择（S）］＜选择＞：✓（直接拾取第二条尺寸界线，使尺寸线保持与上一尺寸线在同一条直线上。否则输入"S"，重新选择连续尺寸标注的起点。输入"U"，放弃刚才标注尺寸）；

标注文字 ＝＜测量值＞（显示计算机自动测量的尺寸数字。命令窗口继续提示）；

指定第二条尺寸界线起点或［放弃（U）/选择（S）］＜选择＞：✓（可连续拾取下一条尺寸界线。直接回车结束命令）。

4. 基线型尺寸标注（Dimbaseline）

基线型尺寸标注是指同一方向尺寸都以某一基准点为起点进行标注。基线型尺寸标注必须建立在其他标注的基础上，首先要拾取已标尺寸的某一尺寸界线为基准，后面所注尺寸都以该尺寸界线为基准进行标注。

图标按钮：在"标注"工具条中单击按钮 ▤；

下拉菜单：标注（N）→基线（B）；

命令：Dba ✓（Dimbaseline 的缩写）。

用以上任一方式输入命令，命令窗口继续提示：

选择基准标注：✓（选择已标尺寸的某一条尺寸界线作为基准线）；

指定第二条尺寸界线起点或［放弃（U）/选择（S）］＜选择＞：✓（直接拾取第二条尺寸界线，使尺寸界线保持与上一尺寸界线在同一条直线上。否则输入"S"，重新选择基准型尺寸标注的基准点，重新确定尺寸基准）。

指定第二条尺寸界线起点或［放弃（U）/选择（S）］＜选择＞：✓（可连续拾取下一条尺寸界线。直接回车结束命令）。

二、非长度尺寸标注

非长度尺寸标注主要是指圆或圆弧的半径、直径和角度等尺寸标注。

1. 半径的标注（Dimradius）

图标按钮：在"标注"工具条中单击按钮 ◔；

下拉菜单：标注（N）→半径（R）；

命令：Dra ✓（Dimradius 的缩写）。

用以上任一方式输入命令，命令窗口继续提示：

选择圆弧或圆：↙（拾取要标注的圆弧或圆）；

标注文字＝＜测量值＞（计算机自动测量出其半径值）；

指定尺寸线位置或［多行文字（M）/文字（T）/角度（A）］：：↙（用鼠标拖动确定尺寸线的位置，并结束命令。其他选项与长度尺寸标注相同）。

2. 直径的标注（Dimdiameter）

图标按钮：在"标注"工具条中单击按钮◙；

下拉菜单： 标注（N） → 直径（D） ；

命令：Ddi ↙（Dimdiameter 的缩写）。

用以上任一方式输入命令，命令窗口继续提示：

选择圆弧或圆：↙（拾取要标注的圆弧或圆）；

标注文字＝＜测量值＞（计算机自动测量出其直径值）；

指定尺寸线位置或［多行文字（M）/文字（T）/角度（A）］：：↙（用鼠标拖动确定尺寸线的位置，并结束命令。其他选项与长度尺寸标注相同）。

3. 角度的标注（Dimangular）

图标按钮：在"标注"工具条中单击按钮△；

下拉菜单： 标注（N） → 角度（A） ；

命令：Dan ↙（Dimangular 的缩写）。

选择圆弧、圆、直线或 ＜指定顶点＞：↙（拾取角度的顶点。如拾取圆弧或圆，其圆心即为顶点；如拾取直线，其顶点位置暂时未定，待拾取第二条直线后，两直线的交点即为顶点。如拾取圆，第一个拾取点为第一端点）；

指定角的第二个端点：↙（拾取第二条直线或圆上的另一个端点。这里要注意的是，圆的圆心角只按顺时针方向标注，所以要注意圆上第一和第二点的拾取顺序不能弄错。如第一步拾取的是圆弧，就没有这一步骤了）；

指定标注弧线位置或［多行文字（M）/文字（T）/角度（A）］：↙（用鼠标拖动确定尺寸线的位置，并结束命令。其他选项与长度尺寸标注相同）；

标注文字＝＜测量值＞（计算机自动测量出其直径值）。

注意：

普通键盘上没有的特殊符号的输入代码是：输入％％C 表示"∮"、输入％％D 表示"°"、输入％％P 表示"±"符号。

三、输入文本

1. 单行文本的输入（Dtext）

在图中注写单行文本，标注中可以使用回车键换行，也可以在另外的位置单击鼠标左键，以确定一个新的起始位置。不论换行还是重新确定起始位置，将每次输入的一行文本作为一个独立的实体。

图标位置：在"文字"工具条中单击按钮Ａ。

下拉菜单： 绘图（D） → 文字（X） → 单行文字（M） 。

命令：Dt ↙（Dtext 的缩写）。

选择上述任一方式输入命令，命令行继续提示：

当前文字样式：Standard 当前文字高度：2.500 0

指定文字的起点或［对正（J）/样式（S）］：

指定文字的起点：（输入或拾取文字的起点位置。当确定起点位置后，命令行继续提示；）；

指定高度＜2.500 0＞：（输入文字的高度。也可以输入或拾取两点，以两点之间的距离为字高。当系统确定文字高度值后，命令行继续提示）；

指定文字的旋转角度＜0＞：（输入所注写的文字与 X 轴正方向的夹角，也可以输入或拾取两点，以两点的连线与 X 轴正方向的夹角为旋转角。命令行继续提示）；

输入文字：（输入需要注写的文字。用回车键换行，连续两次回车，结束命令）。

2. 多行文字的输入（Mtext）

在一个虚拟的文本框内生成一段文字，用户可以定义文字边界，指定边界内文字的段落宽度以及文字的对齐方式等内容。

下拉菜单：【绘图】→【文字】→【多行文字】…。

图标位置： A 在"文字"或"绘图"工具条中。

输入命令：Mt↙（Mtext 的缩写）。

选择上述任一方式输入命令，命令行继续提示：

当前文字样式："样式 1"当前文字高度：2.5；

指定第一角点：（指定虚拟框的第一角点。命令行继续提示）；

指定对角点或 ［高度（H）/对正（J）/行距（L）/旋转（R）/样式（S）/宽度（W）］：

指定对角点：（指定虚拟文本框的另一角点，确定文字行的宽度，以虚拟框的顶边为字符串的顶线，确定第一行字符串的位置。当输入或指定另一顶点后，弹出"文字格式"对话框。在对话框中输入文字后，单击 确定 按钮，结束命令）。

用多行文本输入文字，可在输入文本对话框中重新设置文字样式、字体、字高、旋转角度、颜色、加粗、斜体、下划线等内容。

［例 10-3］ 绘制如图 10-22 的电路图。

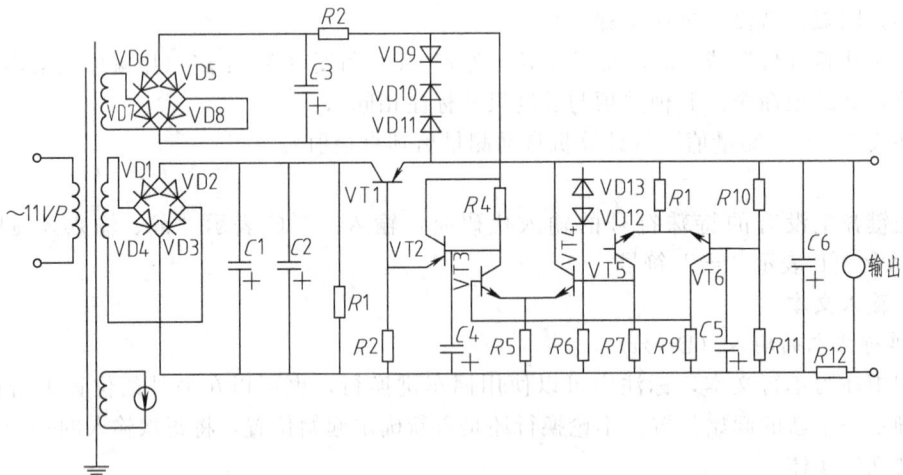

图 10-22 电路图

① 首先将所要绘制该电路的所有元件符号绘好，如图 10-23 所示，如有现成的图库最好，那就可以直接从图库中调入。再根据要绘制的电路各元件的位置利用复制、旋转、移动、镜像等编辑方法作出所有位置的元件图样。

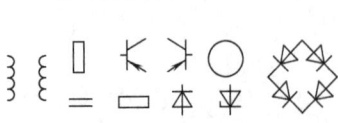

图 10-23 元件符号

② 根据要绘制的电路绘制好所有线路，最好保证疏密均

匀，并留有足够的空间填写各元件的代号，如图 10-24 所示。

③ 将所有的元件符号复制或平移到所指定的位置，剪去多余线段，如图 10-25 所示。

④ 填写所有元件代号和线段连接点符号（小黑点），完成全图。

[**例 10-4**] 绘制如图 10-26（a）所示的吊钩平面图。

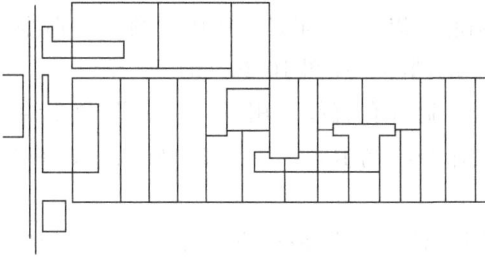

图 10-24　电路线路图

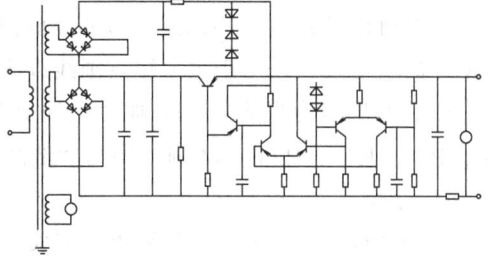

图 10-25　电路元件布置图

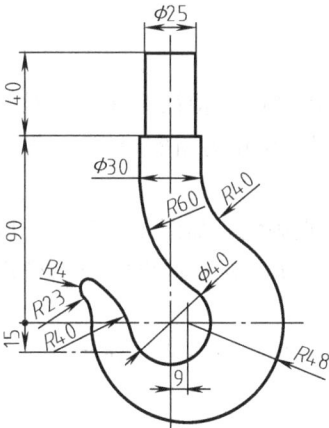

（a）吊钩平面图

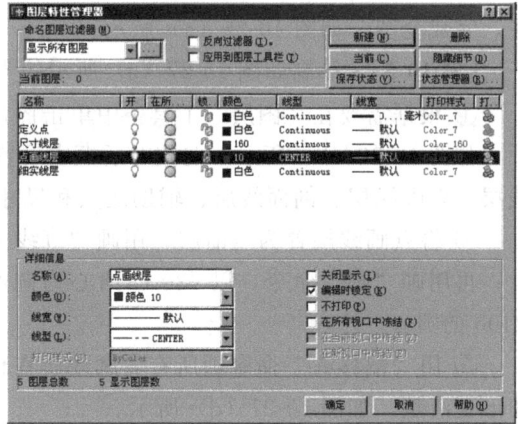

（b）为绘制吊钩所设置的图层

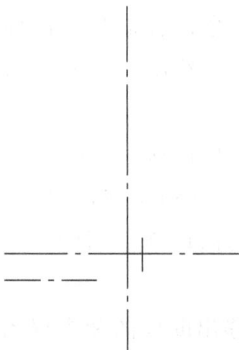

（c）绘制吊钩的中心线　　　（d）绘制吊钩的所有线段　　　（e）裁剪多余的线段

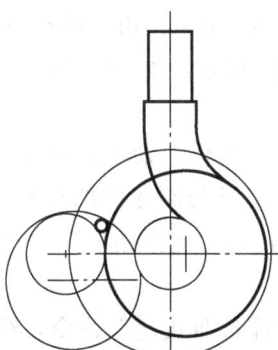

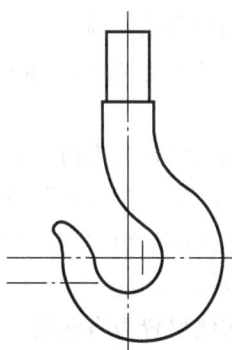

图 10-26　吊钩平面图的绘制步骤

193

① 根据需要在"图层"工具条中单击图层管理按钮 ，弹出"图层特性管理器"对话框，如图 10-26（b）所示。在该对话框中设置粗实线层（该例用 0 层作为粗实线层）、细实线层、点画线层和尺寸线层。

② 将点画线层置为当前层，用画"直线 "命令绘制 4 条点画线，如图 10-26（c）所示。

③ 将细实线层置为当前层，以 $\phi40$ 的圆心为圆心，以 60 为半径，用画"圆 "命令绘制 R60 的细实线圆，交于水平短点画线以确定 R40 的圆心，如图 10-26（d）所示。

④ 将 0 层置为当前层，用画"直线 "命令绘制所有直线；用画"圆 "命令绘制 $\phi40$、R40、R48、R23、R4 圆；用画"倒圆角 "命令绘制 R60、R40 过渡圆弧，如图 10-27（d）所示。

⑤ 用"删除 "命令删除 R60 细实线圆；用"修剪 "命令剪去 $\phi40$、R40、R48、R23、R4 圆中的多余线段，完成图形的绘制，如图 10-26（e）所示。

⑥ 将光标移到任一按钮处，单击鼠标右键，弹出"工具条选择"快捷菜单，拾取"标注"选项，弹出"尺寸标注"工具条，用鼠标拖动到适当位置。选择相应按钮，进行尺寸标注，完成全图，如图 10-26（a）所示。

[例 10-5]　绘制如图 10-27（a）所示的零件图。

① 根据需要在"图层"工具条中单击图层管理按钮 ，弹出"图层特性管理器"对话框，如图 10-27（b）所示。在该对话框中设置粗实线层（该例用 0 层作为粗实线层）、细实线层、点画线层、剖面线层、辅助线层和尺寸线层。

② 将点画线层置为当前层，用画"直线 "命令绘制 17 条点画线，如图 10-27（c）所示；再用画"圆"命令，以 $\phi30$ 的圆心为圆心，画 R100 的圆，与相应点画线的交点确定 R100 的圆心。

③ 用"偏移 "命令画所有轮廓线所在位置；再用"修剪 "命令修剪部分线段，使图形更清楚，如图 10-27（d）所示。

④ 将 0 层置为当前层，在状态栏中打开 对象捕捉 按钮。用画"直线 "命令描绘 31 条粗实线线段；用"删除 "命令删除不需要的点画线；用画"圆 "命令绘制 $\phi16$、$\phi30$、$\phi26$ 三个同心圆和 R100 大圆以及 4 个 $\phi8.5$ 小圆，如图 10-27（e）所示。

⑤ 用"倒圆角 "命令，绘制 R24 圆角；用"偏移 "命令，绘制 R32 圆弧；再用"倒圆角 "命令，绘制 R8、R10、R3 圆角；用"倒角 "命令，绘制 C2 倒角，如图 10-27（e）所示。

⑥ 将点画线层置为当前层，用"直线 "命令，通过 R24 的圆心画一条点画线；将 0 层置为当前层，用"直线 "命令画一条与刚才画的点画线垂直的粗实线；用"偏移 "命令画出该处移出断面图的轮廓线，再用"倒圆角 "命令，画出该断面图的圆角，如图 10-27（e）所示。

⑦ 将细实线层置为当前层，用"样条曲线 "命令，绘制移出断面图和主视图左下方底板处的波浪线；再用"修剪 "命令，剪去多余线段，完成所有轮廓线的绘制，如图 10-27（e）所示。

⑧ 将剖面线层置为当前层，用"图案填充 "命令，绘制剖面线，如图 10-27（f）所示。

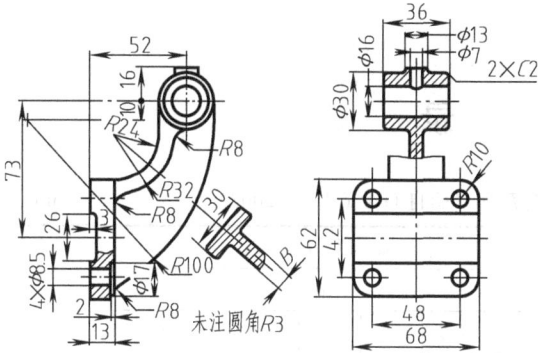

(a) 踏脚架零件图

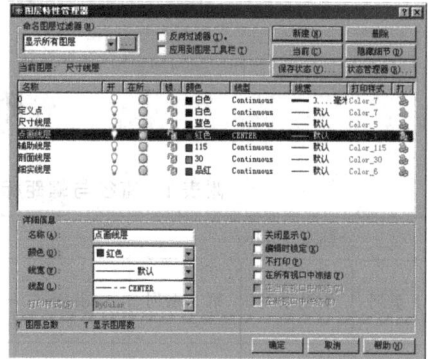

(b) 为绘制踏脚架零件图所设置的图层

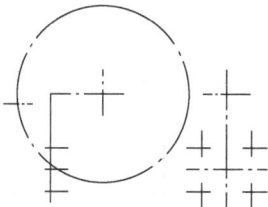

(c) 绘制零件的点画线

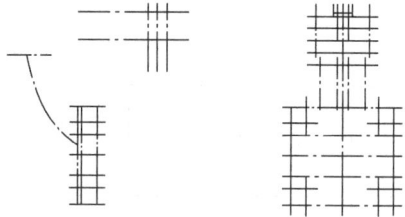

(d) 用"偏移"命令确定线段位置

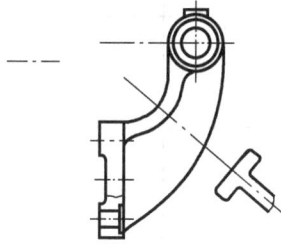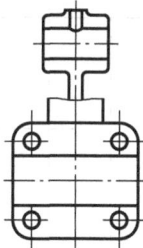

(e) 绘制轮廓线

(f) 绘制剖面线

图 10-27　踏脚架零件图的绘步骤

⑨ 将尺寸线层置为当前层，用"线性标注 ⊟"命令，标注 10、18、52、13、3、73、26、2、4×φ8.5、φ17、φ7、φ13、36、φ16、φ30、42、62、48、68；用"对齐标注 ↘"命令，标注 30、8；用"半径标注 ◎"命令，标注 R100、R8、R24、R32、R10，如图 10-27（a）所示。

⑩ 在倒角处画出指引线，用"单行文字 Ａ"命令，标注 2×C2；用"多行文字 Ａ"命令，注写文字说明："未注圆角 R3。"完成如图 10-27（a）所示图形的绘制。

附　　录

附表 1　直径与螺距标准组合系列（摘自 GB/T 193—2003）　　　　　　　（mm）

公称直径 D、d			螺距 P										
第1系列	第2系列	第3系列	粗牙	细牙									
				3	2	1.5	1.25	1	0.75	0.5	0.35	0.25	0.2
1			0.25										0.2
	1.1		0.25										0.2
1.2			0.25										0.2
	1.4		0.3										0.2
1.6			0.35										0.2
	1.8		0.35										0.2
2			0.4									0.25	
	2.2		0.45									0.25	
2.5			0.45								0.35		
3			0.5								0.35		
	3.5		0.6								0.35		
4			0.7							0.5			
	4.5		0.75							0.5			
5			0.8							0.5			
	5.5									0.5			
6			1						0.75				
	7		1						0.75				
8			1.25					1	0.75				
		9	1.25					1	0.75				
10			1.5				1.25	1	0.75				
		11	1.5					1	0.75				
12			1.75			1.5	1.25	1					
	14		2			1.5	1.25ᵃ	1					
		15				1.5		1					
16			2			1.5		1					
		17				1.5		1					
	18		2.5		2	1.5		1					
20			2.5		2	1.5		1					
	22		2.5		2	1.5		1					
24			3		2	1.5		1					
		25			2	1.5		1					
		26				1.5							
	27		3		2	1.5		1					
		28			2	1.5		1					

公称直径 D、d			螺距 P										
第1系列	第2系列	第3系列	粗牙	细牙									
				3	2	1.5	1.25	1	0.75	0.5	0.35	0.25	0.2
30			3.5	(3)	2	1.5		1					
		32			2	1.5							
	33		3.5	(3)	2	1.5							
		35				1.5							
36			4	3	2	1.5							
		38				1.5							
	39		4	3	2	1.5							

注：M14×1.25 仅用于火花塞。

附表 2　六角头螺栓—A 和 B 级（GB/T 5782—2000）
六角头螺栓—全螺纹（GB/T 5783—2000）

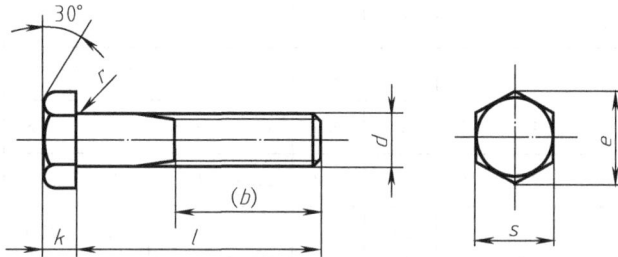

标 记 示 例

螺纹规格 d＝M12、公称长度 l＝80mm、性能等级为 8.8 级、表面氧化、A 级的六角螺栓；

螺栓 GB/T 5782　M12×80

(mm)

螺纹规格 d		M3	M4	M5	M6	M8	M10	M12	(M14)	M16	(M18)	M20	(M22)	M24	(M27)	M30	M36
s		5.5	7	8	10	13	16	18	21	24	27	30	34	36	41	46	55
k		2	2.8	3.5	4	5.3	6.4	7.5	8.8	10	11.5	12.5	14	15	17	18.7	22.5
r		0.1	0.2	0.2	0.25	0.4	0.4	0.6	0.6	0.6	0.6	0.8	1	0.8	1	1	1
e	A	6.01	7.66	8.79	11.05	14.38	17.77	20.03	23.36	26.75	30.14	33.53	37.72	39.98	—	—	—
	B	5.88	7.50	8.63	10.89	14.20	17.59	19.85	22.78	26.17	29.56	32.95	37.29	39.55	45.2	50.85	51.11
(b) GB/T 5782	l≤125	12	14	16	18	22	26	30	34	38	42	46	50	54	60	66	—
	125<l≤200	18	20	22	24	28	32	36	40	44	48	52	56	60	66	72	84
	l>200	31	33	35	37	41	45	49	53	57	61	65	69	73	79	85	97
l 范围 (GB/T 5782)		20~30	25~40	25~50	30~60	40~80	45~100	50~120	60~140	65~160	70~180	80~200	90~220	90~240	100~260	110~300	140~360
l 范围 (GB/T 5783)		6~30	8~40	10~50	12~60	16~80	20~100	25~120	30~140	30~150	35~150	40~150	45~150	50~150	55~200	60~200	70~200
l 系列		6,8,10,12,16,20,25,30,35,40,45,50,(55),60,(65),70,80,90,100,110,120,130,140,150, 160,180,200,220,240,260,280,300,320,340,360,380,400,420,440,460,480,500															

197

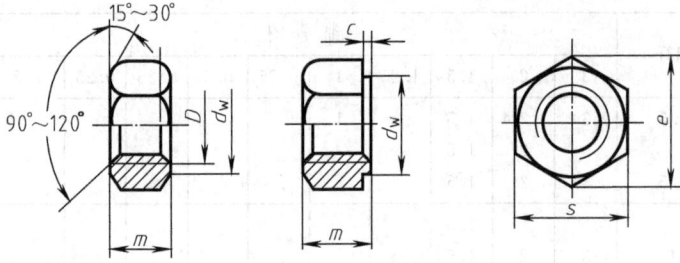

标记示例

螺纹规格 D＝M12、性能等级为 8 级、不经表面处理、产品等级为 A 级的 1 型六角螺母：

螺母　GB/T 6170　M12

垫圈面型,应在订单中注明

(mm)

螺纹规格 d		M3	M4	M5	M6	M8	M10	M12	M16	M20	M24	M30	M36
e(min)		6.01	7.66	8.79	11.05	14.38	17.77	20.03	26.75	32.95	39.55	50.85	60.79
s	(max)	5.5	7	8	10	13	16	18	24	30	36	46	55
	(min)	5.32	6.78	7.78	9.78	12.73	15.73	17.73	23.67	29.16	35	45	53.8
c(max)		0.4	0.4	0.5	0.5	0.6	0.6	0.6	0.8	0.8	0.8	0.8	0.8
d_w(min)		4.6	5.9	6.9	8.9	11.6	14.6	16.6	22.5	27.7	33.2	42.7	51.1
d_w(max)		3.45	4.6	5.75	6.75	8.75	10.8	13	17.3	21.6	25.9	32.4	38.9
m	max	2.4	3.2	4.7	5.2	6.8	8.4	10.8	14.8	18	21.5	25.6	31
	min	2.15	2.9	4.4	4.9	6.44	8.04	10.37	14.1	16.9	20.2	24.3	29.4

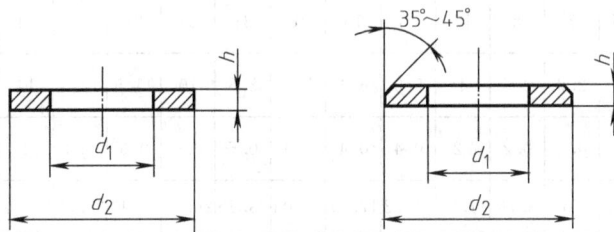

标 记 示 例

标准系列,公称规格 8mm,由钢制造的硬度等级为 200HV 级、不经表面处理、产品等级为 A 级的平垫圈：

垫圈　GB/T 97.1　8

(mm)

公称规格(螺纹大径 d)	2	2.5	3	4	5	6	8	10	12	14	16	20	24	30
内径 d_1	2.2	2.7	3.2	4.3	5.3	6.4	8.4	10.5	13	15	17	21	25	31
外径 d_2	5	6	7	9	10	12	16	20	24	28	30	37	44	56
厚度 h	0.3	0.5	0.5	0.8	1	1.6	1.6	2	2.5	2.5	3	3	4	4

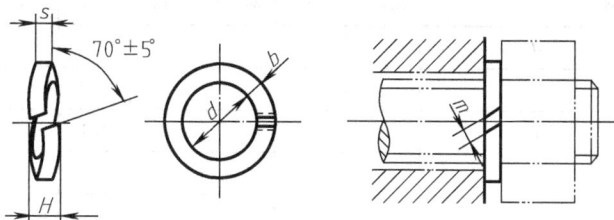

标 记 示 例

公称直径16mm、材料为65Mn、表面氧化的标准型弹簧垫圈：

垫圈　GB/T 93　16

（mm）

规格（螺纹大径）		2	2.5	3	4	5	6	8	10	12	16	20	24	30	36	42	48
d		2.1	2.6	3.1	4.1	5.1	6.2	8.2	10.2	12.3	16.3	20.5	24.5	30.5	36.6	42.6	49
H	GB/T 93—1987	1.2	1.6	2	2.4	3.2	4	5	6	7	8	10	12	13	14	16	18
	GB/T 859—1987	1	1.2	1.6	1.6	2	2.4	3.2	4	5	6.4	8	9.6	12			
$S(b)$	GB/T 93—1987	0.6	0.8	1	1.2	1.6	2	2.5	3	3.5	4	5	6	6.5	7	8	9
S	GB/T 859—1987	0.5	0.6	0.8	0.8	1	1.2	1.6	2	2.5	3.2	4	4.8	6			
$m\leqslant$	GB/T 93—1987		0.4		0.5	0.6	0.8	1	1.2	1.5	1.7	2	2.5	3	3.2	3.5	4	4.5
	GB/T 859—1987		0.3		0.4		0.5	0.6	0.8	1	1.2	1.6	2	2.4	3			
b	GB/T 859—1987		0.8		1		1.2		1.6	2	2.5	3.5	4.5	5.5	6.5	8		

附表 6　开槽螺钉

开槽圆柱头螺钉（GB/T 65—2000）、开槽沉头螺钉（GB/T 68—2000）、开槽盘头螺钉（GB/T 67—2000）

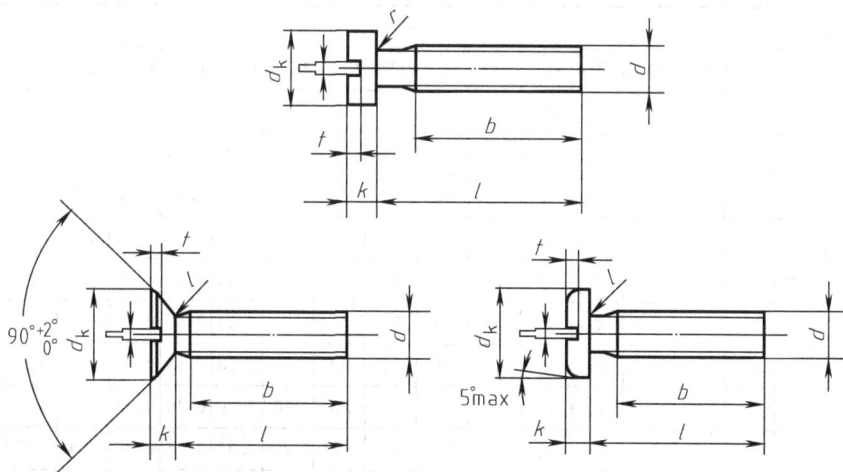

标 记 示 例

螺纹规格 d＝M5、公称长度 l＝20mm、性能等级为 4.8 级、不经表面处理的 A 级开槽圆柱头螺钉：

螺钉　GB/T 65　M5×20

螺纹规格 d		M1.6	M2	M2.5	M3	M4	M5	M6	M8	M10
GB/T 65—2000	d_k					7	8.5	10	13	16
	k					2.6	3.3	3.9	5	6
	t_{min}					1.1	1.3	1.6	2	2.4
	r_{min}					0.2	0.2	0.25	0.4	0.4
	l					5~40	6~50	8~60	10~80	12~80
	全螺纹时最大长度					40	40	40	40	40
GB/T 67—2000	d_k	3.2	4	5	5.6	8	9.5	12	16	23
	k	1	1.3	1.5	1.8	2.4	3	3.6	4.8	6
	t_{min}	0.35	0.5	0.6	0.7	1	1.2	1.4	1.9	2.4
	r_{min}	0.1	0.1	0.1	0.1	0.2	0.2	0.25	0.4	0.4
	l	2~16	2.5~20	3~25	4~30	5~40	6~50	8~60	10~80	12~80
	全螺纹时最大长度	30	30	30	30	40	40	40	40	40
GB/T 68—2000	d_k	3	3.8	4.7	5.5	8.4	9.3	11.3	15.8	18.3
	k	1	1.2	1.5	1.65	2.7	2.7	3.3	4.65	5
	t_{min}	0.32	0.4	0.5	0.6	1	1.1	1.2	1.8	2
	r_{max}	0.4	0.5	0.6	0.8	1	1.3	1.5	2	2.5
	l	2.5~16	3~20	4~25	5~30	6~40	8~50	8~60	10~80	12~80
	全螺纹时最大长度	30	30	30	30	45	45	45	45	45
n		0.4	0.5	0.6	0.8	1.2	1.2	1.6	2	2.5
b_{min}		25				38				
l 系列		2、2.5、3、4、5、6、8、10、12、(14)、16、20、25、30、35、40、45、50、(55)、60、(65)、70、(75)、80								

附表 7　标准公差数值（GB/T 1800.4—1999）

基本尺寸 /mm		标准公差等级																	
		IT1	IT2	IT3	IT4	IT5	IT6	IT7	IT8	IT9	IT10	IT11	IT12	IT13	IT14	IT15	IT16	IT17	IT18
大于	至	μm											mm						
—	3	0.8	1.2	2	3	4	6	10	14	25	40	60	0.1	0.14	0.25	0.4	0.6	1	1.4
3	6	1	1.5	2.5	4	5	8	12	18	30	48	75	0.12	0.18	0.3	0.48	0.75	1.2	1.8
6	10	1	1.5	2.5	4	6	9	15	22	36	58	90	0.15	0.22	0.36	0.58	0.9	1.5	2.2
10	18	1.2	2	3	5	8	11	18	27	43	70	110	0.18	0.27	0.43	0.7	1.1	1.8	2.7
18	30	1.5	2.5	4	6	9	13	21	33	52	84	130	0.21	0.33	0.52	0.84	1.3	2.1	3.3
30	50	1.5	2.5	4	7	11	16	25	39	62	100	160	0.25	0.39	0.62	1	1.6	2.5	3.9
50	80	2	3	5	8	13	19	30	46	74	120	190	0.3	0.46	0.74	1.2	1.9	3	4.6
80	120	2.5	4	6	10	15	22	35	54	87	140	220	0.35	0.54	0.87	1.4	2.2	3.5	5.4
120	180	3.5	5	8	12	18	25	40	63	100	160	250	0.4	0.63	1	1.6	2.5	4	6.3
180	250	4.5	7	10	14	20	29	46	72	115	185	290	0.46	0.72	1.15	1.85	2.9	4.6	7.2
250	315	6	8	12	16	23	32	52	81	130	210	320	0.52	0.81	1.3	2.1	3.2	5.2	8.1

基本尺寸 /mm		标准公差等级																	
		IT1	IT2	IT3	IT4	IT5	IT6	IT7	IT8	IT9	IT10	IT11	IT12	IT13	IT14	IT15	IT16	IT17	IT18
315	400	7	9	13	18	25	36	57	89	140	230	360	0.57	0.89	1.4	2.3	3.6	5.7	8.9
400	500	8	10	15	20	27	40	63	97	155	250	400	0.63	0.97	1.55	2.5	4	6.3	9.7
500	630	9	11	16	22	32	44	70	110	175	280	440	0.7	1.1	1.75	2.8	4.4	7	11
630	800	10	13	18	25	36	50	80	125	200	320	500	0.8	1.25	2	3.2	5	8	12.5
800	1 000	11	15	21	28	40	56	90	140	230	360	560	0.9	1.4	2.3	3.6	5.6	9	14
1 000	1 250	13	18	24	33	47	66	105	165	260	420	660	1.05	1.65	2.6	4.2	6.6	10.5	16.5
1 250	1 600	15	21	29	39	55	78	125	195	310	500	780	1.25	1.95	3.1	5	7.8	12.5	19.5
1 600	2 000	18	25	35	46	65	92	150	230	370	600	920	1.5	2.3	3.7	6	9.2	15	23
2 000	2 500	22	30	41	55	78	110	175	280	440	700	1 100	1.75	2.8	4.4	7	11	17.5	28
2 500	3 150	26	36	50	68	96	135	210	330	540	860	1 350	2.1	3.3	5.4	8.6	13.5	21	33

注：1. 基本尺寸大于 500mm 的 IT1 至 IT15 的标准公差数值为试行的。

2. 基本尺寸小于或等于 1mm 时，无 IT14 至 IT18。

附表 8　优先配合轴的极限偏差（摘自 GB/T 1800.4—1999）　　　　（μm）

基本尺寸 /mm		公　差　带												
		c	d	f	g	h				k	n	p	s	u
大于	至	11	9	7	6	6	7	9	11	6	6	6	6	6
—	3	−60 −120	−20 −45	−6 −16	−2 −8	0 −6	0 −10	0 −25	0 −60	+6 0	+10 +4	+12 +6	+20 +14	+24 +18
3	6	−70 −145	−30 −60	−10 −22	−4 −12	0 −8	0 −12	0 −30	0 −75	+9 +1	+16 +8	+20 +12	+27 +19	+31 +23
6	10	−80 −170	−40 −76	−13 −28	−5 −14	0 −9	0 −15	0 −36	0 −90	+10 +1	+19 +10	+24 +15	+32 +23	+37 +28
10	14	−95 −205	−50 −93	−16 −34	−6 −17	0 −11	0 −18	0 −43	0 −110	+12 +1	+23 +12	+29 +18	+39 +28	+44 +33
14	18													
18	24	−110 −240	−65 −117	−20 −41	−7 −20	0 −13	0 −21	0 −52	0 −130	+15 +2	+28 +15	+35 +22	+48 +35	+54 +41
24	30													+61 +48
30	40	−120 −280	−80 −142	−25 −50	−9 −25	0 −16	0 −25	0 −62	0 −160	+18 +2	+33 +17	+42 +26	+59 43	+76 +60
40	50	−130 −290												+86 +70
50	65	−140 −330	−100 −174	−30 −60	−10 −29	0 −19	0 −30	0 −74	0 −190	+21 +2	+39 +20	+51 +32	+72 +53	+106 +87
65	80	−150 −340											+78 +59	+121 +102
80	100	−170 −390	−120 −207	−36 −71	−12 −34	0 −22	0 −35	0 −87	0 −220	+25 +3	+45 +23	+59 +37	+93 +71	+146 +124
100	120	−180 −400											+101 +79	+146 +144

201

基本尺寸/mm		公 差 带												
		c	d	f	g		h			k	n	p	s	u
120	140	−200 −450											+117 +92	+195 +170
140	160	−210 −460	−145 −245	−43 −83	−14 −39	0 −25	0 −40	0 −100	0 −250	+28 +3	+52 +27	+68 +43	+125 +100	+215 +210
160	180	−230 −480											+133 +108	+235 +210
180	200	−240 −530											+151 +122	+265 +236
200	225	−260 −550	−170 −285	−50 −96	−15 −44	0 −29	0 −46	0 −115	0 −290	+33 +4	+60 +31	+79 +50	+159 +130	+287 +257
225	250	−280 −570											+169 +140	+313 +284
250	280	−300 −620	−190 −320	−56 −108	−17 −49	0 −32	0 −52	0 −130	0 −320	+36 +4	+66 +34	+88 +56	+190 +158	+347 +315
280	315	−330 −650											+202 +170	+382 +350
315	355	−360 −720	−210 −350	−62 −119	−18 −54	0 −36	0 −57	0 −140	0 −360	+40 +4	+73 +37	+98 +62	+226 +190	+426 +390
355	400	−400 −760											+244 +208	+471 +435
400	450	−440 −840	−230 −385	−68 −131	−20 −60	0 −40	0 −63	0 −155	0 −400	+45 +5	+80 +40	+108 +68	+272 +232	+530 +490
450	500	−480 −880											+292 +252	+580 +540

附表 9 优先配合孔的极限偏差（摘自 GB/T 1800.4—1999）　　　　　（μm）

基本尺寸/mm		公 差 带												
		C	D	F	G		H			K	N	P	S	U
大于	至	11	9	8	7	7	8	9	11	7	7	7	7	7
—	3	+120 +60	+45 +20	+20 +6	+12 +2	+10 0	+14 0	+25 0	+60 0	0 −10	−4 −14	−6 −16	−14 −24	−18 −28
3	6	+145 +70	+60 +30	+28 +10	+16 +4	+12 0	+18 0	+30 0	+75 0	+9 −9	−4 −16	−8 −20	−15 −27	−19 −31
6	10	+170 +80	+76 +40	+35 +13	+20 +5	+15 0	+22 0	+36 0	+90 0	+5 −10	−4 −19	−9 −24	−17 −32	−22 −37
10	14	+205 +95	+93 +50	+43 +16	+27 +6	+18 0	+27 0	+43 0	+110 0	+6 −12	−5 −23	−11 −29	−21 −39	−26 −44
14	18													
18	24	+240 +110	+117 +65	+53 +20	+28 +7	+21 0	+33 0	+52 0	+130 0	+6 −15	−7 −28	−14 −35	−27 −48	−33 −54
24	30													−40 −61

基本尺寸/mm		公差带				H				K	N	P	S	U
		C	D	F	G									
30	40	+280 +120	+142 +80	+64 +25	+34 +9	+25 0	+39 0	+62 0	+160 0	+7 −18	−8 −33	−17 −42	−34 −59	−51 −76
40	50	+290 +130												−61 −86
50	65	+330 +140	+174 +100	+76 +30	+40 +10	+30 0	+46 0	+74 0	+190 0	+9 −21	−9 −39	−21 −51	−42 −72	−76 −106
65	80	+340 +150											−48 −78	−91 −121
80	100	+390 +170	+207 +120	+90 +36	+47 +12	+35 0	+54 0	+87 0	+220 0	+10 −25	−10 −45	−24 −59	−58 −93	−111 −146
100	120	+400 +180											−66 −101	−131 −166
120	140	+450 +200	+245 +145	+106 +43	+54 +14	+40 0	+63 0	+100 0	+250 0	+12 −28	−12 −52	−28 −68	−77 −117	−155 −195
140	160	+460 +210											−85 −125	−175 −215
160	180	+480 +230											−93 −133	−195 −235
180	200	+530 +240	+285 +170	+122 +50	+61 +15	+46 0	+72 0	+115 0	+290 0	+13 −33	−14 −60	−33 −79	−105 −151	−219 −265
200	225	+550 +260											−113 −159	−241 −287
225	250	+570 +280											−123 −169	−267 −313
250	280	+620 +300	+320 +190	+137 +56	+69 +17	+52 0	+81 0	+130 0	+320 0	+16 −36	−14 −66	−36 −88	−138 −190	−295 −347
280	315	+650 +330											−150 −202	−330 −382
315	355	+720 +360	+350 +210	+151 +62	+75 +18	+57 0	+89 0	+140 0	+360 0	+17 −40	−16 −73	−41 −98	−169 −226	−369 −426
355	400	+760 +360											−187 −244	−414 −471
400	450	+840 +440	+385 +230	+165 +68	+83 +20	+63 0	+97 0	+155 0	+400 0	+18 −45	−17 −80	−45 −108	−209 −279	−467 −530
450	500	+880 +480											−229 −292	−517 −580

电阻	电容	极性电容	熔断器	避雷针

晶体二极管	晶体三极管 PNP型	晶体三极管 NPN型,集电极接管壳	电池	交流电

电感器	变压器	天线	接地	信号灯

扬声器	导线的连接	端子	导线连接	导线的不连接

导线的直接连接 导线接头	插头	插头和插座	直流变流器	整流器

桥式全波整流器	动合(常开)触点	动断(常闭)触点	振荡器	滤波器

无线电台	电话机	放大器	检波器	矩形波导

附表 11　项目种类字母代码表

字母代号	项目种类	举　　例
A	组件 部件	分立元件放大器、磁放大器、激光器、微波激射器、印制电路板 本表其他地方未提及的组件、部件
B	变换器 (从非电量到电量或相反)	热电传感器、热电池、光电池、测功计、晶体换能器、送话器、拾音器、扬声器、 耳机、自整角机、旋转变压器
C	电容器	

字母代号	项目种类	举 例
D	二进制单元 延迟器件 存储器件	数字集成电路和器件、延迟器件、双稳态元件、单稳态元件、磁蕊存储器、寄存器、磁带记录机、盘式记录机
E	杂项	光器件、热器件 本表及其他地方未提及的元件
F	保护器件	光指示器、声指示器
G	发电机 电源	旋转发电机、旋转变频机、电池、振荡器、石英晶体振荡器
H	信号器件	光指示器、声指示器
J		
K	继电器,接触器	
L	电感器 电抗器	感应线圈、线路陷波器 电抗器(并联和串联)
M	电动机	
P	测量设备 试验设备	指示、记录、积算测量设备 信号发生器、时钟
Q	电力电路开关	断路器、隔离开关
R	电阻器	可变电阻器、电位器、变阻器、分流器、热敏电阻
S	控制电路开关 选择器	控制开关、按钮、限制开关、选择开关、选择器、拨号接触器
T	变压器	电压互感器、电流互感器
U	调制器 交换器	鉴频器、解调器、变频器、编码器、逆变器、交流器、电报译码器
V	电真空器件 半导体器件	电子管、气体放电管 晶体管、晶闸管、二极管
W	传输通道 波导、天线	导线、电缆、母线、波导、波导定向耦合器、偶极天线、抛物面天线
X	端子 插头 插座	插头和插座、测试塞孔、端子板、焊接端子片、连接片、电缆封端和接头
Y	电气操作的机械装置	制动器、离合器、气阀
Z	终端设备 混合变压器 滤波器、均衡器 限幅器	电缆平衡网络 压缩扩展器 晶体滤波器 网络

附表 12　新旧符号、国内外符号对照

附表 12-1　符号要素、限定符号和常用的其他符号

新符号（GB 4728）		旧符号（GB 312）		新符号（GB 4728）		旧符号（GB 312）	
名称	图形符号	名称	图形符号	名称	图形符号	名称	图形符号
接地一般符号		接地一般符号		故障		绝缘击穿一般符号	
无噪声接地（抗干扰接地）				闪络、击穿			
保护接地				导线间绝缘击穿		导线间绝缘击穿	
接机壳或接底板	形式1　形式2	接机壳	或	导线对机壳绝缘击穿	形式1　形式2	导线对机壳绝缘击穿	
等电位				导线对地绝缘击穿		导线对地绝缘击穿	

附表 12-2　导线和连接器件

新符号（GB 4728）		旧符号（GB 312）		新符号（GB 4728）		旧符号（GB 312）	
名称	图形符号	名称	图形符号	名称	图形符号	名称	图形符号
导线的连接	形式1　形式2	导线的单分支		插座	优选形　其他形	插座	或
导线的多线连接	形式1　形式2	导线的双分支	或	插头	优选形　其他形	插头	或

新符号(GB 4728)		旧符号(GB 312)		新符号(GB 4728)		旧符号(GB 312)	
名　称	图形符号	名　称	图形符号	名　称	图形符号	名　称	图形符号
电阻器的一般符号	优选形 其他形	电阻的一般符号		熔断电阻器			
可变电阻器		变阻器	或	滑线式变阻器		可断开电路的变阻器	
压敏电阻器	U	压敏电阻	U	带滑动触点和断开位置的电阻器			
热敏电阻器	θ	直热式热敏电阻	$t°$	有固定抽头的电阻器		有抽头的固定电阻	
0.125W电阻器				带固定抽头的可变电阻器		带抽头的可变电阻	
0.25W电阻器		1/4 瓦电阻		分流器		分流器	
0.5W电阻器		1/2 瓦电阻		碳堆电阻器			
1W电阻器	1	1瓦电阻	1	加热元件			
20W电阻器	20	20瓦电阻	20W	滑动触点电位器		电位器的一般符号	
				带开关的滑动触点电位器			
				预调电位器		微调电位器	

新符号(GB/T 4728)		旧符号(GB 312)		新符号(GB/T 4728)		旧符号(GB 312)	
名称	图形符号	名称	图形符号	名称	图形符号	名称	图形符号
电容器的一般符号	优选形 其他形	电容器的一般符号		电感器、线圈、绕组、扼流圈		电感线圈、绕组	
微调电容器	优选形 其他形	微调电容器	或	带磁心的电感器		有铁心的电感线圈	
极性电容器	优选形 其他形	有极性的电解电容器		磁心有间隙的电感器		铁心有空气隙的电感线圈	
可变电容器	优选形 其他形	可变电容器	或	带磁心连续可调的电感器			
				有两个抽头的电感器		带抽头的电感线圈	
双联同调可变电容器	优选形 其他形	双联同调可变电容器		两个电极的压电晶体		两个电极的压电元件	
				三个电极的压电晶体		三个电极的压电元件	
				两对电极的压电晶体		四个电极的压电元件	或

附表 12-4　半导体管

新符号（GB/T 4728）		旧符号（GB 312）		新符号（GB/T 4728）		旧符号（GB 312）	
名称	图形符号	名称	图形符号	名称	图形符号	名称	图形符号
半导体二极管一般符号	优选形 其他形 （一般不用）	半导体二极管、半导体整流器		双向击穿二极管	优选形 其他形		
发光二极管	优选形 其他形			双向二极管、交流开关二极管	优选形 其他形		
利用温度效应的二极管	优选形 其他形	利用温度效应的二极管		PNP 型半导体管		p-n-p 型半导体管	
				NPN 型半导体管		n-p-n 型半导体管	
变容二极管	优选形 其他形	变电容二极管		光敏电阻		光敏电阻	
				光电二极管		光电二极管	
隧道二极管	优选形 其他形	隧道二极管		光电池		光电池	
				PNP 型光电半导体管			
单向击穿二极管、电压调整二极管	优选形 其他形	雪崩二极管		半导体激光器			
				线性磁敏电阻器			

新符号（GB/T 4728）		旧符号（GB 312）		新符号（GB/T 4728）		旧符号（GB 312）	
名称	图形符号	名称	图形符号	名称	图形符号	名称	图形符号
直流发电机		直流发电机		单相交流串励电动机		单相交流串励换向器电动机	
直流电动机		直流电动机		三相永磁同步发电机		永磁三相同步电动机	
交流发电机		交流发电机		三相永磁同步电动机			
交流电动机		交流电动机		三相交流串励电动机		三相串励换向器电动机 注：有移动电刷的调速装置时	
串励直流电动机		串励式直流电动机					
				单相笼型异步电动机		单相鼠笼异步电动机	
并励直流电动机		并励式直流电动机		三相笼型异步电动机		三相鼠笼异步电动机	
他励直流电动机		他励式直流电动机		三相绕线型异步电动机		三相滑环异步电动机	
永磁直流电动机		永磁直流电动机		电机扩大机		交磁放大机	

新符号（GB/T 4728）		旧符号（GB 312）		新符号（GB/T 4728）		旧符号（GB 312）	
名称	图形符号	名称	图形符号	名称	图形符号	名称	图形符号
铁心		铁心		逆变器方框符号			
带间隙的铁心		带空气隙的铁心		整流器/逆变器方框符号			
双绕组变压器	形式1 形式2	双绕组变压器	单线表示 多线表示	原电池或蓄电池		原电池或蓄电池 注:允许不注极性符号	
三绕组变压器	形式1 形式2	三绕组变压器	单线表示 多线表示	蓄电池组或原电池组 注:注明电压值时允许的画法	形式1 形式2 48V	蓄电池组或原电池组 注:注明电压值时允许的画法	48V
直流变流器方框符号				带抽头的原电池组或蓄电池组		带抽头的电池组	
整流器方框符号		整流器		电能发生器一般符号	G		
桥式全波整流器方框符号		桥式全波整流器		热源一般符号			

新符号（GB/T 4728）		旧符号（GB 312）		新符号（GB/T 4728）		旧符号（GB 312）	
名称	图形符号	名称	图形符号	名称	图形符号	名称	图形符号
动合触点 注：本符号也 可用作开关 一般符号	形式1 形式2	开关的动 合触点 继电器动 合触点	或 或	中间断开 的双向触点		单极转换 开关	或
动断触点		开关的动 断触点 继电器动 断触点	或 或	先合后断 的转换触点	形式1 形式2	不切断转 换开关的 触点	
先断后合 的转换触点		开关的切 换触点 继电器切 换触点	或 或	延时闭合 的动合触点	形式1 形式2	继电器延 时闭合的动 合触点 接触器延 时闭合的动 合触点	

新符号（GB/T 4728）		旧符号（GB 312）		新符号（GB/T 4728）		旧符号（GB 312）	
名称	图形符号	名称	图形符号	名称	图形符号	名称	图形符号
延时断开的动合触点	形式1 形式2	继电器延时开启的动合触点		按钮开关（动合按钮）		带动合触点的按钮	
		接触器延时开启的动合触点		按钮开关（动断按钮）		带动断触点的按钮	
延时闭合的动断触点	形式1 形式2	继电器延时闭合的动断触点		拉拔开关			
		接触器延时闭合的动断触点		旋钮开关、旋转开关（闭锁）			
延时闭合和延时断开的动合触点		继电器延时闭合与开启的动合触点		位置开关和限制开关的动合触点		与工作机械联动的开关动合触点	或
		接触器延时闭合与开启的动合触点					
延时断开的动断触点	形式1 形式2	继电器延时开启的动断触点		位置开关和限制开关的动断触点		与工作机械联动的开关动断触点	或
		接触器延时开启的动断触点					
手动开关一般符号				热敏开关动合触点 注:可用动作温度代替		温度继电器动合触点	或

新符号（GB/T 4728）		旧符号（GB 312）		新符号（GB/T 4728）		旧符号（GB 312）	
名称	图形符号	名称	图形符号	名称	图形符号	名称	图形符号
热继电器动断触点		热继电器动断触点		电动机起动器一般符号			
单极四位开关	形式1 形式2	单极四位转换开关		隔离开关		高压隔离开关	
				三极隔离开关		三极高压隔离开关	
开关一般符号	形式1 形式2	单极开关	或	负荷开关		高压负荷开关	
				三极负荷开关		三极高压负荷开关	
				接触器动合触点		接触器动合触点	
三极开关（单线表示）		三极开关单线表示	或	接触器动断触点		接触器动断触点	
						自动空气断路器	
三极开关（多线表示）		三极开关多线表示	或	断路器		高压断路器	或

214

新符号(GB/T 4728)		旧符号(GB 312)		新符号(GB/T 4728)		旧符号(GB 312)	
名称	图形符号	名称	图形符号	名称	图形符号	名称	图形符号
三极断路器		三极自动空气断路器		缓吸继电器线圈		电磁继电器缓吸线圈	
		三极高压断路器		快速继电器线圈			
操作器件一般符号 注:多绕组操作器件可由适当数值的斜线或重复本符号来表示	形式1 形式2	继电器、接触器和磁力起动器的线圈	 或 	交流继电器线圈	~	交流继电器线圈	~
				过流继电器线圈	$I>$	过电流继电器线圈	$I>$
例:双绕组操作器件组合表示法	形式1 形式2	双线圈	 或 	欠压继电器线圈	$U<$	低电压继电器线圈	$U<$
				热继电器的驱动器件		热继电器的发热元件	
例:双绕组操作器件分离表示法	形式1 形式2	双线圈		熔断器一般符号		熔断器	
				避雷器		避雷器一般符号	
缓放继电器线圈		电磁继电器缓放线圈		火花间隙		火花间隙	→ ←

附表 12-7　测量仪表

新符号(GB/T 4728)		旧符号(GB 312)		新符号(GB/T 4728)		旧符号(GB 312)	
名称	图形符号	名称	图形符号	名称	图形符号	名称	图形符号
电流表	 Ⓐ	安培表	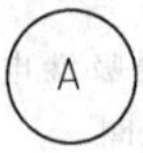 Ⓐ	示波器	 (示波图形)	示波器	 (示波图形)
电压表	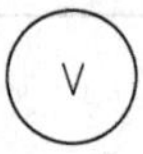 Ⓥ	伏特表	 Ⓥ	检流计	 (检流计符号)	检流计	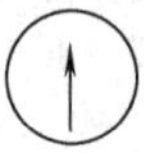 (检流计符号)

附表 12-8　国内外电气图形符号对照

名称	中国	国际电工委员会	美国	联邦德国	英国	日本
"与"门	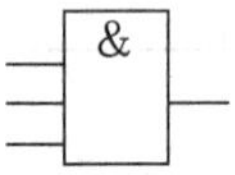 &	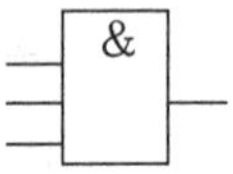 &	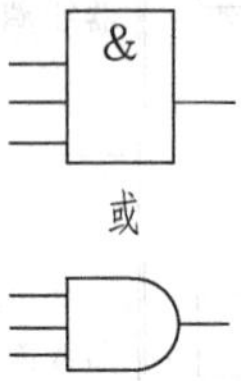 & 或	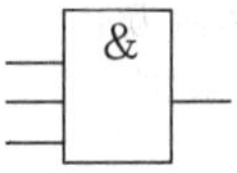 &	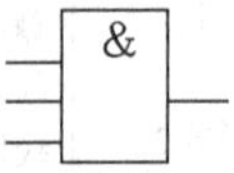 &	AND
"或"门	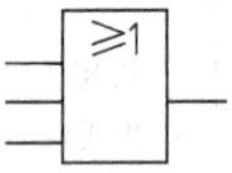 ≥1	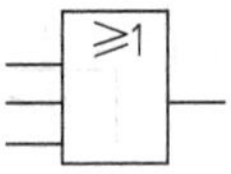 ≥1	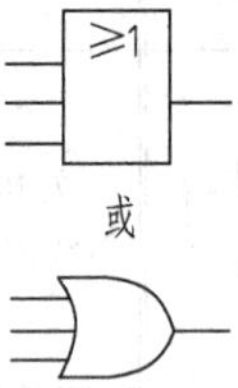 ≥1 或	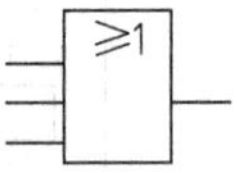 ≥1	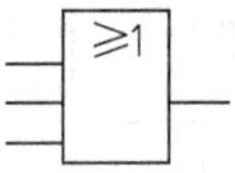 ≥1	OR
"非"门反相器	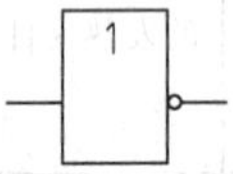 1	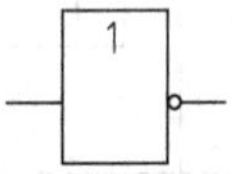 1	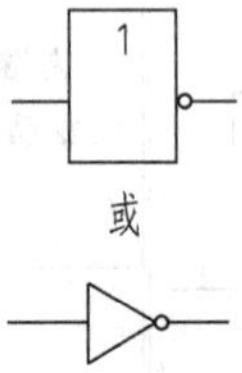 1 或	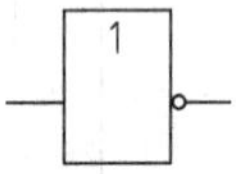 1	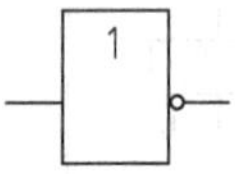 1	NOT
"与非"门	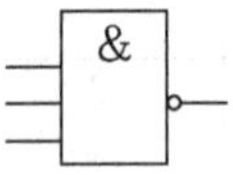 &	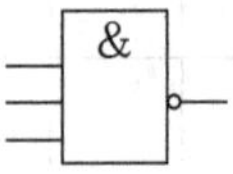 &	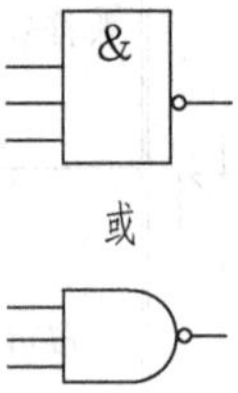 & 或	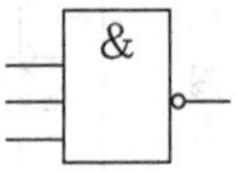 &	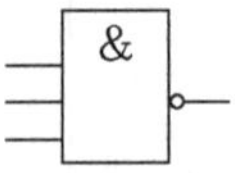 &	NAND
"或非"门	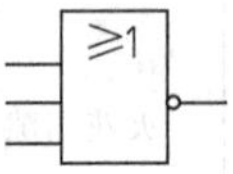 ≥1	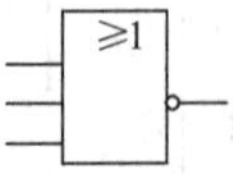 ≥1	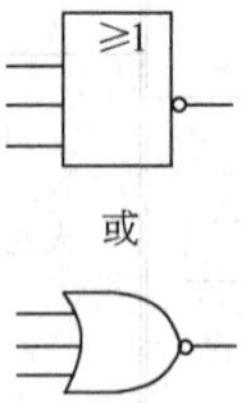 ≥1 或	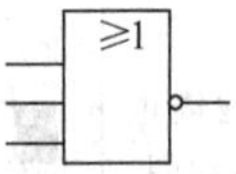 ≥1	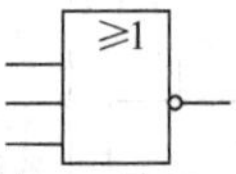 ≥1	NOR

名称	中国	国际电工委员会	美国	联邦德国	英国	日本
"异或"门						
放大器						
桥式全波整流器						

参 考 文 献

1　钱可强. 机械制图. 北京：化学工业出版社，2001
2　裘文言. 机械制图. 北京：高等教育出版社，2003
3　王槐德主编. 机械制图新旧标准代换教程（修订版）. 北京：中国标准出版社，2004
4　中华人民共和国国家标准　机械制图. 北京：中国标准出版社，2001～2004
5　中华人民共和国国家标准　普通螺纹. 北京：中国标准出版社，2004
6　唐克中，朱同钧主编. 画法几何及工程制图. 北京：高等教育出版社，1983